高等院校信息技术应用型系列教材

数据结构

（从概念到Java实现）

赖小平 主 编

庄 越 向志华 李清霞 副主编

清华大学出版社

北 京

内 容 简 介

本书注重理论与实践的结合，采用循序渐进的方法，全面系统地介绍了数据结构相关的概念和算法。

全书可概括为两部分，第一部分为知识讲解和上机实验，共6章，主要介绍线性表、树、图等基本数据结构的特点、基本操作、抽象数据类型、存储方式、实现方法和相关的典型应用，以及常用的排序方法和实现方法，此部分将知识点的讲解、知识检测与实验相融合。第二部分为课程设计，共5章，主要是三大结构的综合应用，选取了九大问题，包括约瑟夫环、图书管理、迷宫、停车管理、排队就餐、哈夫曼编码、英文文本对比、校园地图和校园超市选址。通过课程设计提高学习者应用所学的原理和方法解决实际问题的能力。

本书适合普通高等院校计算机相关专业的学生使用。

图书在版编目(CIP)数据

数据结构：从概念到Java实现/赖小平主编. —北京：清华大学出版社，2021.6（2022.1重印）
高等院校信息技术应用型系列教材
ISBN 978-7-302-57370-8

Ⅰ.①数… Ⅱ.①赖… Ⅲ.①数据结构－高等学校－教材 ②JAVA语言－程序设计－高等学校－教材 Ⅳ.①TP311.12 ②TP312.8

中国版本图书馆CIP数据核字(2021)第017875号

责任编辑：刘翰鹏
封面设计：傅瑞学
责任校对：刘 静
责任印制：沈 露

出版发行：清华大学出版社
网 址：http://www.tup.com.cn，http://www.wqbook.com
地 址：北京清华大学学研大厦A座 **邮 编**：100084
社 总 机：010-62770175 **邮 购**：010-62786544
投稿与读者服务：010-62776969，c-service@tup.tsinghua.edu.cn
质量反馈：010-62772015，zhiliang@tup.tsinghua.edu.cn
课件下载：http://www.tup.com.cn，010-83470410
印 装 者：三河市龙大印装有限公司
经 销：全国新华书店
开 本：185mm×260mm **印 张**：15.25 **字 数**：370千字
版 次：2021年6月第1版 **印 次**：2022年1月第2次印刷
定 价：48.00元

产品编号：090093-01

前言

"数据结构"是计算机相关专业的核心主干基础课程，它是一门实践性较强而理论知识较为抽象的课程，其重点和难点在于让学生理解和掌握算法的设计与分析，使学生具有较好的数据抽象能力、算法设计能力和创新思维能力，对学生来说学习难度较大。

本书注重理论与实践的结合，采用循序渐进的方法进行讲解，主要特点如下。

(1) 本书为一体化教程，融合了基础知识讲解、基础知识测试、实验、实验拓展和课程设计等内容。知识讲解和上机实验部分(第1～6章)首先给出知识导图，使学习者对本章内容有一定的了解和认识。然后从基本概念入手，逐步介绍其特点和基本操作的实现、主要算法的基本思想和实现步骤，接着通过实例进一步讲述如何应用，最后通过上机实验使学习者理解和掌握相关的原理和方法。

(2) 精简内容、强化基础。本书遵循"有用、够用、实用"的基本原则，重点放在基础知识的介绍，且语言言简意赅，剔除了部分难度较大的内容。

(3) 本书采用了以Java语言为主、C++为辅的描述形式。目前，Java和C++语言是比较流行的面向对象的程序设计语言。Java是一种完全面向对象的程序设计语言，具有卓越的通用性、高效性、平台移植性和安全性，得到了广泛的应用。而C++通常适合那些需要"硬件级"操作的软件。两者之间的最大区别在于，C++更接近机器语言，因此其软件运行速度更快且能够直接与计算机内存、磁盘、CPU或者其他设备进行协作。本书对于算法的描述语言以Java为主，C++为辅，即对于各种数据结构的抽象数据类型描述采用Java接口实现，对于基本操作和主要算法均给出了Java源代码和C++源代码。

全书可概括为两部分。

第一部分包括知识讲解和上机实验，共6章：第1章为概述，介绍了Java和C++编译环境、数据结构的基本概念、算法的基本概念和抽象数据类型。第2章为线性表结构；第3章为树结构；第4章为图结构；这三章介绍了各大结构的特点、基本操作、抽象数据类型和主要操作的算法实现，并融合了各结构中涉及的查找算法。第5章为排序算法，主要介绍了四大类型的排序算法的原理、步骤和算法实现。第6章为串与数组，主要介绍串、数组和矩阵结构的特点和应用。

第二部分为课程设计，共5章，主要是三大结构的综合应用，选取了九大问题，包括约瑟夫环、图书管理、迷宫、停车管理、排队就餐、哈夫曼编码、英文文本对比、校园地图和校园超市选址。通过课程设计提高学习者应用所学的原理和方法解决实际问题的能力。

本书由广东交通职业技术学院赖小平和庄越进行策划与审核，并与广东理工学院向志华、李清霞共同完成书稿的编写工作，第 1、2、4、6 章由赖小平编写，第 3 章由庄越编写，第 5 章由李清霞编写，第 7、8、9、10、11 章为课程设计部分，由向志华编写。

由于编者水平有限，书中难免有不足之处，恳请广大师生读者批评、指正。

编　者

2020 年 12 月

目 录

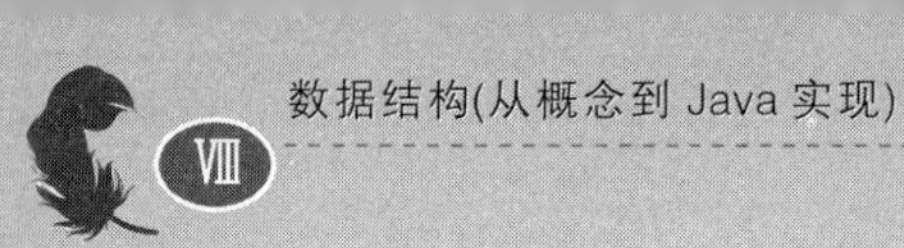

概　述

【知识结构图】

第1章知识结构参见图1-1。

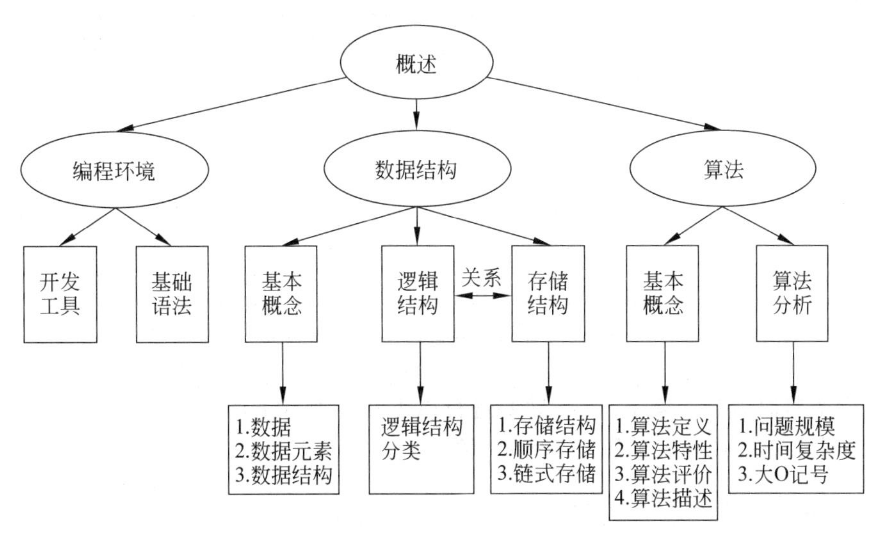

图1-1　知识结构图

【学习要点】

本章知识点包括三条主线：①编程环境，包括高级语言基础语法；②数据结构，包括相关基本概念及含义；③算法，包括算法的基本概念、描述方法及时间复杂度的分析方法。

学习数据结构主要抓住两个方面：逻辑结构和存储结构，需重点把握两者之间的关系。学习算法以基本概念和特性为基本点，重点是算法效率分析。

1.1 编程环境

1.1.1 Java编程环境

Java的开发工具很多，而且各有优缺点。目前，比较流行的Java开发工具有EditPlus、Jcreator、Eclipse、MyEclipse、Jbuilder、NetBeans等，本书使用的开发工具为MyEclipse。

MyEclipse是一个非常优秀的用于开发Java、J2EE的Eclipse插件集合，功能强大，支持的开发工具十分广泛，例如Java Servlet、AJAX、JSP、JSF、Struts、Spring、Hibernate、

EJB3、JDBC 数据库链接工具等，几乎囊括了目前所有的主流开源产品。图 1-2 为 MyEclipse 2013 的编辑界面。

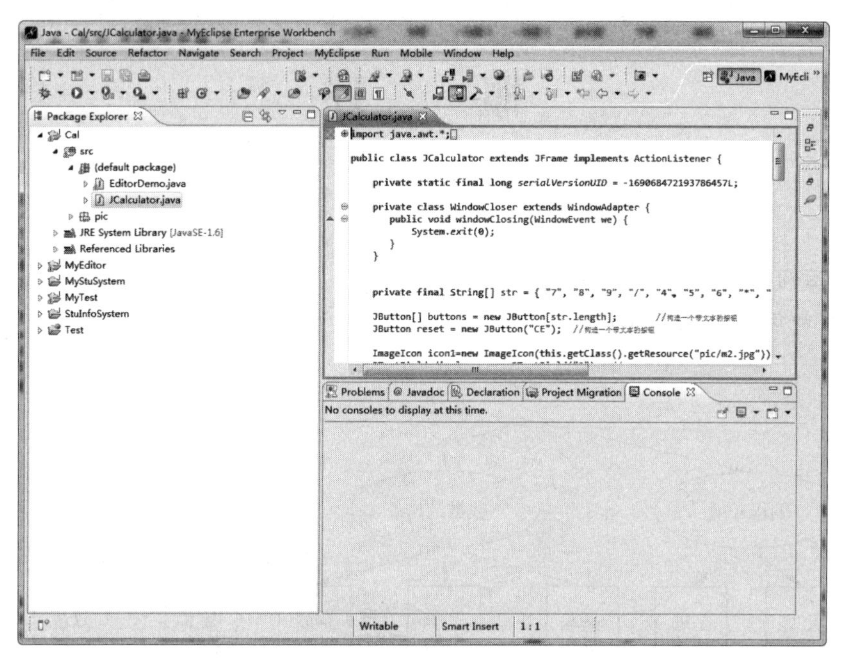

图 1-2　MyEclipse 2013 的编辑界面

在进行实验时，启动 MyEclipse 后要进行以下几步准备工作。

(1) 新建 Java Project，如图 1-3 所示，输入 Project name。

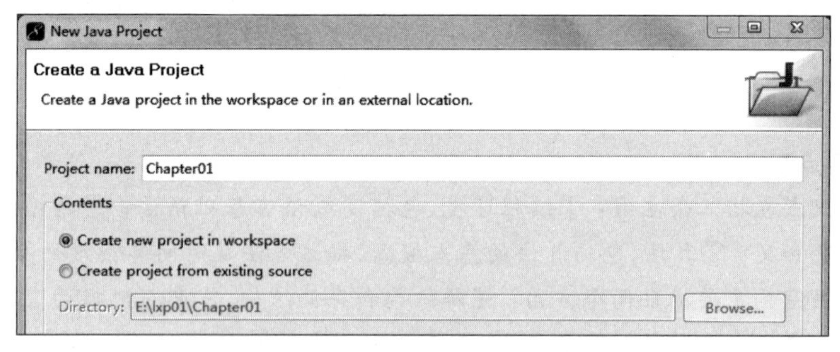

图 1-3　新建 Java Project

【本书命令规则】 第 1 章实验项目名命名为 Chapter01，第 2 章实验项目名命名为 Chapter02，以此类推。

(2) 新建 Java Package，如图 1-4 所示，输入 Package name。

【本书命令规则】 第 1 章第一个实验包命名为 com.gdlg.sy1_1，第二个实验包命名为 com.gdlg.sy1_2；第 2 章第一个实验包命名为 com.gdlg.sy2_1，第二个实验包命名为 com.gdlg.sy2_2，以此类推。

(3) 新建 Java Interface，如图 1-5 所示；或新建 Java Class，如图 1-6 所示。

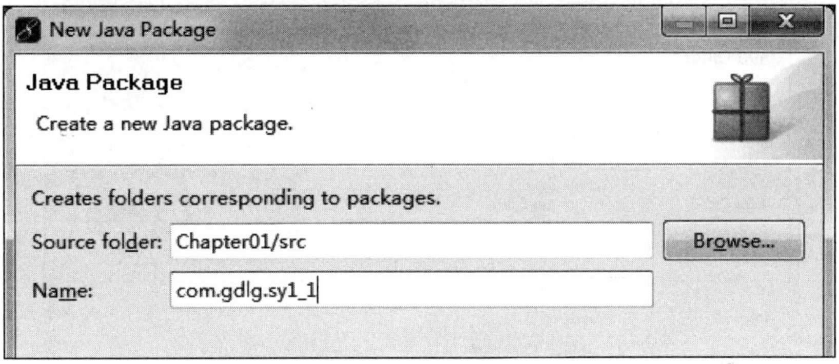

图 1-4 新建 Java Package

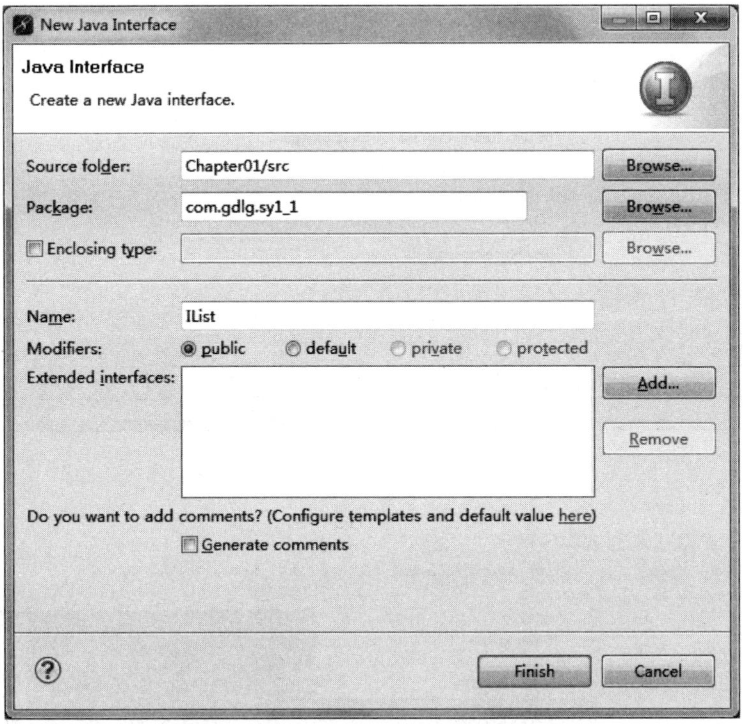

图 1-5 新建 Java Interface

1.1.2 C++ 编程环境

C++ 的开发工具很多，而且各有优缺点。目前，比较流行的 C++ 开发工具有 kDevelop、Anjuta Devstudio、code block、Visual-MigGW、Ideone、Eclipse CDT、Compiler、Code lite、Netbeans C++、Dev C++、Ultimate++ 、DigitalMars、C-Free、Tiny C Compiler、Visual Studio 等。本书使用的开发工具为 Visual Studio 2015。

Visual Studio 2015 是一款由开发人员工作效率工具、云服务和扩展组成的集成套件，适用于 Web、Windows 商店、桌面、Android 和 iOS 的应用程序和游戏。图 1-7 为 Visual Studio 2015 的新建项目界面。

New Java Class

Java Class

Create a new Java class.

Source folder: Chapter01/src Browse...

Package: com.gdlg.sy1_1 Browse...

☐ Enclosing type: Browse...

Name: MySeqList

Modifiers: ◉ public ○ default ○ private ○ protected

☐ abstract ☐ final ☐ static

Superclass: java.lang.Object Browse...

Interfaces: Add...

Remove

Which method stubs would you like to create?

☐ public static void main(String[] args)

☐ Constructors from superclass

☑ Inherited abstract methods

Do you want to add comments? (Configure templates and default value here)

☐ Generate comments

? Finish Cancel

图 1-6 新建 Java Class

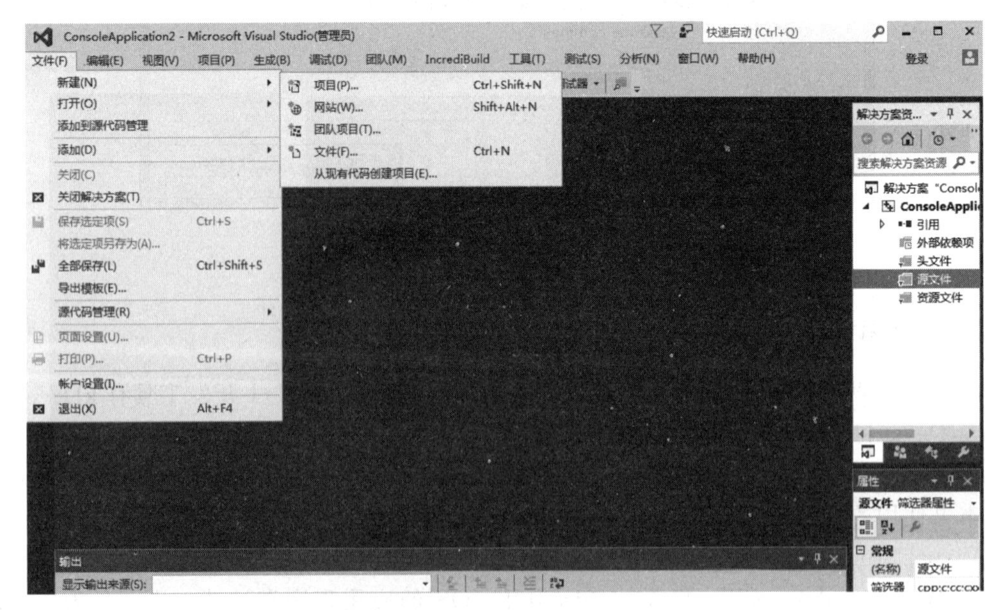

图 1-7 新建项目

在进行 C++ 实验时，启动 Visual Studio 2015（以下简称 VS2015）后，可以通过建立 Win32 控制台应用程序来调试 C++ 程序。

（1）单击 VS2015 的“文件”→“新建”→“项目”，如图 1-7 所示。

（2）选择 Visual C++ →“Win32 控制台应用程序”，输入相应的应用程序名称和应用程序位置，单击“确定”按钮，如图 1-8 所示。

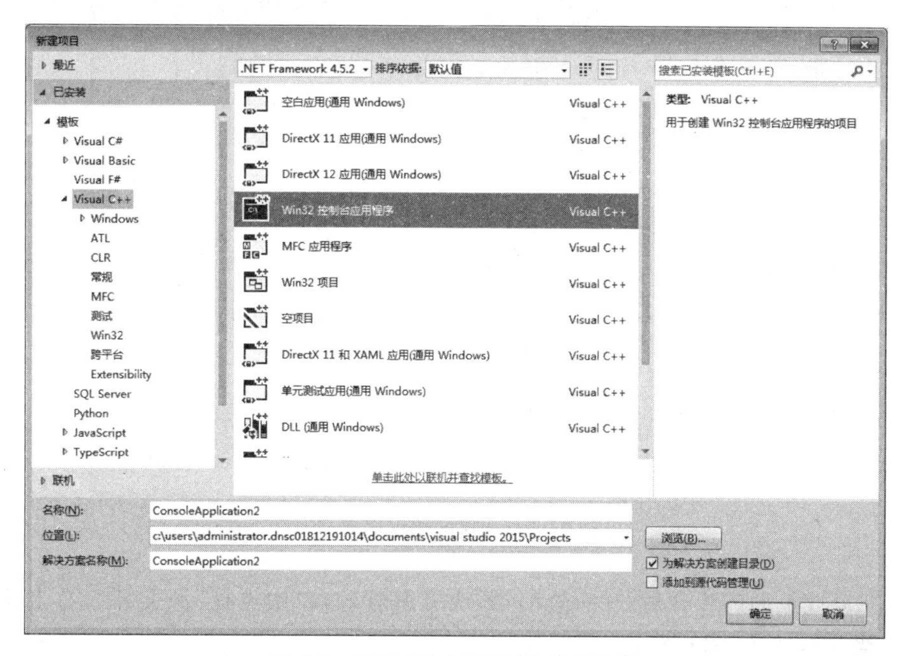

图 1-8　选择 Win32 控制台应用程序

（3）进入程序向导，单击“下一步”按钮，如图 1-9 所示。

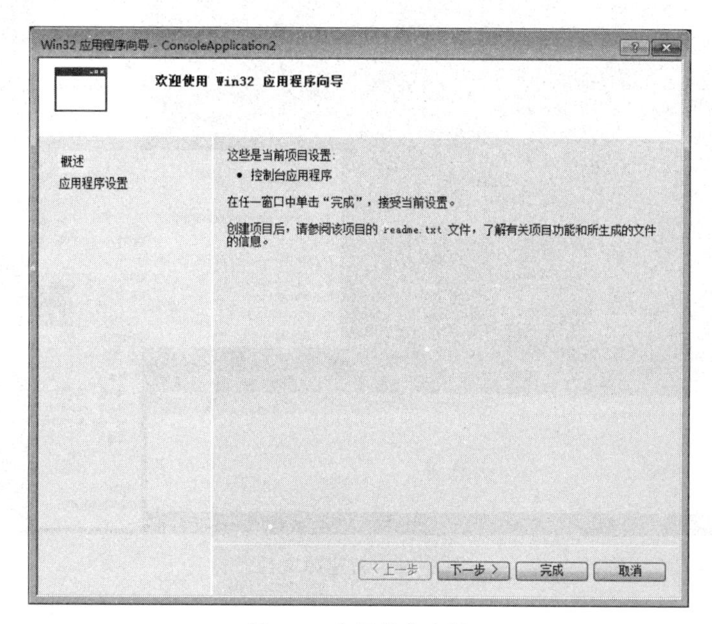

图 1-9　应用程序向导

(4) 选择控制台应用程序和空项目,如图 1-10 所示。

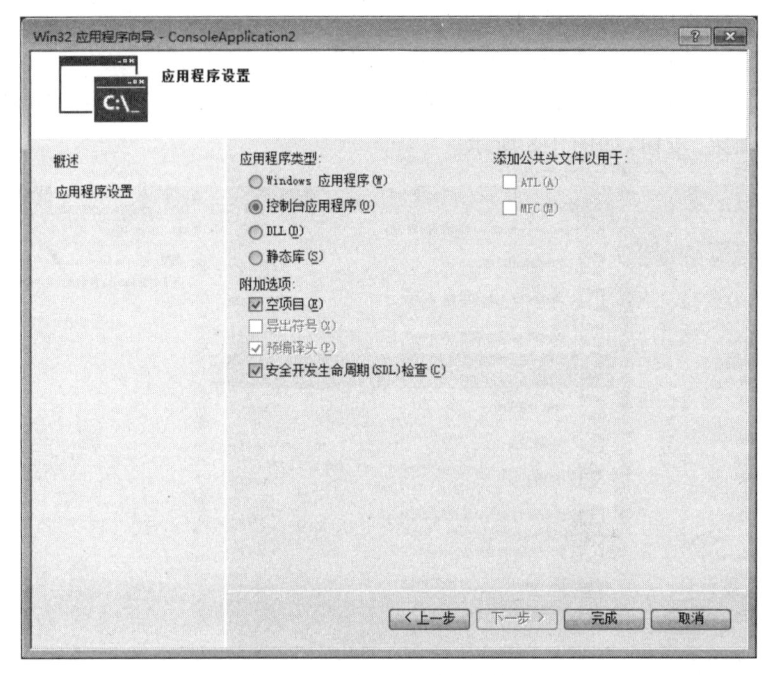

图 1-10　选择应用程序类型

(5) 在完成上面的步骤后,在右边的"解决方案管理器"中选择"源文件",右击选择"添加"→"新建项",如图 1-11 所示。

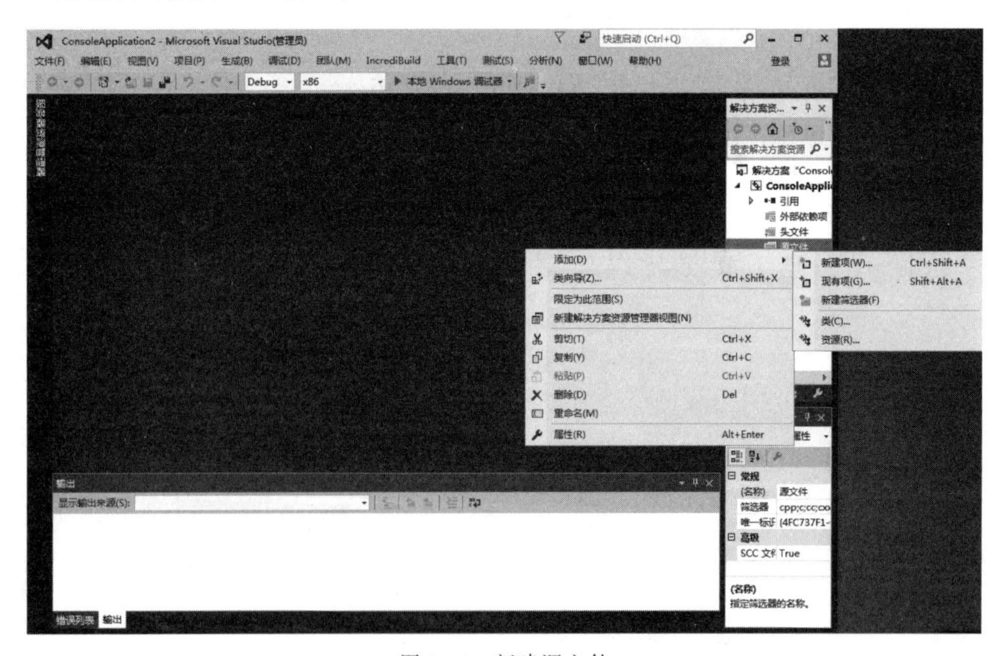

图 1-11　新建源文件

(6) 选择"C++ 文件(.cpp)",单击"添加"按钮,如图 1-12 所示。

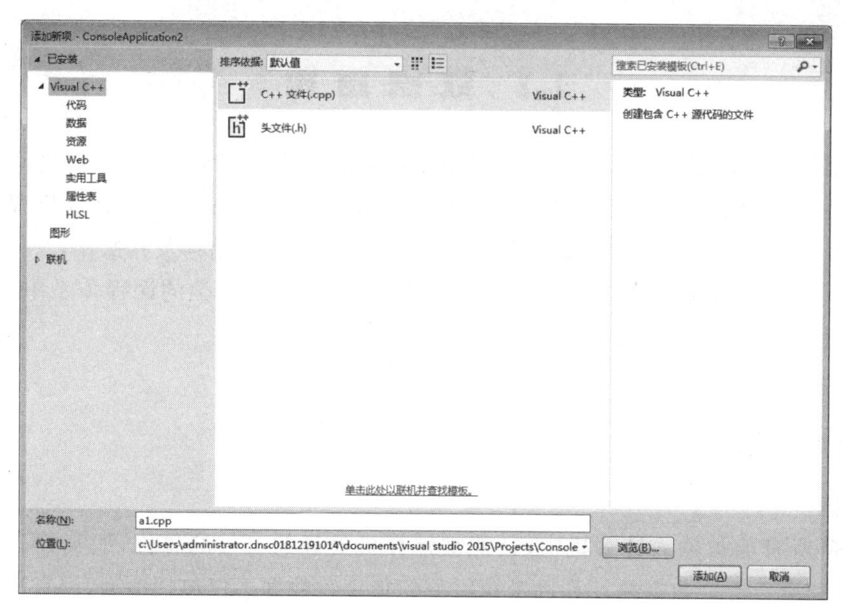

图 1-12 新建 C++ 文件

(7) 打开应用程序开发界面,可以编写代码,如图 1-13 所示。

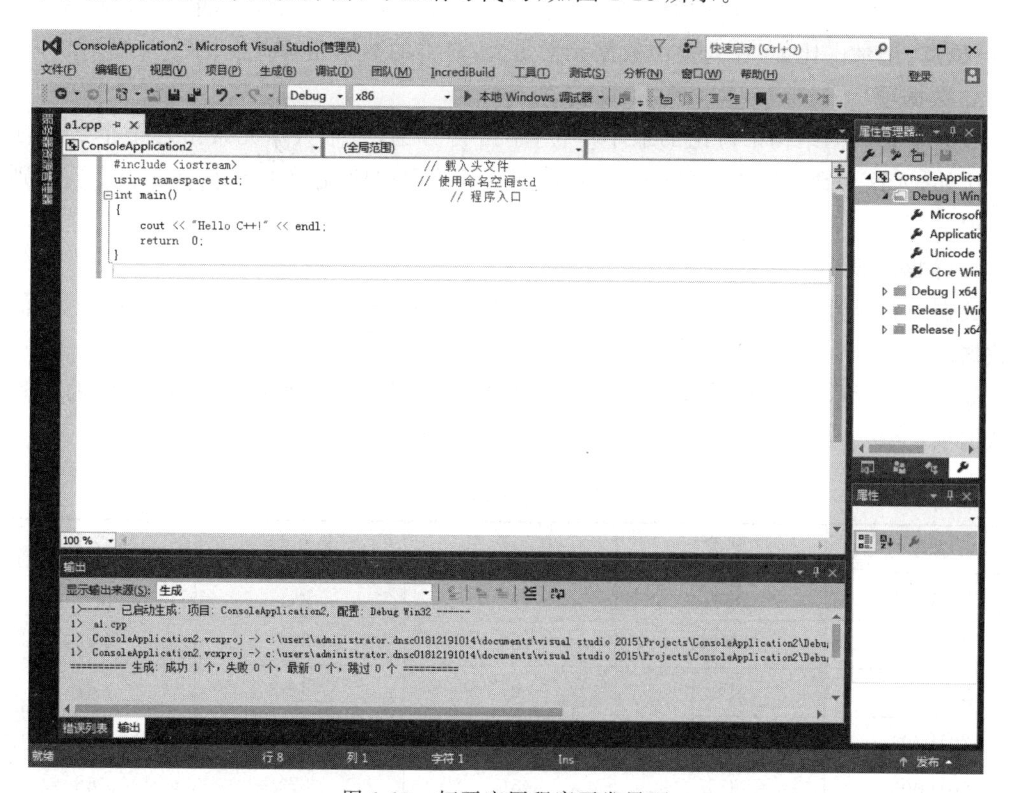

图 1-13 打开应用程序开发界面

(8) 编写好代码后,单击调试按钮或者按 Ctrl+F5 组合键进行调试。

1.2 数据结构

数据结构是一门研究非数值计算的程序设计问题的操作对象，以及它们之间的关系和操作等相关问题的学科。1968 年美国教授高德纳(Donald E.Knuth)在《计算机程序设计艺术》第一卷《基本算法》中系统地阐述了数据的逻辑结构和存储结构及其操作，开创了数据结构课程体系。同年，数据结构作为一门独立的课程，在计算机科学的课程体系中开始出现。数据结构对于程序设计来说非常重要，占据重要地位。

程序设计＝数据结构＋算法

1.2.1 基本概念

1. 数据

数据是所有能被输入计算机中，且能被计算机处理的符号的总称，如实数、整数、字符(串)、图形和声音等。数据是计算机操作对象的集合。数据不仅包括整型、浮点型这些数值型数据，还包括声音、视频、图像等多媒体数据。

2. 数据元素

数据元素是数据(集合)中的一个“个体”，是数据结构中讨论的基本单位，不同场合也叫结点、顶点、记录。比如，在人类中数据元素是人，禽类的数据元素有猪、牛、马、羊等。

3. 数据项

数据项是数据结构中讨论的最小单位，不可再分割，一个数据元素由若干个数据项组成。比如，人这个数据元素，可以包括眼、鼻、嘴、耳等数据项，也可以包括姓名、年龄、性别等数据项。

4. 数据对象

数据对象是性质相同的数据元素的集合，是数据的子集。在某些场合，将数据对象简称为数据。

如表 1-1 所示，学生成绩表是一个数据对象，表中的一行称为数据元素，表中的一列称为数据项。

表 1-1 学生成绩表

学号	姓名	高等数学	计算机导论	大学英语
2019001	张三	90	56	89
2019002	李四	80	87	67
2019003	丁一	67	67	87
2019004	马二	98	90	67
2019005	王五	56	87	68

5. 数据结构

数据结构是相互之间存在一种或多种关系的数据元素的集合。在计算机中，数据元素之间存在的一种或多种特定关系,也就是数据的组织形式。按照视点的不同,把数据结构分为逻辑结构和存储结构,逻辑结构是面向问题的,而存储结构是面向计算机的。

数据结构可用二元组形式定义为:

```
Data_Structures=(D, R)
```

其中,D 是数据元素的有限集合,R 是 D 上关系的有限集合。

1.2.2 逻辑结构

数据的逻辑结构是指各个数据元素之间的逻辑关系,是呈现在用户面前的、能感知到的数据元素的组织形式。它与数据的存储无关,是独立于计算机的。按照数据元素之间的逻辑关系可将数据结构划分为线性结构和非线性结构两大类,非线性结构又分为树结构、图结构和集合结构,如图 1-14 所示。

1. 线性结构

线性结构中数据元素之间存在"一对一"的关系,即如果结构非空,则有且仅有一个首结点和尾结点,首结点没有前驱但有一个后继结点,尾结点没有后继但有一个前驱结点,其余结点有且仅有一个前驱和一个后继结点,如图 1-15 所示。

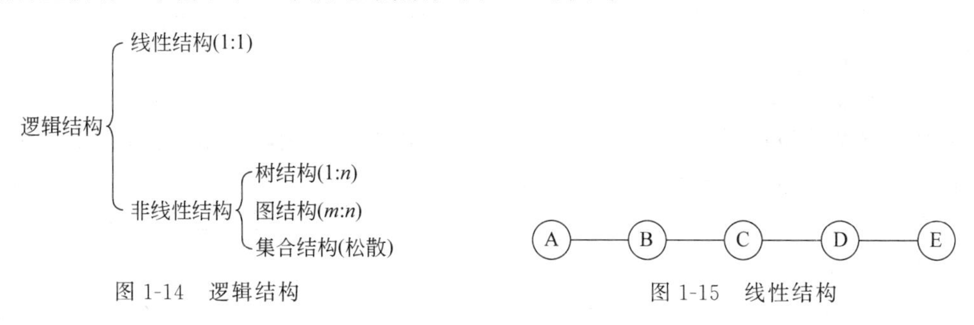

图 1-14 逻辑结构

图 1-15 线性结构

2. 树结构

树结构中数据元素之间存在"一对多"的关系,即如果结构非空,则有一个根结点,该结点没有前驱结点,其余结点有且仅有一个前驱,所有结点都可以有多个后继结点,如图 1-16 所示。

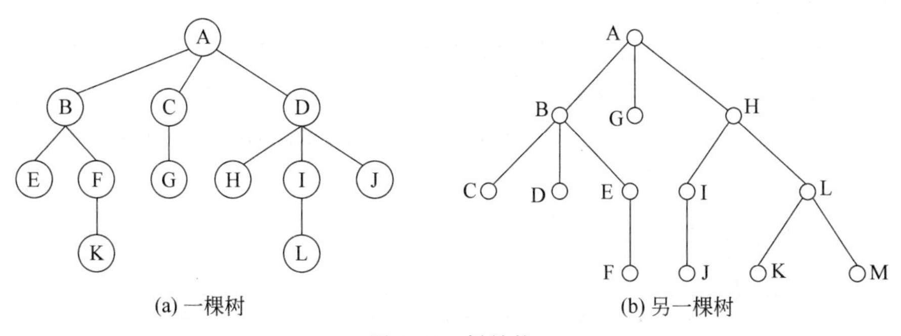

(a) 一棵树

(b) 另一棵树

图 1-16 树结构

3. 图结构

图结构中数据元素之间存在“多对多”的关系，即如果结构非空，则任何结点都可以有任意个前驱和后继，如图 1-17 所示。

4. 集合结构

集合结构中数据元素之间是一种松散的关系，元素之间除了“同属于一个集合”之外无其他关系，如图 1-18 所示。

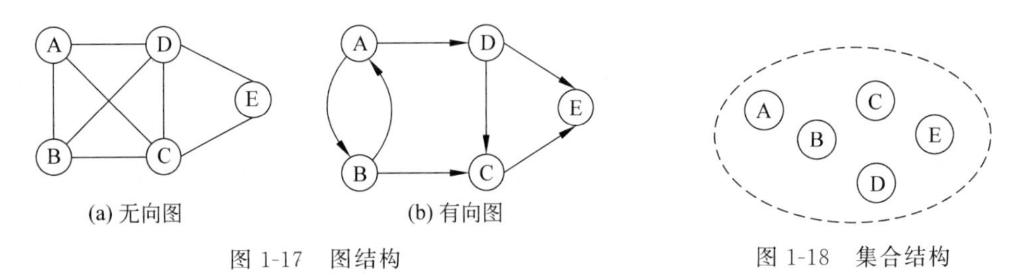

(a) 无向图　(b) 有向图

图 1-17　图结构　　图 1-18　集合结构

1.2.3　存储结构

存储结构也称物理结构，是逻辑结构在计算机中的表示，即逻辑结构在存储器中的实现，依赖于计算机。基本的存储结构有顺序存储结构和链式存储结构两种。另外，还有索引存储结构和哈希存储结构两种。

1. 顺序存储结构

顺序存储结构以相对的存储位置来表示数据元素之间的逻辑关系，逻辑位置关系与存储位置关系是一致的。如图 1-19 所示，a_1 是 a_0 的后继结点，是 a_2 的前驱结点。

a_0	a_1	a_2	a_3	…	a_{n-2}	a_{n-1}

图 1-19　顺序存储结构

这种结构的主要特点：所有元素存放在一片连续的存储单元中，整个存储结构中只含数据元素值本身的信息。

在程序设计语言中，数组就是这样的存储结构。例如，当要建立一个长度为 6 的整型数组时，计算机就在按照一个整型所占的空间大小乘以 6，在内存中开辟一段空的连续的地址空间，第一个数据元素存入第一个位置，第二个元素存入第二个位置，依次存放所有的元素。

2. 链式存储结构

链式存储结构以附加信息（指针）表示后继关系，即每个结点除了存储数据元素值本身之外，还需存储表示逻辑关系的指针。这种结构的主要特点：所有元素存放在可以不连续的存储单元中，逻辑上相邻的元素其存储位置不一定相邻，如图 1-20 所示，其中 h 表示头指针。

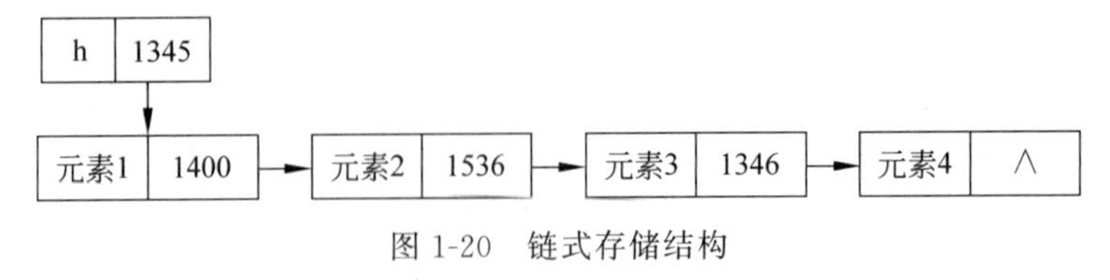

图 1-20　链式存储结构

例如，去银行办理业务，采用顺序存储结构的流程：一进银行必须站在指定的位置，排队等候中一旦离开，后面的人就会往前挪动一个位置，当你回来时又得站在队尾的位置等候。采用链式存储结构流程：用身份证在取号机上刷一下领一个号，等着叫号，叫到的时候去办理业务。在等待过程中，不必站在指定的位置，可以坐着、站着、到处走动……你所要关注的是前一个号是否被叫到，如果叫到了，下一个就轮到你办理业务了。

从上面的例子可以看出顺序存储结构简单，但链式存储结构更灵活。

3. 索引存储结构

在存储数据元素的同时增设一个索引表。索引表中的每一项包括关键字、地址。例如，电话号码查询问题的索引存储结构如图 1-21 所示。

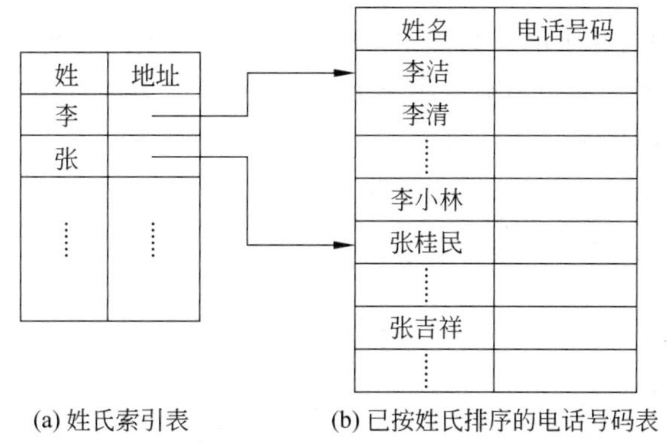

(a) 姓氏索引表　(b) 已按姓氏排序的电话号码表

图 1-21　索引存储结构——电话号码查询问题的索引存储

4. 哈希存储结构

将数据元素存储在一片连续的区域内，每一个元素具体地址是根据元素的关键字值通过哈希（散列）函数直接计算出来的，如图 1-22 所示。

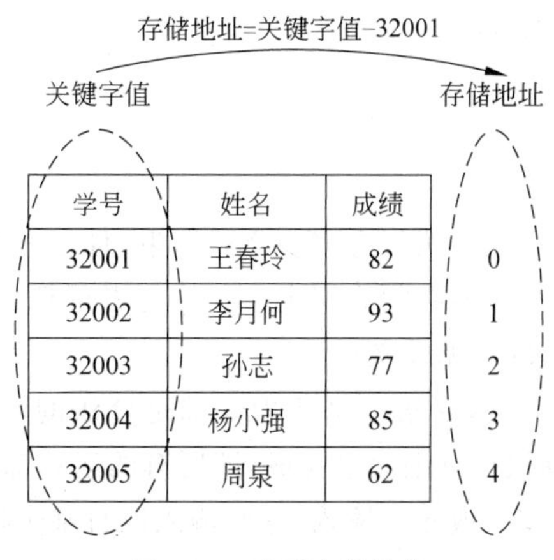

图 1-22　哈希存储结构

1.3 算　　法

数据结构中会涉及很多算法，如果单独学习数据结构内容是比较枯燥的，学完后不知道数据结构有何用处。但是与算法一起学习，就会发现一些看似很难解决或者无法解决的问题变得容易。

1.3.1 算法的定义

计算机科学家高德纳(D.E.Knuth)在其经典巨著《计算机程序设计艺术》(*The Art of Computer Programming*)第一卷中对算法的定义：算法是对特定问题求解步骤的一种描述，即是有穷规则的集合，其中的规则规定了解决某特定类型问题的运算序列。

对于给定的问题，可以采用多种算法解决，但是没有通用的算法可以解决所有的问题，甚至很小的一个问题，很优秀的算法也不一定适合它。

例如，编写一个求 1＋2＋3＋…＋100 结果的程序。

算法 1：用循环结构，代码如下。

```
int i,sum=0,n=100;
for(i=1;i<=n;i++)
   sum+=i;
```

算法 2：数学家高斯用求等差数列的算法，代码如下。

```
int i,sum=0,n=100;
sum=(1+n)*n/2;
```

显然，算法 2 更高效。算法 1 要循环 100 次加法运算，如果 n 扩大到 1000、20000、100000000……效率就越来越低。

1.3.2 算法特性

算法一般具有以下 5 个特性。

(1) 有穷性：一个算法必须在执行有穷步之后结束，且每一步都在有穷时间内完成。

(2) 确定性：算法的每一步骤必须确切定义。执行者可根据该算法的每一步要求进行操作，并最终得出正确的结果(即无歧义)。

(3) 可行性：也可称有效性，算法中每条指令都是合法的，可被人或机器确切执行，并能通过已经实现的基本运算执行有限次来完成，即所有的运算都可以精确地实现。

(4) 输入：一个算法有零个或多个输入，这些输入取自某个特定的对象集合。

(5) 输出：一个算法有一个或多个输出，这些输出是同输入有着某些特定关系的量。即算法的最终结果。

1.3.3 算法描述

算法的描述通常采用自然语言、流程图、伪代码、程序设计语言四种方法。

1. 自然语言

自然语言用中文或英文文字来描述算法，不依赖数据结构，也不考虑如何存储数据。其优点是简单、易懂，但严谨性不够。

例如，使用自然语言描述选择排序算法：从 n 个数据中选出一个最小元素作为第一项；再从剩下的 $n-1$ 个数据中选出一个最小元素作为第二项；重复上述，直至选择最后一项。

2. 流程图

流程图是以特定的图形符号加上说明，表示算法的图。如图 1-23 所示为使用流程图描述选择排序算法。

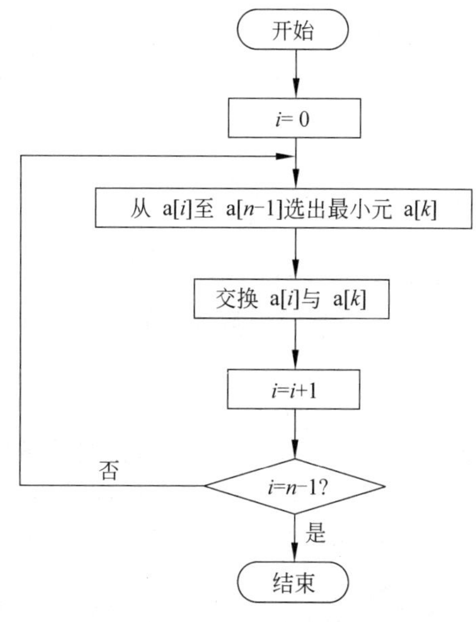

图 1-23 算法流程

3. 伪代码

伪代码是用一种介于自然语言和程序设计语言之间的语言来描述算法，如下采用伪代码描述选择排序算法。

```
for(i=0;i<n-1;i++) {
    从 a[i]到 a[n-1]中选出最小元素 a[k];
    使 a[k]与 a[i]交换;
}
```

4. 程序设计语言

用具体的程序设计语言（如 Java、C++）来描述算法，如下采用程序设计语言描述选择排序算法。

```
for(int i=0;i<n-1;i++) {
    int k=i;
    for(int j=i+1;j<n;j++)
        if(a[j]<a[k])     k=j;
    int w=a[i];   a[i]=a[k];   a[k]=w;
}
```

1.3.4 算法分析

1. 时间复杂度

对同一问题,算法执行时间越短,效率越高。一个特定算法的“运行工作量”的大小,只依赖于问题的规模(通常用整数量 n 表示),或者说,它是问题规模的函数。若将算法的时间复杂度用 $T(n)$表示,则评价算法的时间复杂性,就是设法找出 $T(n)$和 n 的函数关系,即计算出 $T(n)$。然而,$T(n)$要计算得“精确”(客观)较困难,故可简化求渐进时间复杂度,求出 $T(n)$随输入数据量 n 而增长的趋势(极限情况),求出 $T(n)$的“阶”,采用 O 记号(big-Oh notation):

```
T(n)=O(f(n))
```

当且仅当存在正常数 c 和 N,对所有的 $n(n\geqslant N)$满足 $0\leqslant T(n)\leqslant c\times f(n)$。只求 $T(n)$的最高阶,忽略其低阶项和常系数。渐进时间复杂度简化了 $T(n)$的计算,较客观地反映了当 n 很大时算法的时间性能。

例如,$T(n)=4n^3+3n^2+2n+1=O(n^3)$。

简单地说,从算法中选取一种对于所研究的问题来说是关键操作的原操作,以该关键操作在算法中重复执行的次数(语句频度)作为算法运行时间的衡量准则。

【例 1-1】 求下列算法的关键操作语句的语句频度及算法的时间复杂度。

```
public void myOut(){
    for (i=1; i<=n; i=2 * i)
      System.out.printf("%4d", i);
}
```

解答:关键操作语句为循环体语句,设其语句频度为 $f(n)$,则有 $2^{f(n)}\leqslant n$,所以 $f(n)\leqslant \log_2 n$,故 $T(n)=O(\log_2 n)$。

有些算法在规模相同的情况之下,其语句频度会因输入的数据值或输入的数据顺序不同而不同,则时间复杂度也会不同,为此有最好、最坏和平均时间复杂度之分。

【例 1-2】 如下算法是用冒泡排序法对数组 a 中的 n 个整型数据元素进行排序,求该算法的最好、最坏和平均时间复杂度。

```
public static void bubbleSort(int[] a, int n) {
    int temp, flag=1;
    for (int i=1;i<n&&flag; i++){
        flag=0;
```

```
            for (int j=0;j<n-i;j++){
                if (a[j]>a[j+1]) {
                    flag=1;
                    temp=a[j];
                    a[j]=a[j+1];
                    a[j+1]=temp;
                }
            }
        }
    }
```

解答：

(1) 最好情况下，数组本身是有序的，遍历一遍数组无元素交换，故 $T(n)=O(n)$；

(2) 最坏情况下，数组本身是逆序的，遍历了 n 遍数组，故 $T(n)=O(n^2)$；

(3) 正常情况下，$T(n)=O(n^2)$。

按增长率由小到大的顺序排列如下。

- 多项式时间算法的时间复杂度(有效算法)：$O(1)<O(\log n)<O(n)<O(n\log n)<O(n^2)<O(n^3)$。
- 指数时间算法的时间复杂度(无效算法)：$O(2^n)<O(n!)<O(n^n)$。

2. 空间复杂度

一个算法的空间复杂度(space complexity)$S(n)$定义为该算法所耗费的存储空间，它也是问题规模 n 的函数。渐近空间复杂度也常常简称为空间复杂度。空间复杂度是对一个算法在运行过程中临时占用存储空间大小的量度。一个算法在计算机存储器上所占用的存储空间包括存储算法本身所占用的存储空间、算法的输入/输出数据所占用的存储空间和算法在运行过程中临时占用的存储空间这三个方面。

1.4 抽象数据类型

1. 数据类型

数据类型是指一组性质相同的值的集合以及定义在此集合上的操作的总称。在用高级程序设计语言编写的程序中，每个数据都应有一个所属的、确定的数据类型。数据类型反映三个方面的内容：存储结构、取值范围和允许进行的操作。

在Java语言中，数据类型分为基本数据类型和复合数据类型(引用类型)，如以下语句定义两个变量v1和v2，数据类型为int，说明给这两个变量赋值时不能超出int的取值范围，所进行的运算只能是int类型允许的。

```
int v1,v2;
```

2. 抽象数据类型

抽象是指抽取出事物具有的普遍性的本质，隐藏复杂的细节，只保留现实目标所必需的信息。对已有的数据类型进行抽象，就得到抽象数据类型。

抽象数据类型(abstract data type,ADT)是一个数据结构和定义在该数据结构上的操作。抽象数据类型的定义仅取决于一组逻辑特性,与计算机内部如何表示和实现无关。抽象数据类型体现了程序设计中问题分解、抽象和信息隐藏的特性。

为了便于后续对抽象数据类型进行描述,这里给出描述抽象数据类型的格式定义:

```
ADT 抽象数据类型名{
    数据对象:<数据对象定义>
    数据关系:<数据关系定义>
    基本操作:<基本操作定义>
}
```

后续学习各种逻辑结构时均是从抽象数据类型定义开始。本书主要采用接口(interface)来描述抽象数据类型,用实现该接口的类表示抽象数据类型的实现。

1.5 本章小结

本章主要介绍编程环境、数据结构、算法和抽象数据类型的基本概念。

(1) 编程环境:Java 开发环境和 C++ 开发环境。

(2) 数据结构:基本概念、逻辑结构、存储结构。

(3) 算法:定义、特性、描述、分析。

(4) 抽象数据类型。

1.6 基础知识检测

一、填空题

1. 数据结构是一门研究非数值计算的程序设计问题中的操作对象以及它们之间的________和________的学科。

2. 从逻辑关系看,可以把数据结构分为________和________两大类。

3. 算法的 5 个特性是________、________、________、________、________。

4. 数据结构中评价算法的两个性能指标是________和________。

二、选择题

1. 下列数据结构中,(　　)不属于线性结构。

   A. 线性表与串　　B. 栈和队列　　C. 数组　　D. 集合

2. 链式存储设计时,存储单元的地址(　　)。

   A. 一定连续　　B. 一定不连续

   C. 不一定连续　　D. 部分连续,部分不连续

3. 下列(　　)结构中的数据元素的关系是"多对多"的关系。

   A. 线性表　　B. 二叉树　　C. 栈和队列　　D. 图

1.7 上机实验

【实验目的】

- 了解算法的基本概念和表现形式；
- 掌握算法评价标准、时间复杂性的计算；
- 熟悉编程环境；
- 掌握调试程序的方法和技巧。

1.7.1 实验 1：熟悉编程环境

【实验要求】

已知求数组最小元素的值及下标的算法如下，编写主函数进行测试，要求输入任意数组，给出运行结果。

Java 源代码：

```
public static void max(double[] arr){
    double m=arr[0];            //初始化最小值
    int loc=0;                  //初始化数组下标
    int len=arr.length;
    for(int i=0;i<len;i++){
        if(arr[i]<m){
            m=arr[i];
            loc=i;
        }
    }
    System.out.printf("数组中最小的元素值为: %f,其在数组中的下标是: %d",m,loc);
}
```

【运行结果参考】

运行结果如图 1-24 所示。

```
请输入数组元素的个数：6
请输入数组元素：2.3 4 5.6 1.5 7 0.9
数组中最小的元素值为：0.9,其在数组中的下标是：5
```

图 1-24　运行结果

【Java 源代码】

```
public static void main(String[] args) {
      Scanner sc=new Scanner(System.in);
      System.out.print("请输入数组元素个数: ");
      int len=  ___(1)___;
      ____(2)____;          //创建数组
      System.out.print("请输入数组元素: ");
      for (int i=0; i<len; i++)
```

```
        ____(3)____                      //输入数组元素
    ____(4)____;                         //方法调用
        sc.close();
    }
```

1.7.2 实验 2：简单算法设计与分析

【实验要求】

设计一个时间复杂度为 O(n)的算法，实现将数组 arr[n]中所有元素循环左移 k 个位置。

【运行结果参考】

运行结果如图 1-25 所示。

```
请输入数组元素个数：
8
请输入8个数组元素：
12 23 36 48 56 69 78 81
请输入数组左移位置数：
3
数组循环左移3个位置后，数组元素为：
48  56  69  78  81  12  23  36
```

图 1-25 运行结果

【Java 源代码】

```
package com.gdlg.syl_1;
import java.util.Scanner;
public class ShiYan1_2 {
    public static void Converse(int[] array, int k) {
        reverse(array, 0, k-1);                    //倒置前 k 个元素
        reverse(array, k, array.length-1);         //倒置后 length-k 个元素
        reverse(array,0,array.length-1);           //倒置所有元素
    }
    private static void reverse(int[] array, int begin, int end) {
        int length=end-begin+1;
        int half=length/2;
        for(____(1)____) {
            ____(2)____
        }
    }
    public static void main(String[] args){
            int n,m;
            ShiYan1_2 conv;
            System.out.println("请输入数组元素个数：");
            Scanner sc=new Scanner(System.in);
            n=sc.nextInt();
            int[] arr=____(3)____;
            System.out.println("请输入"+n+"个数组元素：");
```

```
            for(int i=0;i<n;i++)
                ____(4)____
            System.out.println("请输入数组左移位置数: ");
            m=sc.nextInt();
            ____(5)____
            System.out.println("数组循环左移"+m+"个位置后,数组元素为: ");
            for(int j=0;j<n;j++)
                  System.out.print(arr[j]+"  ");
            sc.close();
      }
}
```

1.7.3 实验拓展

(1) 设计一个时间复杂度为 O(n)的算法,实现将数组 b[n]中所有元素调整为左右两部分,左边为奇数,右边为偶数。

(2) 编写主函数进行测试。

(3) 给出运行结果。

【Java 源代码】

```
import java.util.Scanner;
public class AdjustTest {
    public static void Adjust(int a[],int n){
        …
    }
    public static void main(String[] args){
        …
  }
}
```

第 1 章主要算法的 C++ 代码

第 2 章

线性表结构

【知识结构图】

第 2 章知识结构参见图 2-1。

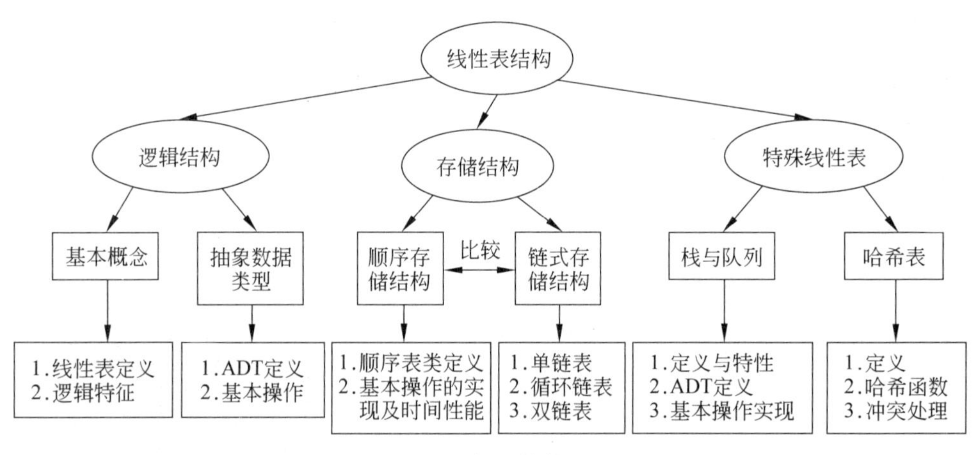

图 2-1　知识结构图

【学习要点】

本章的学习要从两条明线、一条暗线出发。两条明线是线性表的逻辑结构和存储结构，一条暗线是算法。主要内容包括顺序表类定义、单向链表类定义、栈和队的应用、散列函数的应用以及在不同的存储结构下相同操作的不同实现算法。注意对顺序表和链表从时间性能和空间性能等方面进行综合对比，在实际应用中能为线性表选择或设计合适的存储结构。

本章涉及的许多内容具有一定的普遍性，是后面学习树结构、图结构等内容的基础，因此本章是重点。

2.1　线性表基本概念

1. 线性表定义

线性表(linear list)是由 $n(n\geqslant 0)$ 个数据元素(结点)构成的有限序列，可表示为(a_0，a_1，…，a_{n-1})。其中，n 为线性表的长度，$n=0$ 时为空表；i 为 a_i 在线性表中的位序号。

线性表的逻辑结构特点如下。

(1) 它由 n 个同类型的元素组成。

(2) 有且仅有一个第一个元素和一个最后一个元素。

(3) 每个元素除第一个元素和最后一个元素之外,有且仅有一个前驱和一个后继。

例如,26个英文字母组成的英文表(A,B,C,…,Z)是一个线性表,每一个字母即一个数据元素,元素间关系是线性的,这里的数据元素称为单值结点。

如第1章中表1-1为学生成绩表,也是一个线性表,每行(记录)即一个数据元素,元素间的关系也是线性的,这里的数据元素称为多值结点。

2. 线性表的基本操作

线性表基本操作包括以下几种。

(1) 线性表的置空:清除线性表中的所有数据元素。

(2) 线性表判空:判断线性表是否为空,如果不包含任何数据元素即返回true,否则返回false。

(3) 求线性表的长度:返回线性表包含数据元素的个数。

(4) 取表元素:返回线性表中指定位置上的数据元素。

(5) 插入元素:在线性表中指定位置插入一个新的数据元素。

(6) 删除元素:删除线性表中指定位置的数据元素。

(7) 查找元素:返回指定数据元素在线性表中首次出现的位置。

(8) 输出表元素:按照顺序输出线性表中所有的数据元素。

3. 线性表的抽象数据类型

根据线性表的逻辑结构和基本操作,得到线性表的抽象数据类型用Java接口描述如下。

```
public interface IList{
    public void clear();                          //置空操作
    public boolean isEmpty();                     //判空操作
    public int length();                          //求线性表的长度
    public Object get(int i);                     //取元素操作
    public void insert(int i, Object x);          //插入操作
    public void remove(int i);                    //删除操作
    public int indexOf(Object x);                 //查找操作
    public void display();                        //输出操作
}
```

对线性表的基本操作定义在接口IList中,当存储结构确定后通过实现接口的类来完成基本操作的具体实现,确保了算法定义和算法实现的分离。同时,为了保证这些基本操作对任何数据类型都适用,这里数据元素类型采用Object,也可使用Java中的泛型。在实际应用中,可用实际的数据类型代替Object。

2.2 线性表的顺序存储

2.2.1 顺序存储的概念

顺序存储是用一组地址连续的存储单元依次存放线性表中的数据元素的存储结构。用

顺序存储的线性表就称为顺序表。

如 26 个英文字母组成的英文表(A,B,C,…,Z),其顺序存储结构如图 2-2 所示。

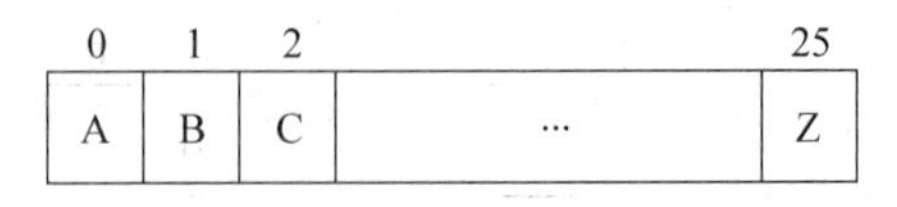

图 2-2　顺序存储结构图

所有数据元素的存储位置均取决于第一个数据元素的存储位置。第一个数据元素的存储位置称为基地址,记为 $LOC(a_0)$,则第 i 个元素的存储地址计算公式为:

$$LOC(a_i)=LOC(a_0)+i\times C$$

其中,C 为一个数据元素所占的存储量。

顺序表的特点如下。

(1) 逻辑上相邻的数据元素,赋以相邻的存储位置。

(2) 存储密度高。

(3) 便于随机存取。

(4) 不便于插入、删除操作(会引起大量结点的移动)。

(5) 不便于扩充存储空间。

2.2.2　顺序存储结构的实现

线性表的顺序存储结构就是在内存中开辟一段连续的地址空间,然后把相同数据类型的数据元素依次存放在这段空间内。由于线性表中的元素类型相同,可采用一维数组实现。

1. 插入操作 insert(i,x)

在第 i 个元素 a_i 之前插入一个值为 x 的元素。其操作步骤如下。

(1) 检测空间是否足够及参数 i 是否合法。

(2) 插入位置及之后的所有元素后移一个位置。

(3) 执行插入。

(4) 修正表长:表长加 1。

2. 删除操作 remove(i)

将第 i 个位置上的数据元素从顺序表中删除。其操作步骤如下。

(1) 检测参数 i 是否合法。

(2) 删除之后的所有元素前移一个位置。

(3) 修正表长:表长减 1。

3. 查找操作 indexOf(x)

查找数据元素 x 在顺序表中是否存在。若存在,则函数返回 x 初次出现的位置;否则返回-1。

基本操作是从顺序表中第一个元素(或最后一个元素)和给定值 x 相比较。如果相等,则查找成功;如果直到和最后一个(或第一个元素)相比较都不相等,则查找失败。

线性表的顺序存储结构在线性表 Java 接口的实现类中描述如下。

【Java 源代码】

```
public class SqList implements IList {
    private Object[] listElem;                          //线性表存储空间
    private int curLen;                                 //当前长度
    //顺序表的构造函数,构造一个存储空间容量为 maxSize 的线性表
    public SqList(int maxSize) {
        curLen=0;                                       //置顺序表的当前长度为 0
        listElem=new Object[maxSize];                   //为顺序表分配 maxSize 个存储单元
    }
    //将一个已经存在的线性表置成空表
    public void clear() {
        curLen=0;                                       //置顺序表的当前长度为 0
    }
    //判断当前线性表中数据元素个数是否为 0,若为 0 则函数返回 true,否则返回 false
    public boolean isEmpty() {
        return curLen==0;
    }
    //求线性表中的数据元素个数并由函数返回其值
    public int length() {
        return curLen;                                  //返回顺序表的当前长度
    }
    //读取到线性表中的第 i 个数据元素并由函数返回其值
    //其中,i 取值范围为 0≤i≤length()-1,如果 i 值不在此范围则抛出异常
    public Object get(int i) throws Exception {
        if (i<0 || i>curLen-1)                          //i 小于 0 或者大于表长减 1
            throw new Exception("第"+i+"个元素不存在");    //输出异常
        return listElem[i];                             //返回顺序表中第 i 个数据元素
    }
    //在线性表的第 i 个数据元素之前插入一个值为 x 的数据元素
    //其中,i 取值范围为 0≤i≤length()
    //如果 i 值不在此范围则抛出异常,当 i=0 时表示在表头插入一个数据元素 x
    //当 i=length()时表示在表尾插入一个数据元素 x
    public void insert(int i, Object x) throws Exception {
        if (curLen==listElem.length)                        //判断顺序表是否已满
            throw new Exception("顺序表已满");                //输出异常
        if (i<0 || i>curLen)                                //i 小于 0 或者大于表长
            throw new Exception("插入位置不合理");            //输出异常
        for (int j=curLen; j>i; j--)
            listElem[j]=listElem[j-1];                      //插入位置及之后的元素后移
        listElem[i]=x;                                      //插入 x
        curLen++;                                           //表长度增 1
    }
    //将线性表中第 i 个数据元素删除
    //其中,i 取值范围为 0≤i≤length()-1,如果 i 值不在此范围则抛出异常
    public void remove(int i) throws Exception {
        if (i<0 || i>curLen-1)                              //i 小于 1 或者大于表长减 1
```

```
            throw new Exception("删除位置不合理");   //输出异常
        for (int j=i; j<curLen-1; j++)
            listElem[j]=listElem[j+1];               //被删除元素之后的元素左移
        curLen--;                                    //表长度减 1
    }
    //返回线性表中首次出现指定元素的索引,如果列表不包含此元素,则返回-1
    public int indexOf(Object x) {
        int i=0;
        while (i<curLen && !listElem[j].equals(x))
            //从顺序表中的首结点开始查找,直到 listElem[i]指向元素 x 或到达顺序表的
            //表尾
            i++;
        if (i<curLen)                                //判断 i 的位置是否位于表中
            return i;                                //返回 x 元素在顺序表中的位置
        else
            return -1;                               //x 元素不在顺序表中
    }
    public void display() {                          //输出线性表中的数据元素
        for (int i=0; i<curLen; i++)
            System.out.print(listElem[i]+" ");
        System.out.println();                        //换行
    }
}
```

注意:这里要区分“数组长度”和“线性表长度”。

数组长度是存放线性表分配的存储空间的大小,存储分配后一般是不变的。高级语言中可通过编程手段实现动态分配数组,不过会带来性能的损耗。

线性表长度是表中元素的个数,会随着插入和删除操作的执行而发生改变。

2.2.3 性能分析

1. 插入操作

在顺序表的第 $i(0\leqslant i\leqslant n)$ 个数据元素之前插入一个新的数据元素,会引起 $n-i$ 个数据元素向后移动一个存储位置。假设在第 i 个元素之前插入的概率为 p_i,则在等概率的情况下,移动元素的平均次数为

$$\sum_{i=0}^{n} p_i(n-i)=\frac{1}{n+1}\sum_{i=0}^{n}(n-i)=\frac{n}{2}$$

故考虑移动元素的平均情况,时间复杂度为 $O(n)$。

2. 删除操作

在长度为 n 的顺序表上删除第 $i(0\leqslant i\leqslant n-1)$ 个数据元素会引起 $n-i-1$ 个数据元素向前移动一个存储位置。假设删除第 i 个元素的概率为 p_i,则在等概率的情况下,移动元素的平均次数为

$$\sum_{i=0}^{n-1} p_i(n-i-1)=\frac{1}{n}\sum_{i=0}^{n-1}(n-i-1)=\frac{n-1}{2}$$

故考虑移动元素的平均情况,时间复杂度为 $O(n)$。

3. 查找操作

如果待查找的数据元素 x 在顺序表中第 i 个位置上，则需比较 $i+1$ 次，所以在等概率条件下，数据元素的平均比较次数为

$$\sum_{i=0}^{n-1} p_i \times (i+1) = \frac{1}{n}\sum_{i=0}^{n-1}(i+1) = \frac{n}{2}$$

故时间复杂度为 $O(n)$。

2.2.4 顺序表查找优化

1. 平均查找长度

衡量一个查找算法效率优劣的标准是平均查找长度(average search length)。

为确定记录在查找表中的位置，需和给定值进行比较的关键字个数的期望值：

$$\mathrm{ASL} = \sum_{i=0}^{n-1} p_i C_i$$

其中，n 为表中记录个数，p_i 为查找表中第 i 个记录的概率，且 $\sum_{i=0}^{n-1} p_i = 1$，C_i 为找到该记录时曾和给定值比较过的关键字的个数。

2. 带监督元的顺序查找算法

前面介绍的顺序查找算法非常简单，但每次循环时都要判断循环变量 i 是否越界，在表长较大时，查找放在较后面的数据元素就会大大影响查找性能。这里通过设置一个监督元减少每次循环时的越界判断，代码如下：

```
public int indexOf(Object x) {
    int i=0;
    listElem[curLen]=x;          //表尾存放监督元
    while (!listElem[i].equals(x))
        //从顺序表中的首结点开始查找，直到指向元素 x 或到达顺序表的表尾
        i--;
    if (i<curLen)                //判断 i 的位置是否位于表中
        return i;                //返回 x 元素在顺序表中的位置
    else
        return -1;               //x 元素不在顺序表中
}
```

此算法会增加一个空间开销用于存储监督元，监督元可放在表头，也可放在表尾，上面代码中放在表尾。这种算法看上去和前面的顺序查找算法差别不大，但在总数据量较大时能大大提高查找效率。

在等概率查找的情况下，顺序表查找的平均查找长度为

$$\mathrm{ASL} = \frac{1}{n}\sum_{i=1}^{n}(n-i+1) = \frac{n+1}{2}$$

3. 折半查找

上述顺序查找表的查找算法简单，但平均查找长度较大，特别不适用于表长较大的查找表。若以有序表表示静态查找表，则查找过程可以基于“折半”进行。

折半查找也叫二分查找(binary search)。它的前提条件是顺序表必须是有序的(通常是升序,即从小到大有序)。

基本思想是在有序顺序表中,取中间元素与查找关键字 x 进行比较。

① 如果相等,则表示查找成功。

② 如果 x 大于中间元素,则在中间元素的右半区继续查找。

③ 如果 x 小于中间元素,则在中间元素的左半区继续查找。

④ 重复上述步骤,直到查找成功或失败为止。

【例 2-1】 设一顺序表 arr 存储结构如下:

下标	0	1	2	3	4	5	6	7	8	9
元素	12	18	23	65	78	81	88	92	98	106

(1) 求查找元素 98 的查找长度;

(2) 求查找元素 20 的查找长度。

解答:

(1) 查找元素 $x=98$。

① 初始:low=0 high=9 mid=(0+9)/2=4,$x>$arr[4]。

② 在右半区继续查找:low=5 high=9 mid=(5+9)/2=7,$x>$arr[7]。

③ 在右半区继续查找:low=8 high=9 mid=(8+9)/2=8,$x=$arr[8]查找成功,返回 x 的位置 i=8。

查找过程中分别与 78、92、98 进行了比较,故查找长度为 3。

(2) 查找元素 $x=20$。

① 初始:low=0 high=9 mid=(0+9)/2=4,$x<$arr[4]。

② 在左半区继续查找:low=0 high=3 mid=(0+3)/2=1,$x>$arr[1]。

③ 在右半区继续查找:low=2 high=3 mid=(2+3)/2=2,$x<$arr[2]。

④ 在左半区继续查找:low=2 high=1 high<low 查找失败。

查找过程中分别与 78、18、23 进行了比较,故查找长度为 3。

假设 $n=2k-1$,并且查找概率相等,则

$$\mathrm{ASL}=\frac{1}{n}\sum_{i=0}^{n-1}C_i=\frac{1}{n}\left[\sum_{j=1}^{k}j\times 2^{j-1}\right]=\frac{n+1}{n}\log_2(n+1)-1$$

2.3 线性表的链式存储

2.3.1 链式存储的概念

顺序存储结构的最大缺点是插入和删除元素时需要移动大量的元素,会耗费大量的时间。为了解决这个问题便引入了链式存储。

用一组地址任意的存储单元存放线性表中的数据元素,以“结点的序列”表示线性表称作链表,链表中每一个结点包含存放数据元素值的数据域和存放相邻结点的指针域。

链式表的特点如下。

（1）逻辑上相邻的数据元素，其存储位置不一定相邻。

（2）便于插入、删除操作。

（3）不能进行随机存取。

2.3.2 单向链表

若一个结点只包含一个指向后继结点的指针域，则称此链表为单向链表。单向链表是通过每个结点的指针域将线性表的数据元素按其逻辑次序链接在一起。普通的单链表尾结点的指针域为空，但若尾结点的指针域指向头结点，则称为单向循环链表，如图2-3和图2-4所示。

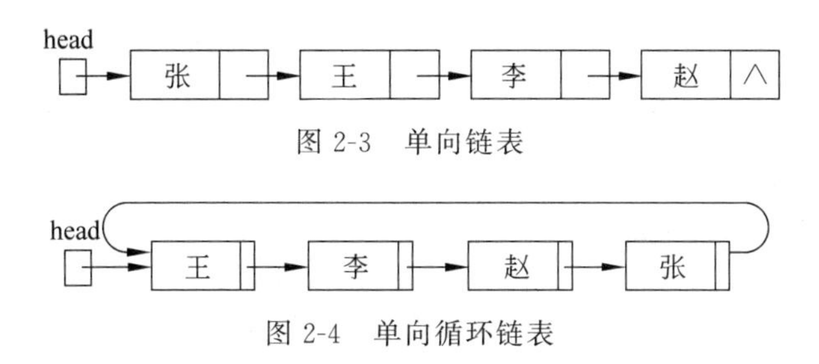

图2-3 单向链表

图2-4 单向循环链表

链表中第一个结点的存储位置称为头指针(head)，整个表的存储必须从头指针开始。有时为了更加方便对链表进行操作，会在单向链表的第一个结点前附设一个结点，成为头结点，此结点的数据域可以不存储任何信息，也可以存储表长等附加信息，头结点的指针域存储指向第一个结点的指针。如图2-5所示为带头结点的单向链表。

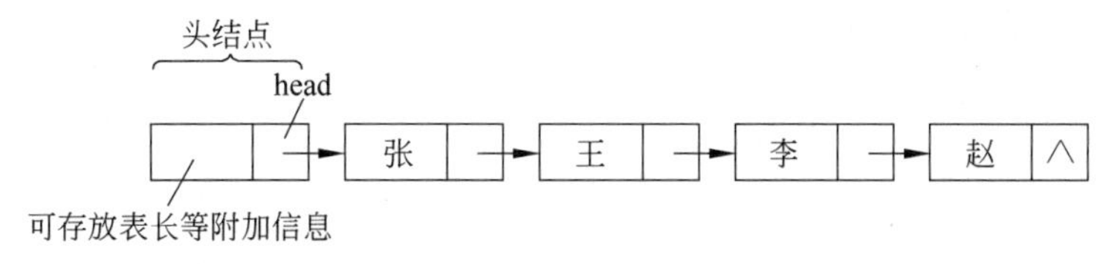

图2-5 带头结点的单向链表

单向链表的主要操作如下。

1. 取元素操作 get(i)

返回第 i 个元素的值。

单向链表是一种"顺序存取"的结构，即为取第 i 元素，首先必须先找到第 $i-1$ 个元素。因此不论 i 值为多少，都必须从头结点开始起"点数"，直到第 i 个为止。

2. 查找操作 indexOf(x)

查找数据元素 x 在单向链表中是否存在。若存在，则返回 x 初次出现的位置；否则返回-1。

从单向链表的首结点开始沿着后继指针依次对各结点的数据域值与 x 值进行比较，直到找到数据域值为 x 的结点或到达单向链表的表尾为止。

3. 插入操作 insert(i,x)

在带头结点的单向链表第 i 个结点之前插入一个数据域值为 x 的新结点，其中 $0 \leqslant i \leqslant n$。

4. 链表的创建

单向链表的创建过程是一个动态生成链表的过程，即从“空表”的初始状态起依次建立各元素结点，并逐个插入链表。根据插入元素的位置，分为头插法(creatH)和尾插法(creatW)。头插法创建单向链表每次都是将创建的新结点插入当前形成的单向链表的表头，尾插法创建单向链表每次都是将创建的新结点插入当前形成的单向链表的表尾。

单向链表实现代码如下。

【Java 源代码】

(1) 结点类的描述，每个结点包含两个域，即数据域和指针域。

```
public class Node {
    private Object data;            //数据域
    private Node next;              //指针域
    public Node(){
        this(null,null);
    }
    public Node(Object data){
        this(data,null);
    }
    public Node(Object data,Node next){
        this.data=data;
        this.next=next;
    }
    public Object getData() {
        return data;
    }
    public void setData(Object data) {
        this.data=data;
    }
    public Node getNext() {
        return next;
    }
    public void setNext(Node next) {
        this.next=next;
    }
}
```

(2) 单向链表类的描述。

```
public class LinkList implements IList {
    public Node head;
    public LinkList(){
        head=new Node();
    }
    //如果 order 为 true,则采用尾插法;否则采用头插法
    public LinkList(int n,boolean order) throws Exception{
        this();
        if(order) createW(n);
```

```
        else createH(n);
    }
    //采用头插法创建单向链表
    public void createH(int n) throws Exception{
        Scanner sc=new Scanner(System.in);
        System.out.print("请输入链表元素：");
        for(int j=0;j<n;j++)
            insert(0, sc.next());
        System.out.println("链表初始化完成!");
    }
    //采用尾插法创建单向链表
    public void createW(int n) throws Exception{
        Scanner sc=new Scanner(System.in);
        System.out.print("请输入链表元素：");
        for(int j=0;j<n;j++)
            insert(length(), sc.next());
        System.out.println("链表初始化完成!");
    }
    public void display() {
        Node node=head.getNext();
        while(node!=null){
            System.out.print(node.getData()+"  ");
            node=node.getNext();
        }
        System.out.println();
    }
    public void clear() {
        head.setNext(null);
        head.setData(null);
    }
    public Object get(int i) throws Exception {
        Node p=head.getNext();
        int j=0;
        while(p!=null && j<i){
            p=p.getNext();
            j++;
        }
        if(j>i|| p==null){
            throw new Exception("元素不存在");
        }
        return p.getData();
    }
    public int indexOf(Object x) {
        Node p=head.getNext();
        int j=0;
        while(p!=null && !p.getData().equals(x)){
            p=p.getNext();
            j++;
        }
```

```
        if(p!=null) return j;
        return -1;
    }
    public void insert(int i, Object x) throws Exception {
        Node p=head;
        int j=-1;
        while(p!=null && j<i-1){
            p=p.getNext();    j++;
        }
        if(j>i-1 || p==null){
            throw new Exception("插入位置不合法");
        }
        Node s=new Node(x);
        s.setNext(p.getNext());
        p.setNext(s);
    }
    public boolean isEmpty() {
        return head.getNext()==null;
    }
    public int length() {
        Node p=head.getNext();
        int length=0;
        while(p!=null){
            p=p.getNext();
            length++;
        }
        return length;
    }
    public void remove(int i) throws Exception {
        Node p=head;
        int j=-1;
        while(p.getNext()!=null && j<i-1){
            p=p.getNext();
            j++;
        }
        if(j>i-1 || p.getNext()==null)
            throw new Exception("删除位置不合法");
        p.setNext(p.getNext().getNext());
    }
}
```

单向循环链表和单向链表的差别仅在于，判别链表中最后一个结点的条件不再是“后继是否为空”，而是“后继是否为头结点”。即单向循环链表的操作和线性单向链表基本一致，差别仅在于算法中的循环条件不是 p 或 p.next 是否为空，而应是 p 或 p.next 是否为 head。

单向循环链表的特点如下。

(1) 从任一结点出发都可访问到表中所有结点。

(2) 用头指针表示的单向循环链表找开始结点的时间是 O(1)，用头指针表示的单向循环链表找终端结点的时间是 O(n)。

(3) 用尾指针表示的单向循环链表找开始结点的时间是 O(1),用尾指针表示的单向循环链表找终端结点的时间是 O(1)。

2.3.3 双向链表

若一个结点包含两个指针域,一个指向前驱结点,另一个指向后继结点,则称此链表为双向链表(见图 2-6)。普通的双向链表头结点的前驱指针和尾结点的后继指针均为空,但若头结点的前驱指针指向尾结点,尾结点的后继指针指向头结点,构成一个首尾相连的链表称为双向循环链表,如图 2-7 所示。

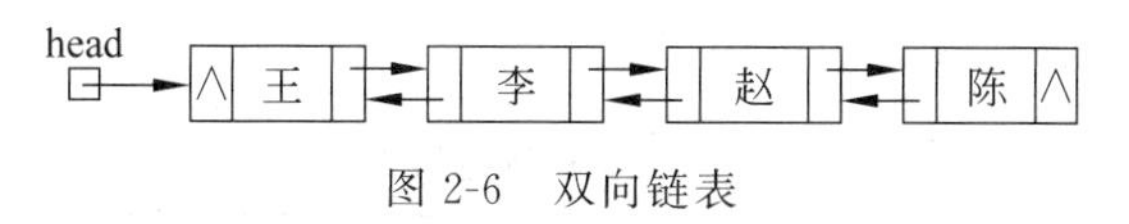

图 2-6 双向链表

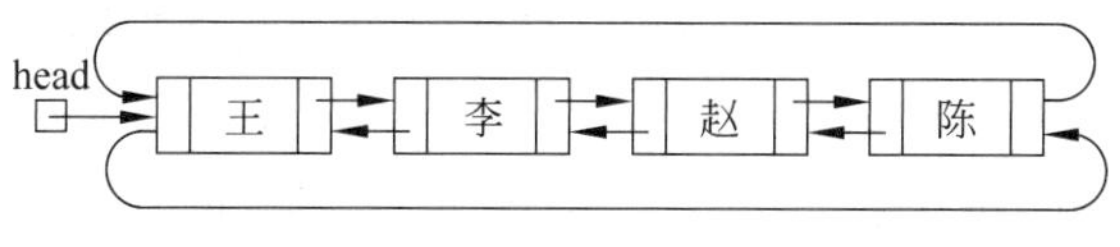

图 2-7 双向循环链表

双向链表的"查询" 和单向链表相同,但"插入"和"删除"时需要同时修改两个方向上的指针。

1. 插入元素

如图 2-8 为双向链表中相邻的两个元素,插入一个新元素 x 的方法如图 2-9 所示。

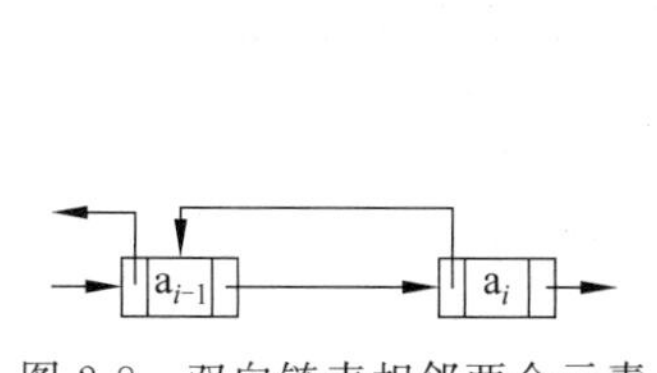

图 2-8 双向链表相邻两个元素

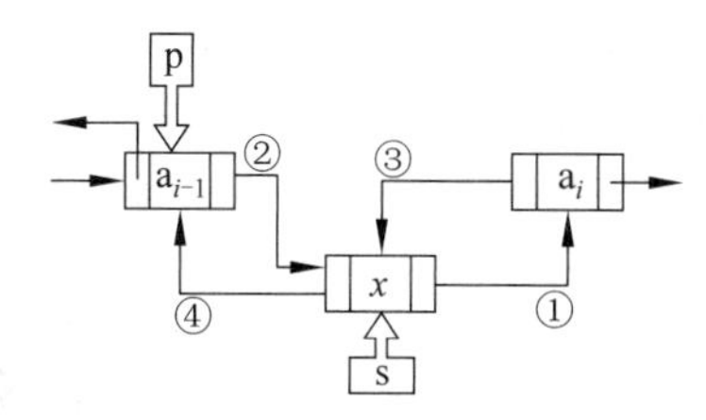

图 2-9 插入元素

图 2-9 中,p 为指向元素 a_{i-1} 的指针,s 为指向元素 x 的指针。

① 将 x 的后继指针指向 a_i: s.next=p.next。

② 将 a_{i-1} 的后继指针指向 x: p.next=s。

③ 将 a_i 的前驱指针指向 x: s.next.prior=s。

④ 将 x 的前驱指针指向 a_{i-1}: s.prior=p。

2. 删除元素

从图 2-10 中删除元素 a_i 的方法如图 2-11 所示。

其中,p 为指向元素 a_{i-1} 的指针。

① 将 a_{i-1} 的后继指针指向 a_{i+1}: p.next=p.next.next。

② 将 a_{i+1} 的前驱指针指向 a_{i-1}: p.next.prior=p。

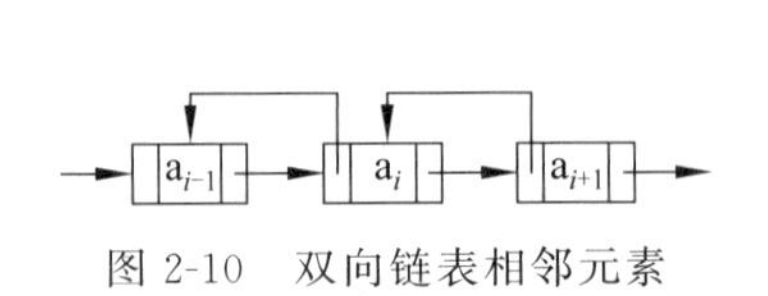

图 2-10 双向链表相邻元素

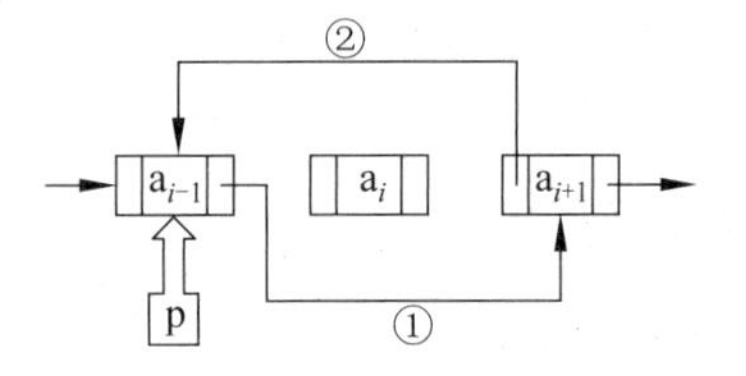

图 2-11 双向链表删除元素

2.3.4 顺序表与链表的比较

表 2-1 所示为顺序表与链表的比较。

表 2-1 顺序表与链表的比较

比较项	顺 序 表	链 表
空间大小	相对固定	可根据需要进行动态变化，较灵活
存储密度	较高(只存放数据元素值本身)	较低(除存放数据元素值本身之外，还存放指针)
创建	简单(利用数组)	较复杂(头、尾插法)
存取操作	简单(随机存取)	较复杂(顺序存取)
插入操作	不方便(会引起元素移动)	方便(只需修改相关链)
删除操作	不方便(会引起元素移动)	方便(只需修改相关链)

顺序表最适用于很少进行插入和删除操作的“静态”线性表，链式表适用于需要频繁执行插入和删除操作的“动态”线性表。如果事先知道线性表的大致长度，采用顺序存储结构效率高一些；如果线性表的元素个数变化大或者不知道其长度时，宜采用链式存储结构。

总之，线性表的顺序存储结构与链式存储结构各有其优缺点，不能简单地说哪个好哪个不好，需要根据实际情况综合考虑哪种更适合需求和性能要求。

2.4 栈

2.4.1 栈的基本概念

栈是仅限制在表的一端进行插入和删除操作的特殊线性表，限制操作的端称为“栈顶”，另一端称为“栈底”。栈是“后进先出”的线性表(LIFO)或“先进后出”的线性表(FILO)，如图 2-12 所示，x 为栈顶元素，a 为栈底元素。

栈的引入简化了程序设计的问题，划分了不同关注层次，更加聚焦于要解决的问题核心。现在，有很多高级语言(如 Java、C++等)都有对栈结构的封装，可以不用关注实现细节，就可以直接使用的进栈出栈的方法，非常方便。

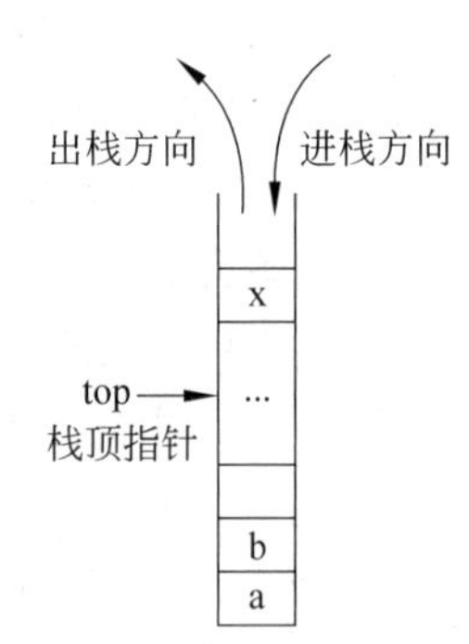

图 2-12 栈结构示意图

2.4.2 栈的基本操作

栈的基本操作包括以下几种。

(1) 清空栈：清除栈中的所有数据元素。

(2) 栈判空：判断栈是否为空，如果不包含任何数据元素返回 true，否则返回 false。

(3) 求栈的长度：返回栈中包含数据元素的个数。

(4) 取栈顶元素：返回当前栈顶的数据元素。

(5) 入栈：在栈顶添加一个新的数据元素。

(6) 出栈：删除栈顶数据元素。

(7) 输出栈元素：从栈顶开始依次输出栈中所有的数据元素。

2.4.3 栈的抽象数据类型

根据栈的逻辑结构和基本操作，得到栈的抽象数据类型，用 Java 接口描述如下。

```
public interface IStack {
    public void clear();                                  //置空
    public boolean isEmpty();                             //判空
    public int length();                                  //长度
    public Object peek();                                 //取栈顶元素
    public void push(Object x) throws Exception;          //入栈
    public Object pop();                                  //出栈
    public void display();                                //显示栈元素
}
```

2.4.4 顺序栈

采用顺序存储结构的栈称为顺序栈，用数组来实现，如图 2-13 所示。

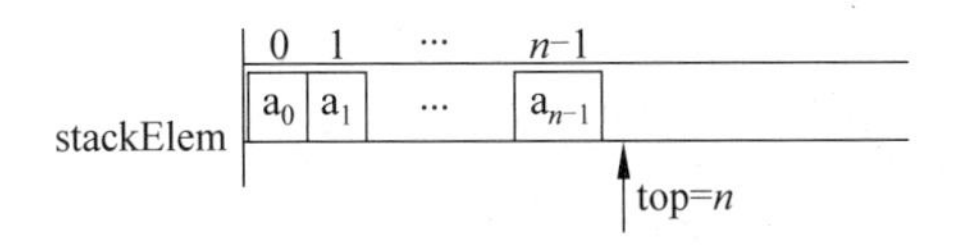

图 2-13 顺序栈的存储结构

1. 进栈

插入元素 x 使其成为顺序栈中新的栈顶元素。操作步骤如下。

(1) 判断顺序栈是否为满，若满则抛出异常。

(2) 若栈不满，则将新元素 x 压入栈顶，并修正栈顶指针。

2. 出栈

将栈顶元素从栈中移去，并返回被移去的栈顶元素值。操作步骤如下。

(1) 若栈空，则返回空值。

(2) 若栈不空，则移去栈顶元素并返回其值。

顺序栈实现代码如下。

【Java 源代码】

```
public class SqStack implements IStack{
    private Object[] stackElem;
    private int top;
    public SqStack(int maxSize){
        top=0;
        stackElem=new Object[maxSize];
    }
     public void clear() {
        top=0;
    }
    public void display() {
        for(int i=top-1;i>=0;i--)
            System.out.print(stackElem[i].toString()+"  ");
        System.out.println();
    }
    public boolean isEmpty() {
        return top==0;
    }
    public int length() {
        return top;
    }
    public Object peek() {
        if(!isEmpty()) return stackElem[top-1];
        return null;
    }
    public Object pop() {
        if(isEmpty())
           return null;
        else return stackElem[--top];
    }
    public void push(Object x) throws Exception {
        if(top==stackElem.length)
           throw new Exception("栈满");
        else stackElem[top++]=x;
    }
}
```

2.4.5 链式栈

采用链式存储结构的栈称为链式栈,可以用不带表头结点的单向链表来实现,如图 2-14 所示。

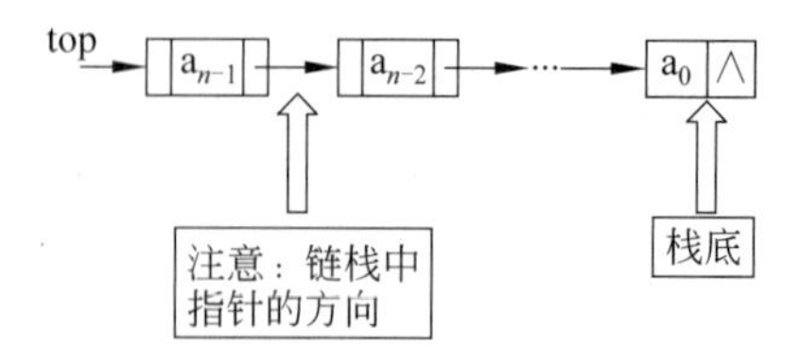

图 2-14 链式栈的存储结构

【Java 源代码】

```
public class Node {
    public Object data;
    public Node next;
    public Node() {
        this.data=null;
        this.next=null;
    }
    public Node(Object data) {
        this.data=data;
        this.next=null;
    }
    public Node(Object data,Node next) {
        this.data=data;
        this.next=next;
    }
}
public class LinkStack implements IStack {
    private Node top;
    public void clear() {
        top=null;
    }
    public void display() {
        Node p=top;
        while(p!=null) {
            System.out.print(p.data.toString()+"  ");
            p=p.next;
        }
    }
    public boolean isEmpty() {
        return top==null;
    }
    public int length() {
        Node p=top;
        int length=0;
        while(p!=null) {
            p=p.next;
            length++;
        }
        return length;
    }
    public Object peek() {
        if(!isEmpty()) return top.data;
        return null;
    }
    public Object pop() {
        if(isEmpty())
            return null;
        else {
```

```
            Node p=top;
            top=top.next;
            return p.data;
        }
    }
    public void push(Object x) throws Exception {
        Node pNode=new Node(x);
        pNode.next=top;
        top=pNode;
    }
}
```

2.5 队　　列

1. 队列的基本概念

队列是只允许在表的一端进行插入，而在表的另一端进行删除操作的一种特殊线性表。允许插入的一端称为“队尾”，允许删除的一端称为“队首”。队列是“先进先出”的线性表（FIFO）或“后进后出”的线性表（LILO），如图 2-15 所示。

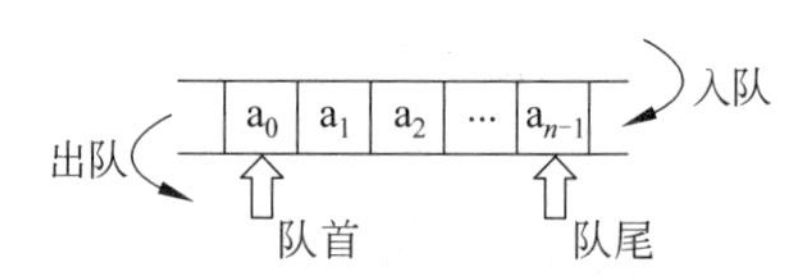

图 2-15　队列结构示意图

2. 队列的基本操作

队列的基本操作包括以下几种。

（1）清空队列：清除队列中的所有数据元素。

（2）队列判空：判断队列是否为空，如果队列中不包含任何数据元素返回 true，否则返回 false。

（3）求队列的长度：返回队列中包含数据元素的个数。

（4）取队首元素：返回当前队首的数据元素。

（5）入队：在队尾添加一个新的数据元素。

（6）出队：删除队首数据元素。

（7）输出队列元素：从队首开始依次输出队列中所有的数据元素。

3. 队列的抽象数据类型

根据队列的逻辑结构和基本操作，得到队列的抽象数据类型，用 Java 接口描述如下。

```
public interface IQueue {
    public void clear();              //队列置空
    public boolean isEmpty();         //测试队列是否为空
    public int length();              //求队列长度
    public Object peek();             //返回队首元素,如果此队列为空,则返回 null
    public Object poll();             //出队
    public void offer(Object o) throws Exception;       //入队
    public void display();            //打印函数,打印所有队列中的元素(队列头到队列尾)
}
```

4. 顺序队

采用顺序存储结构的队称为顺序队,用数组来实现。由于顺序队列多次入队和出队操作后会出现"假溢出"现象,要解决"假溢出"问题,最好的办法是将顺序队所使用的存储空间看成一个逻辑上首尾相连的循环队列,并且少用一个元素空间,如图 2-16 所示。

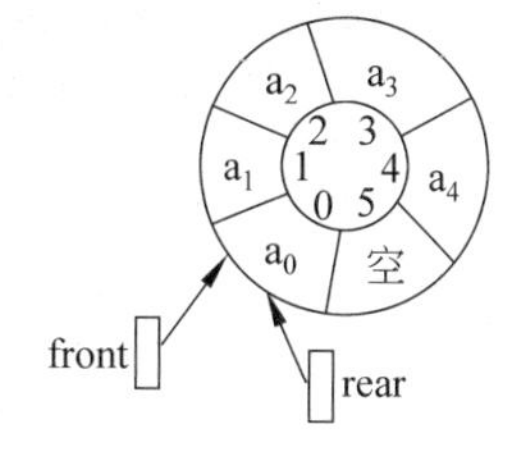

图 2-16　循环队列结构示意图

【Java 源代码】

```
public class CircleSqQueue implements IQueue {
    private Object[] queueElem;    //队列存储空间
    private int front;             //队首的引用,若队列不空,指向队首元素
    private int rear;              //队尾的引用,若队列不空,指向队尾元素的下一个位置
    //循环队列类的构造函数
    public CircleSqQueue(int maxSize) {
        front=rear=0;              //队头、队尾初始化为 0
        queueElem=new Object[maxSize];              //为队列分配 maxSize 个存储单元
    }
    //将一个已经存在的队列置成空
    public void clear() {
        front=rear=0;
    }
    //测试队列是否为空
    public boolean isEmpty() {
        return front==rear;
    }
    //求队列中的数据元素个数并由函数返回其值
    public int length() {
        return (rear-front+queueElem.length) %queueElem.length;
    }
    //把指定的元素插入队列
    public void offer(Object x) throws Exception {
        if ((rear+1) %queueElem.length==front)     //队列满 1
            throw new Exception("队列已满");          //输出异常
        else {                                        //队列未满
            queueElem[rear]=x;                        //x 赋给队尾元素
            rear=(rear+1) %queueElem.length;          //修改队尾指针
        }
    }
    //查看队列的头而不移除它,返回队列顶对象,如果此队列为空,则返回 null
    public Object peek() {
        if (front==rear)                              //队列为空
            return null;
        else
            return queueElem[front];                  //返回队首元素
    }
    //移除队列的头并作为此函数的值返回该对象,如果此队列为空,则返回 null
    public Object poll(){
```

```
        if (front==rear)                                //队列为空
            return null;
        else {
            Object t=queueElem[front];                  //取出队首元素
            front=(front+1) %queueElem.length;          //更改队首的位置
            return t;                                   //返回队首元素
        }
    }
    //打印函数,打印所有队列中的元素(队首到队尾)
    public void display() {
        if (!isEmpty()) {
            for (int i=front; i !=rear; i=(i+1) %queueElem.length)
                //从队首到队尾
                System.out.print(queueElem[i].toString()+" ");
        } else {
            System.out.println("此队列为空");
        }
    }
    public Object[] getQueueElem() {
        return queueElem;
    }
    public void setQueueElem(Object[] queueElem) {
        this.queueElem=queueElem;
    }
    public int getFront() {
        return front;
    }
    public void setFront(int front) {
        this.front=front;
    }
    public int getRear() {
        return rear;
    }
    public void setRear(int rear) {
        this.rear=rear;
    }
}
```

5. 链式队

采用链式存储结构的队列称为链式队,可以用不带表头结点的单向链表来实现。

【Java 源代码】

(1) 结点类。

```
public class Node {
    public Object data;
    public Node next;
    public Node() {
        this.data=null;
        this.next=null;
```

```
    }
    public Node(Object data){
        this.data=data;
        this.next=null;
    }
    public Node(Object data,Node next){
        this.data=data;
        this.next=next;
    }
}
```

(2) 链队类。

```
public class LinkQueue implements IQueue {
    private Node front;                     //队头的引用
    private Node rear;                      //队尾的引用,指向队尾元素
    //链队列类的构造函数
    public LinkQueue() {
        front=rear=null;
    }
    public void clear() {
        front=rear=null;
    }
    public boolean isEmpty() {
        return front==null;
    }
    //求队列中的数据元素个数,并由函数返回其值
    public int length() {
        Node p=front;
        int length=0;                       //队列的长度
        while (p !=null) {                  //一直查找到队尾
            p=p.next;
            ++length;                       //长度增 1
        }
        return length;
    }
    //把指定的元素插入队列
    public void offer(Object o) {
        Node p=new Node(o);                 //初始化新的结点
        if (front !=null) {                 //队列非空
            rear.next=p;
            rear=p;                         //改变队列尾的位置
        } else
            //队列为空
            front=rear=p;
    }
    //查看队列的头而不移除它,返回队列顶对象,如果此队列为空,则返回 null
    public Object peek() {
        if (front !=null)                   //队列非空
```

```
            return front.data;                  //返回队列元素
        else
            return null;
    }
    //移除队列的头并作为此函数的值返回该对象,如果此队列为空,则返回 null
    public Object poll() {
        if (front !=null) {                     //队列非空
            Node p=front;                       //p 指向队列头结点
            front=front.next;
            if (p==rear)                        //被删的结点是队尾结点
                rear=null;
            return p.data;                      //返回队列头结点数据
        } else
            return null;
    }
    //打印函数,打印所有队列中的元素(队列头到队列尾)
    public void display() {
        if (!isEmpty()) {
            Node p=front;
            while (p !=rear.next) {             //从队头到队尾
                System.out.print(p.data.toString()+" ");
                p=p.next;
            }
        } else {
            System.out.println("此队列为空");
        }
    }
}
```

2.6 哈 希 表

2.6.1 哈希表的基本概念

前面所介绍的顺序表、链式表等结构,记录在表中的位置和它的关键字之间不存在一个确定的关系,要查找记录的过程即给定值按某种顺序和记录集合中各个关键字进行比较的一个过程,查找的效率取决于和给定值进行比较的关键字个数。

对于频繁使用的查找表,通常希望平均查找长度 ASL=0。要达到此目标,只有先知道所查关键字在表中的位置,即要求:记录在表中位置和其关键字之间存在一种确定的关系。例如,为每年招收的 1000 名新生建立一张查找表,其关键字为学号,其值的范围为 ××××000～××××999(前四位为年份),若以下标为 000～999 的有序表表示,则查找过程就变得很简单:取给定值(学号)的后三位,直接可确定学生记录在查找表中的位置,不需要经过比较。

哈希表(Hash 表,散列表)是一种特殊的存储结构,其原理是使用一种特殊的地址变换公式,快速地将元素 x 变换成 x 的存储地址,从而在 O(1)时间内找到 x,是最快的查找机制,其中,地址变换公式即哈希函数。哈希函数是一个映象,即将关键字的集合映射到某个地址集合上(见图 2-17)。

由于哈希函数是一个压缩映象,因此在一般情况下很容易产生“冲突”现象,$k_i \neq k_j$,而 $H(k_i)=H(k_j)$,即两个不同的记录需要存放在同一个存储位置,k_i 和 k_j 相对于 H 称作同义词。很难找到一个不产生冲突的哈希函数。一般情况下,只能选择恰当的哈希函数,尽可能少地产生冲突。因此,在构造这种特殊的“查找表”时,除了需要选择一个“好”(尽可能少产生冲突)的哈希函数之外,还需要找到一种“处理冲突”的方法。

根据设定的哈希函数 H(key)和所选中的处理冲突的方法,将一组关键字映象到一个有限的、地址连续的地址集(区间)上,并以关键字在地址集中的“象”作为相应记录在表中的存储位置,如此构造所得的查找表称为“哈希表”。装载因子是指所有关键字填充哈希表饱和的程度,它等于关键字总数/哈希表长度(见图 2-18)。

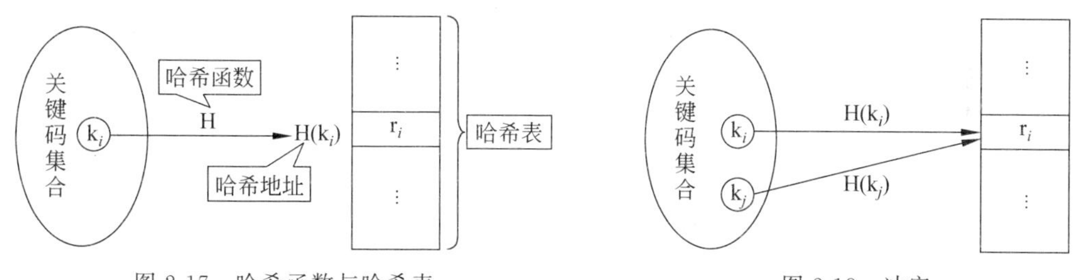

图 2-17 哈希函数与哈希表

图 2-18 冲突

要构造哈希表则要解决两个主要问题:如何设计一个简单、均匀、存储利用率高的哈希函数和如何采取合适的处理冲突方法来解决冲突。

2.6.2 常用的哈希函数

对数字的关键字可有下列构造方法:除留余数法、直接定址法、数字分析法、平方取中法、折叠法、随机数法。

若是非数字关键字,则需先对其进行数字化处理。

1. 除留余数法

设定哈希函数为

$$H(\text{key})=\text{key} \bmod p$$

其中,$p \leqslant m$(表长)并且 p 应为不大于 m 的素数或是不含 20 以下的质因子散列结果比较均匀。

除留余数法是一种最简单、最常用的构造哈希函数的方法,并且不要求先知道关键码的分布。

【例 2-2】 设有一组关键字(30,14,34,68,20,84,27,66),试用除留余数法设计哈希函数。

解答:表长 $m=11$,可取 p 为 11,即令 H(key)=key%11。

由此可得,哈希表如下。

0	1	2	3	4	5	6	7	8	9	10
66	34	68	14		27		84	30	20	

2. 直接定址法

哈希函数为关键字的线性函数：

$$H(key)=key \quad 或者 \quad H(key)=a\times key+b$$

适用于已知关键码，关键码集合不是很大且连续性较好等情况。

【例 2-3】 关键码集合为{10,20,40,60,70,90}，选取的哈希函数为 H(key)=key/10，则哈希表如下。

0	1	2	3	4	5	6	7	8	9
	10	20		40		60	70		90

3. 数字分析法

数字分析法也称提取数位法，假设关键字集合中的每个关键字都是由 n 位数字组成($v_1,v_2,\cdots,v_n$)，分析关键字集合中的全体，并从中提取分布均匀的若干位或它们的组合作为地址。

适用于能预先估计出全部关键码的每一位上各种数字出现的频度，不同的关键码集合需要重新分析等情况。

【例 2-4】 设要在长为 100 的哈希地址空间中保存 80 个数据元素，部分关键字值如图 2-19 所示，试用数字分析法设计哈希函数。

解答： 经分析，第 1、2、3、7、8 位号上的数字重复率高，表长为 100，故可取第 4、5、6、7 位中任意两位为哈希地址，这里取第 4、5 位为哈希地址，得到哈希函数为 H(key)=key%100000/1000。

位号：①②③④⑤⑥⑦⑧

8 1 3 4 6 5 3 2
8 1 3 3 8 9 6 7
8 1 3 7 2 2 4 2
8 1 3 5 4 1 5 7
8 1 3 8 7 4 2 2
8 1 3 6 8 5 3 7
8 1 3 0 1 3 6 7
8 1 4 1 9 3 5 5
8 1 3 2 2 8 1 7
8 1 4 9 0 2 7 5

图 2-19 部分关键字值

4. 平方取中法

平方取中法是以关键字的平方值的中间几位作为存储地址。求"关键字的平方值"的目的是"扩大差别"，同时平方值的中间各位又能受到整个关键字中各位的影响。此方法适用于关键字中的每一位都有某些数字重复出现频度很高的现象。

5. 折叠法

将关键字分割成若干部分，然后取它们的叠加和为哈希地址。

这里叠加处理的方法有以下两种。

(1) 移位叠加即将分割后的各部分最低位对齐，然后相加。

(2) 间界叠加即从一端向另一端沿分割界来回折叠后，对齐最后一位相加。

相加的方法也有两种，即算术相加(带进位加法)和按位相加(无进位加法)。此方法适用于关键字的数字位数特别多。

【例 2-5】 key=81 675 436，假设哈希表的长度为小于 1000，分别采用移位叠加和间界叠加算术相加计算 key 的哈希地址。

解答： 哈希表的长度为小于 1000，可将 key 从右到左，每 3 位为一段，进行移位叠加分成 3 段：436、675、81，将三个数进行算术相加。

$$
\begin{array}{r}
436 \\
675 \\
+\ 81 \\
\hline
1192
\end{array}
$$

得到 H(key)=192。

进行间界叠加分成3段：436、576、81，将三个数进行算术相加。

$$
\begin{array}{r}
436 \\
576 \\
+\ 81 \\
\hline
1093
\end{array}
$$

得到 H(key)=093。

6. 随机数法

设定哈希函数为

$$H(\text{key})=\text{Random}(\text{key})$$

其中，Random 为伪随机函数。

通常，此方法用于对长度不等的关键字构造哈希函数。

实际造表时，采用何种构造哈希函数的方法取决于建表的关键字集合的情况(包括关键字的范围和形态)，总的原则是使产生冲突的可能性降到尽可能的小。

2.6.3 冲突处理方法

"处理冲突"的实际含义是：为产生冲突的地址寻找下一个哈希地址。常用的冲突处理方法如下。

1. 开放定址法

为产生冲突的地址 H(key)求得一个地址序列：$H_0, H_1, H_2, \cdots, H_s$ $(1 \leqslant s \leqslant m-1)$，其中，$H_0=H(\text{key})$，$H_i=(H(\text{key})+d_i)\%m$，$(i=1,2,\cdots,s)$。

根据对增量 d_i 的取法，通常可分为以下两种。

(1) 线性探测法：$d_i=1,2,\cdots,k$ $(k \leqslant m-1)$。

(2) 二次探测法：$d_i=1^2,-1^2,2^2,-2^2,\cdots,k^2,-k^2$。

【例 2-6】 关键字为{67,84,18,26,34,28}，哈希函数为 H(key)=key%7，冲突处理采用线性探测法 $H_i=(H(\text{key})+d_i)\%7$，其中，$d_i=1,2,3,4,5,6$，请写出构造哈希表的过程。

解答：

(1) H(67)=67%7=4，H(84)=84%7=0。

0	1	2	3	4	5	6
84				67		

(2) H(18)=18%7=4，冲突1次；$H_1=(4+1)\%7=5$。

0	1	2	3	4	5	6
84				67	18	

(3) H(26)=26%7=5,冲突 1 次;H_1=(5+1)%7=6。

0	1	2	3	4	5	6
84				67	18	26

(4) H(34)=34%7=6,冲突 1 次;H_1=(6+1)%7=0,冲突 2 次;H_2=(6+2)%7=1。

0	1	2	3	4	5	6
84	34			67	18	26

(5) H(28)=28%7=0,冲突 1 次;H_1=(0+1)%7=1,冲突 2 次;H_2=(0+2)%7=2。

0	1	2	3	4	5	6
84	34	28		67	18	26

至此,哈希表构造完成。

2. 链地址法

将所有哈希地址相同的记录,即所有同义词的记录存储在一个单向链表中(称为同义词子表),在哈希表中存储的是所有同义词子表的头指针。

用开放定址法处理冲突得到的散列表叫作闭哈希表。用链地址法处理冲突构造的散列表叫作开哈希表。

【例 2-7】 将例 2-6 关键字{67,84,18,26,34,28},哈希函数为 H(key)=key%7,冲突处理链地址法,请写出构造哈希表的过程,并计算查找成功和查找不成功的平均查找长度。

解答:采用链地址解决冲突得到的哈希表如图 2-20 所示。

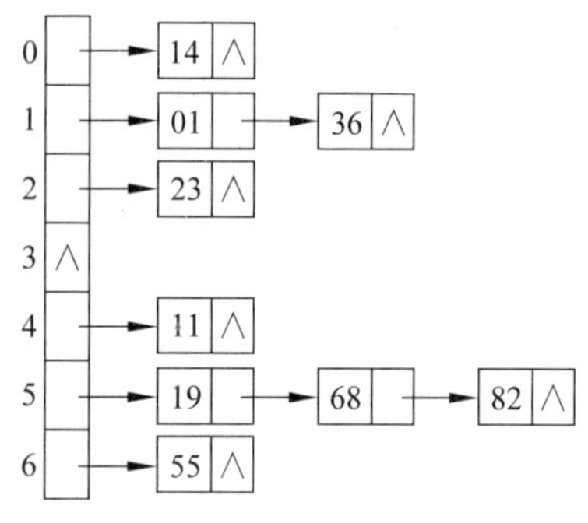

图 2-20 构造的哈希表

查找成功的平均查找长度为

$$ASL_{成功}=(1\times6+2\times2+3)/9=13/9$$

查找不成功的平均查找长度为

$$ASL_{不成功}=(1\times4+2+3)/7=9/7$$

注意:查找成功时,分母为哈希表元素个数,查找不成功时,分母为哈希表长度。

2.7 本章小结

本章主要介绍线性表结构的相关概念。

(1) 线性表结构:定义、基本操作、抽象数据类型。

(2) 顺序表:顺序存储结构的实现、查找。

(3) 链式表:单向链表、双向链表。

(4) 栈:概念、基本操作、抽象数据类型、顺序栈、链式栈。

(5) 队列：概念、基本操作、抽象数据类型、顺序队、链式队。

(6) 哈希表：概念、哈希函数的设计、冲突处理方法。

2.8 基础知识检测

一、填空题

1. 线性表 L=(a_1,a_2,…,a_n)用数组表示，假定删除表中任一元素的概率相同，则删除一个元素平均需要移动元素的个数是________。

2. 在一个长度为 n 的顺序表中第 i 个元素($1\leqslant i\leqslant n$)之前插入一个元素时，需向后移动________个元素。

3. 线性表(a_1,a_2,…,a_n)以链式存储时，访问第 i 位置元素的时间复杂性为________。

4. 线性表是具有 n 个________的有限序列($n>0$)。

二、选择题

1. 以下关于线性表的叙述，正确的是(　　)。

(Ⅰ) 线性表中每个元素都有一个前驱和一个后继。

(Ⅱ) 线性表中的所有元素必须按从小到大或从大到小的顺序排列。

(Ⅲ) 线性表是由有限个相同类型的数据元素构成的序列。

(Ⅳ) 线性表基本操作的实现取决于采用哪一种存储结构，存储结构不同实现的算法也不同。

A. Ⅰ、Ⅱ、Ⅲ　　B. Ⅱ、Ⅲ、Ⅳ　　C. Ⅲ、Ⅳ　　D. Ⅲ

2. 线性表是一个(　　)位置对数据元素进行插入、删除操作的序列容器。

A. 仅可在表头　　B. 仅可在表尾　　C. 可在任意　　D. A、B、C 都正确

3. 一个线性表最常用的操作是存取任意指定序号的数据元素和在最后进行插入、删除操作，则用(　　)存储方式可以节省时间。

A. 顺序表　　B. 双向链表

C. 带头结点的双向循环链表　　D. 单向循环链表

4. 线性表采用链式存储时，其地址(　　)。

A. 必须是连续的　　B. 部分地址必须是连续的

C. 一定是不连续的　　D. 连续与否均可以

5. 用链表表示线性表的优点是(　　)。

A. 便于随机存取　　B. 花费的存储空间较顺序存储少

C. 便于插入和删除　　D. 数据元素的物理顺序与逻辑顺序相同

2.9 上机实验

【实验目的】

- 了解线性表基本概念。
- 掌握顺序表和链式表基本操作的实现。

- 熟悉双向链表、循环链表的结构特点。
- 掌握栈的基本操作的实现。
- 掌握哈希表的构建和哈希查找。

2.9.1 实验 1：顺序表的基本操作

【实验要求】

设计并将如下顺序表操作的部分补充完整，并将运行结果截图，在主函数中提示用户选择顺序表操作，如图 2-21 所示。

【运行结果参考】

运行结果如图 2-22～图 2-25 所示。

```
------------------------------
操作选项菜单
1.输出表长
2.插入元素
3.删除元素
4.定位元素
5.取表元素
6.显示线性表
0.退出
------------------------------
作者：XXX          班级：17软件工程X班
请输入操作代码（0-退出）：
```

图 2-21　菜单选择

```
顺序表第0个元素是：12
顺序表第1个元素是：27
顺序表第2个元素是：39
顺序表第3个元素是：21
顺序表第4个元素是：19
顺序表初始化完成！
------------------------------
操作选项菜单
1.输出表长
2.插入元素
3.删除元素
4.定位元素
5.取表元素
6.显示线性表
0.退出
------------------------------
作者：XXX          班级：17软件工程X班
请输入操作代码（0-退出）:1
顺序表的长度:5
请输入操作代码（0-退出）:2
请输入要插入的位置:
3
请输入要插入该位置的值:
55
插入操作成功！
请输入操作代码（0-退出）:6
12 27 39 55 21 19
请输入操作代码（0-退出）:4
请输入要查找的元素:22
22在表中的位置：-1
请输入操作代码（0-退出）:4
请输入要查找的元素:21
21在表中的位置：4
请输入操作代码（0-退出）:5
请输入要查找元素的位置:0
0位置上的元素为：12
请输入操作代码（0-退出）:3
请输入要删除元素的位置:3
删除操作成功
请输入操作代码（0-退出）:6
12 27 39 21 19
请输入操作代码（0-退出）:0
程序结束！
```

图 2-22　运行结果

```
请输入操作代码（0-退出）:1
顺序表的长度:5
请输入操作代码（0-退出）:2
请输入要插入的位置:
12
请输入要插入该位置的值:
1
Exception in thread "main" java.lang.Exception: 插入位置不合理
	at ch02.SqList.insert(SqList.java:49)
	at ch02.ShiYan2_1.main(ShiYan2_1.java:35)
```

图 2-23 插入位置不合理

```
请输入操作代码（0-退出）:1
顺序表的长度:5
请输入操作代码（0-退出）:2
请输入要插入的位置:
3
请输入要插入该位置的值:
17
插入操作成功!
请输入操作代码（0-退出）:2
请输入要插入的位置:
5
请输入要插入该位置的值:
29
插入操作成功!
请输入操作代码（0-退出）:2
请输入要插入的位置:
1
请输入要插入该位置的值:
66
插入操作成功!
请输入操作代码（0-退出）:2
请输入要插入的位置:
2
请输入要插入该位置的值:
29
Exception in thread "main" java.lang.Exception: 顺序表已满
	at ch02.SqList.insert(SqList.java:46)
	at ch02.ShiYan2_1.main(ShiYan2_1.java:35)
```

图 2-24 表满

```
请输入操作代码（0-退出）:1
顺序表的长度:5
请输入操作代码（0-退出）:2
请输入要插入的位置:
3
请输入要插入该位置的值:
55
插入操作成功!
请输入操作代码（0-退出）:3
请输入要删除元素的位置:-1
Exception in thread "main" java.lang.Exception: 删除位置不合理
	at ch02.SqList.remove(SqList.java:61)
	at ch02.ShiYan2_1.main(ShiYan2_1.java:41)
```

图 2-25 删除位置不合理

【Java 源代码】

(1) 定义顺序表接口 IList。

(2) 定义顺序表类 SqList。

(3) 定义测试类(包括显示菜单方法和 main()方法)。

① 显示菜单方法。

```
// 显示操作菜单方法
public static void menu() {
    System.out.println("----------------------------");
    System.out.println("操作选项菜单");
    System.out.println("1.输出表长");
    System.out.println("2.插入元素");
    System.out.println("3.删除元素");
    System.out.println("4.定位元素");
    System.out.println("5.取表元素");
    System.out.println("6.显示线性表");
    System.out.println("0.退出");
    System.out.println("----------------------------");
    System.out.println("作者：XXX          班级：17软件工程X班");
}
```

② main()方法。

```
public static void main(String[] args) throws Exception {
    //第一步：初始化顺序表,表长为 5
    SqList L=____(1)____;          //构造一个 8 个存储空间的顺序表
    Scanner sc=new Scanner(System.in);
    int item;
    for (int i=0; i<5; i++) {
        System.out.print("顺序表第"+i+"个元素是：");
        item=sc.nextInt();
      ____(2)____;                 //输入的 5 个值依次插入表中
    }
    System.out.println("顺序表初始化完成!");
    //第二步：显示操作菜单
    ____(3)____;                   //方法调用
    //第三步：循环选择操作菜单,直到输入操作代码为 0 结束程序
    int op;
    do {
        System.out.print("请输入操作代码(0-退出):");
        op=sc.nextInt();
        switch (op) {
        case 1:
            System.out.println("顺序表的长度:"+____(4)____);
            break;
        case 2:
            System.out.println("请输入要插入的位置:");
            //位置是从 0 开始的
            int loc=sc.nextInt();
            System.out.println("请输入要插入该位置的值:");
            int num=sc.nextInt();
            ____(5)____;           //插入元素
            System.out.println("插入操作成功!");
            break;
        case 3:
            System.out.print("请输入要删除元素的位置:");
            loc=sc.nextInt();
              (6)    ;
            System.out.println("删除操作成功");
            break;
```

```
            case 4:
                System.out.print("请输入要查找的元素:");
                num=sc.nextInt();
                System.out.println(num+"在表中的位置: "+____(7)____);
                break;
            case 5:
                System.out.print("请输入要查找元素的位置:");
                loc=sc.nextInt();
                System.out.println(loc+"位置上的元素为: "+____(8)____);
                break;
            case 6:
                L.display();
                break;
            case 0:
                System.out.print("程序结束!");
                return;
            default:
                System.out.print("输入操作代码有误,请重新选择!");
            }
        } while (____(9)____);
        sc.close();
    }
```

2.9.2 实验2：链表的基本操作

【实验要求】

定义一链表类型,并定义带有头结点的单向链表。补充代码段,并将运行结果截图,要求如实验1。

【运行结果参考】

运行结果如图2-26所示。

【Java源代码】

(1) 定义线性表接口IList。

(2) 定义单向链表结点类Node。

(3) 定义单向链表类LinkList。

```
public class ShiYan2_2 {
    public static void main(String[] args) throws Exception {
        //第一步: 初始化顺序表,表长为5,用头插法构造一个8个存储空间的链表
        LinkList L=____(1)____;
        Scanner sc=new Scanner(System.in);
        //第二步: 显示操作菜单
        menu();
        //第三步: 循环选择操作菜单,直到输入操作代码为0结束程序
        int op;
        do {
            System.out.print("请输入操作代码(0-退出):");
```

```
请输入链表元素: a b c d e
链表初始化完成!
----------------------------
操作选项菜单
1.输出表长
2.插入元素
3.删除元素
4.定位元素
5.取表元素
6.显示线性表
0.退出
----------------------------
作者: XXX          班级: 17软件工程x班
请输入操作代码(0-退出):1
顺序表的长度:5
请输入操作代码(0-退出):2
请输入要插入的位置:
1
请输入要插入该位置的值:
4
插入操作成功!
请输入操作代码(0-退出):6
e  4  d  c  b  a
请输入操作代码(0-退出):3
请输入要删除元素的位置:3
删除操作成功
请输入操作代码(0-退出):6
e  4  d  b  a
请输入操作代码(0-退出):4
请输入要查找的元素:4
4在表中的位置: 1
请输入操作代码(0-退出):5
请输入要查找元素的位置:3
3位置上的元素为: b
请输入操作代码(0-退出):0
程序结束!
```

图 2-26　运行结果

```
            op=sc.nextInt();
            switch (op) {
            case 1:
                System.out.println("顺序表的长度:"+ ____(2)____ );
                break;
            case 2:
                System.out.println("请输入要插入的位置:");
                //位置是从 0 开始的
                int loc=sc.nextInt();
                System.out.println("请输入要插入该位置的值:");
                Object num=sc.next();
                ____(3)____;
                System.out.println("插入操作成功!");
                break;
```

```
            case 3:
                System.out.print("请输入要删除元素的位置:");
                loc=sc.nextInt();
                ______(4)______;
                System.out.println("删除操作成功");
                break;
            case 4:
                System.out.print("请输入要查找的元素:");
                num=sc.next();
                System.out.println(num+"在表中的位置: "+______(5)______);
                break;
            case 5:
                System.out.print("请输入要查找元素的位置:");
                loc=sc.nextInt();
                System.out.println(loc+"位置上的元素为: "+______(6)______);
                break;
            case 6:
                L.display();
                break;
            case 0:
                System.out.print("程序结束!");
                return;
            default:
                System.out.print("输入操作代码有误,请重新选择!");
            }
        } while (op !=0);
        sc.close();
    }
    public static void menu() {      //显示操作菜单方法
        System.out.println("----------------------------");
        System.out.println("操作选项菜单");
        System.out.println("1.输出表长");
        ...
    }
}
```

2.9.3　实验 3：栈的基本操作

【实验要求】

顺序栈功能测试。

【运行结果参考】

运行结果如图 2-27 和图 2-28 所示。

【Java 源代码】

(1) 定义栈接口 IStack。

(2) 定义顺序栈类 SqStack。

```
----------顺序栈基本操作-----------
1.长度
2.入栈
3.出栈
4.打印栈
0.退出
-----------------------------
作者：xxx          班级：17软件工程x班
请输入操作代码（0-退出）:1
顺序表的长度:0
请输入操作代码（0-退出）:2
请输入一组数执行入栈操作（输入0结束）：
1 2 3 4 5 0
入栈操作成功！
请输入操作代码（0-退出）:1
顺序表的长度:5
请输入操作代码（0-退出）:4
5  4  3  2  1
请输入操作代码（0-退出）:3
5出栈成功！
请输入操作代码（0-退出）:3
4出栈成功！
请输入操作代码（0-退出）:4
3  2  1
请输入操作代码（0-退出）:0
程序结束！
```

图 2-27　运行结果

```
----------顺序栈基本操作-----------
1.长度
2.入栈
3.出栈
4.打印栈
0.退出
-----------------------------
作者：xxx          班级：17软件工程x班
请输入操作代码（0-退出）:2
请输入一组数执行入栈操作（输入0结束）：
1 3 4 5 6 7 8 9 33 44 55
Exception in thread "main" java.lang.Exception: 栈满
	at com.zhangsan.sy2_2.SqStack.push(SqStack.java:55)
	at com.zhangsan.sy2_2.TestSqStack.main(TestSqStack.java:35)
```

图 2-28　运行异常

(3) 定义测试类(包括显示菜单方法和 main()方法)。

```
public class TestSqStack {
//显示操作菜单方法
    public static void menu(){
        System.out.println("----------顺序栈基本操作-----------");
        System.out.println("1.长度");
        …
    }
    public static void main(String[] args) throws Exception {
        //TODO Auto-generated method stub
        SqStack ss=____(1)____;    //创建一个容量为 10 的栈
        Scanner sc=new Scanner(System.in);
        menu();
        int op;
        do{
```

```
            System.out.print("请输入操作代码(0-退出):");
            op=sc.nextInt();                 //输入菜单码
            switch (op) {
            case 1:
                System.out.println("顺序栈的长度:"+ss.length());
                break;
            case 2:
                System.out.println("请输入一组数执行入栈操作(输入0结束):");
                while(true){
                  Object num=sc.next();
                  if(num.equals("0")) break;
                  else____(2)____;          //入栈
                }
                System.out.println("入栈操作成功!");
                break;
            case 3:
                Object p=____(3)____;
                System.out.println(p.toString()+"出栈成功!");
                break;
            case 4:
                ss.display();
                break;
            case 0:
                System.out.print("程序结束!");
                return;
            default:
                System.out.print("输入操作代码有误,请重新选择!");
            }
        } while (op !=0);
        sc.close();
    }
}
```

2.9.4 实验4:哈希表的应用

【实验要求】

(1) 根据哈希函数和解决冲突的方法设计哈希表。

(2) 哈希表的查找,求查找平均长度。

【实验内容】

(1) 设有一个用线性探测法解决冲突得到的散列表,空间分配如下图所示,散列函数为 $H(k)=k \% 11$,请将关键字为13、25、80、16、17、6、14依次映射到相应的存储单元中。

0	1	2	3	4	5	6	7	8	9	10

(2) 设哈希表长 $m=14$,哈希函数为 $H(k)=k$ MOD 11。如果用二次探测再散列处理冲突,请将关键字为15、38、49、61、84的记录填写在相应的存储单元中。

0	1	2	3	4	5	6	7	8	9	10	11	12	13

(3) 设哈希(Hash)表的地址范围为 0～17，哈希函数为：$H(k)=k$ MOD 16。k 为关键字，用线性探测法再散列法处理冲突，输入关键字序列：(10,24,32,17,31,30,46,47,40,63,49)，设计出 Hash 表，试回答下列问题。

① 画出哈希表的示意图。

② 若查找关键字 63，需要依次与哪些关键字进行比较？

③ 若查找关键字 60，需要依次与哪些关键字进行比较？

④ 假定每个关键字的查找概率相等，分别求查找成功时和查找不成功时的平均查找长度。

2.9.5 实验拓展

(1) 在线性表类添加两个函数。

① 实现对顺序表或单向链表就地逆置。

② 统计某一元素在表中出现的次数。

(2) 设计算法，把十进制数转换为二至九进制之间的任一进制输出，采用顺序栈实现。

(3) 给出折半算法 binarySearch 的实现代码。

第 2 章主要算法的 C++ 代码

第3章

树 结 构

【知识结构图】

第 3 章知识结构参见图 3-1。

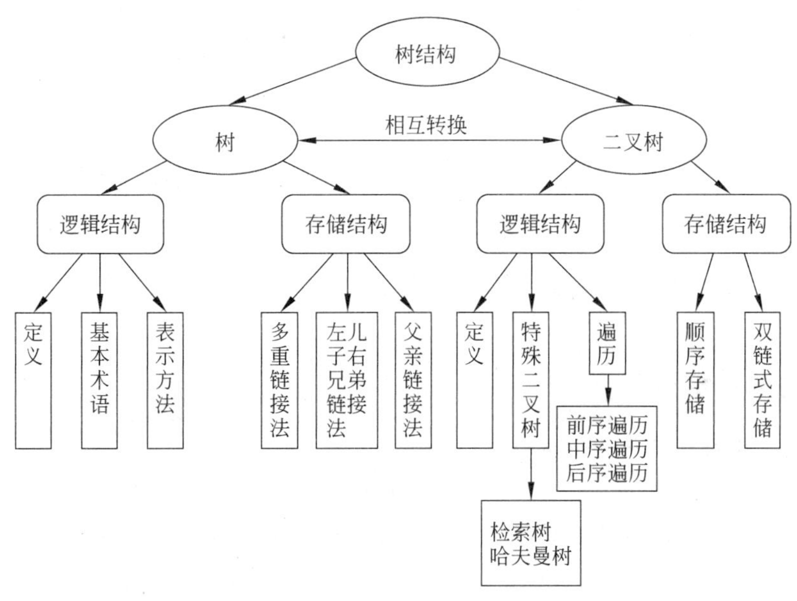

图 3-1 知识结构图

【学习要点】

本章涉及知识点包括两部分，均以逻辑结构和存储结构为主线。第一部分是树，包括树的定义、表示方法、基本术语以及不同的存储方法；第二部分是二叉树，包括二叉树的定义、三种遍历方法、两种特殊的二叉树以及两种存储方法；最后，以树和二叉树之间的相互转换为枢纽，将两者联系在一起。

3.1 树基本概念

现实生活中的很多事物，例如家谱、单位的组织架构等可以抽象成一个具有层次关系的集合，看起来像一棵倒挂的树，第一层是根，下面是分枝和叶子。在计算机中使用“树”这种数据结构来描述层次关系。

3.1.1 树的定义

树(tree)是由 $n(n \geqslant 0)$ 个结点所构成的有限集合 T，当 $n=0$ 时，称为空树；当 $n>0$ 时，n 个结点满足以下条件。

(1) 有且仅有一个特定的称为根(root)的结点。

(2) 除根结点之外的其余结点可分为 $m(m \geqslant 0)$ 个互不相交的子集 $T_1, T_2, T_3, \cdots, T_m$，其中每个子集又是一棵树，被称作根结点的子树(subtree)。

树的逻辑结构及表示方法如图 3-2 所示。

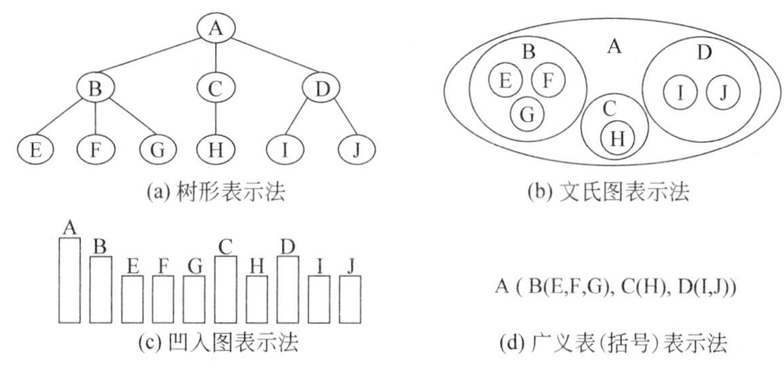

图 3-2 树的逻辑结构及表示方法

3.1.2 树的基本术语

(1) 分枝：根和子树根之间的连线(边)。

(2) 结点：一个数据元素和其所有关联子树的边构成一个树的结点。

(3) 结点的路径：由从根到该结点所经分枝和结点构成该结点的路径。

(4) 路径的长度：结点路径中所包含的分枝数。

(5) 结点的度：一个结点含有的子结点的个数称为该结点的度。

(6) 树的度：一棵树中，最大的结点的度称为树的度。

(7) 叶结点(终端结点)：度为 0 的结点称为叶结点。

(8) 分枝结点(非终端结点)：度不为 0 的结点。

(9) 双亲结点(父结点)：若一个结点含有子结点，则这个结点称为其子结点的父结点。

(10) 孩子结点(子结点)：一个结点含有的子树的根结点称为该结点的子结点。

(11) 兄弟结点：具有相同父结点的结点互称为兄弟结点。

(12) 堂兄弟结点：双亲在同一层的结点互为堂兄弟。

(13) 结点的祖先：从根到该结点所经分枝上的所有结点。

(14) 子孙：以某结点为根的子树中任一结点都称为该结点的子孙。

(15) 结点的层次：计算层数时，根为第 1 层，根的子结点为第 2 层，以此类推。

(16) 树的高度(深度)：树中结点的最大层次数。

(17) 有序树：树中各结点的所有子树之间从左到右有严格的次序关系的树。

(18) 无序树：与有序树相反，无序树中各结点的所有子树之间没有严格的次序关系。

(19) 森林：由 $m(m\geqslant 0)$ 棵互不相交的树的集合称为森林。

下面以图 3-2(a)中的树为例，说明以上树的基本术语。

① 这棵树的根结点为 A，有 A 至 J 共 10 个结点，有 9 条分枝。

② 结点 E 的路径为 A→B→E，这条路径的长度为 2。

③ 结点 B 包含 E、F、G 三个子结点，所以结点 B 的度为 3；结点 C 包含 H 一个子结点，所以结点 C 的度为 1。这棵树中，结点的度的最大值为 3，所以树的度为 3。

④ E、F、G、H、I、J 6 个结点的度为 0，为叶结点；B、C、D 这三个结点为分枝结点。

⑤ 对结点 B 而言，它是 E、F、G 三个结点的双亲结点，E、F、G 是结点 B 的 3 个孩子结点；C、D 是 B 的兄弟结点；对 E、F、G 三个结点而言，H 是它们的一个堂兄弟结点，A 是它们的祖先结点，它们是 A 的子孙。

⑥ 结点 A 是第 1 层，结点 B、C、D 在第 2 层，结点 E、F、G、H、I、J 在第 3 层；这棵树的最大层次是 3，所以树的深度为 3。

3.1.3 树的基本操作

树的基本操作包括以下几种。

(1) 树的置空：清除树中的所有数据元素。

(2) 构造一棵树：按定义构造树。

(3) 树判空：判断是否为空树，如果不包含任何结点返回 true，否则返回 false。

(4) 求树的深度：返回树的深度。

(5) 树的先根遍历：按根、左子树、右子树的顺序遍历树。

(6) 树的中根遍历：按左子树、根、右子树的顺序遍历树。

(7) 树的后根遍历：按左子树、右子树、根的顺序遍历树。

(8) 树的层次遍历：按树的层次，从上至下，从左至右遍历树。

(9) 统计结点数目：返回树中所有结点的个数。

(10) 统计叶子结点数目：返回树中叶子结点的个数。

(11) 输出二叉树：按照一定规则输出二叉树的树形结构。

3.1.4 树的抽象数据类型

根据树的逻辑结构和基本操作，得到树的抽象数据类型的 Java 接口描述如下：

```
public interface ITree{
    public void clear();                              //置空树操作
    public boolean isEmpty();                         //判断树是否为空
    public void preOrder();                           //先序遍历
    public void inOrder();                            //中序遍历
    public void postOrder();                          //后序遍历
    public void leverTraverse ();                     //层次遍历
    public int countLeafNode(BiTreeNode T);           //统计叶结点数目
    public int countNode(BiTreeNode T) ;              //统计结点的数目
    public int getDepth(BiTreeNode T);                //求树的深度
    public void printTree(BiTreeNode T,int n);        //输出二叉树
}
```

3.2 二叉树的基本概念

3.2.1 二叉树的定义

1. 二叉树

二叉树是由 $n(n\geqslant 0)$ 个结点组成的有限集合。当 $n=0$ 时，此二叉树为空树；当 $n>0$ 时，此二叉树由一个根和称为左、右子树的两个不相交的二叉树组成。例如，图 3-3 中都是二叉树。

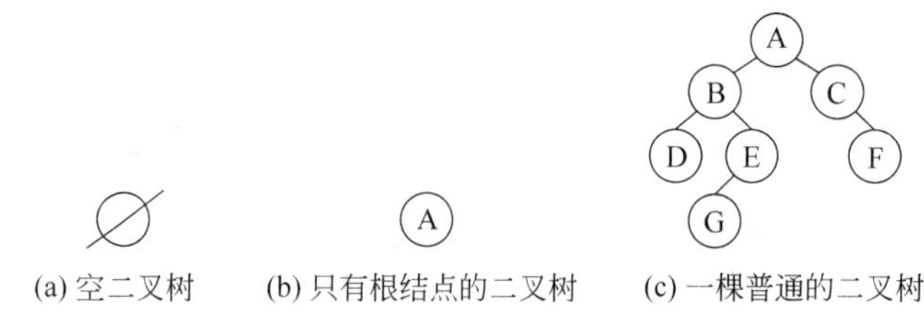

图 3-3　二叉树的示例

二叉树中所有结点的形态有 5 种：空结点、无左右子树的结点、只有左子树的结点、只有右子树的结点和具有左右子树的结点。因此，二叉树有 5 种基本形态，如图 3-4 所示。

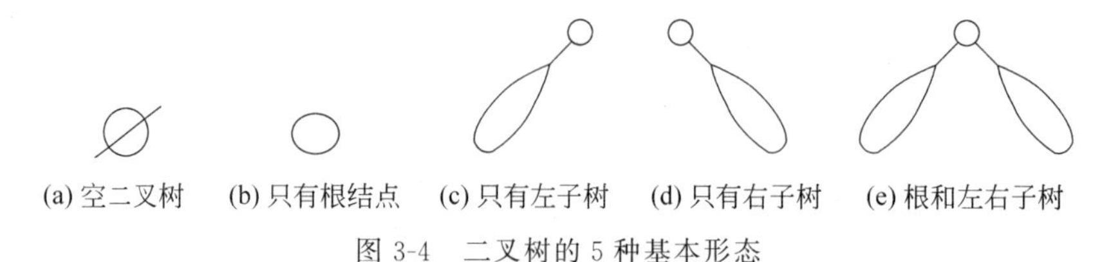

图 3-4　二叉树的 5 种基本形态

2. 满二叉树

满二叉树是一种特殊的二叉树。如果在一棵二叉树中，它的所有结点或者是叶结点，或者是左、右子树都非空，并且所有叶结点都在同一层上，则称这棵二叉树为满二叉树，如图 3-5 所示。

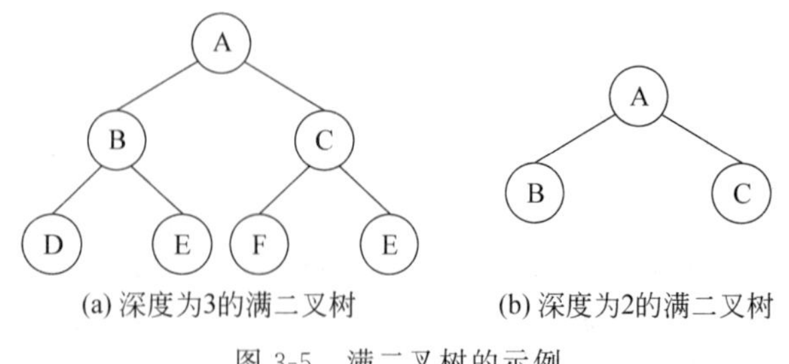

图 3-5　满二叉树的示例

3. 完全二叉树

完全二叉树也是一种特殊的二叉树。在形态上，如果二叉树中除去最后一层结点为满二叉树，且最后一层的结点依次从左到右分布，则为完全二叉树。在一棵具有 n 个结点的完全二叉树中，它的逻辑结构与一棵满二叉树的前 n 个结点的逻辑结构是相同的。如图 3-6 所示，图 3-6(a)是完全二叉树，(b)不是完全二叉树。

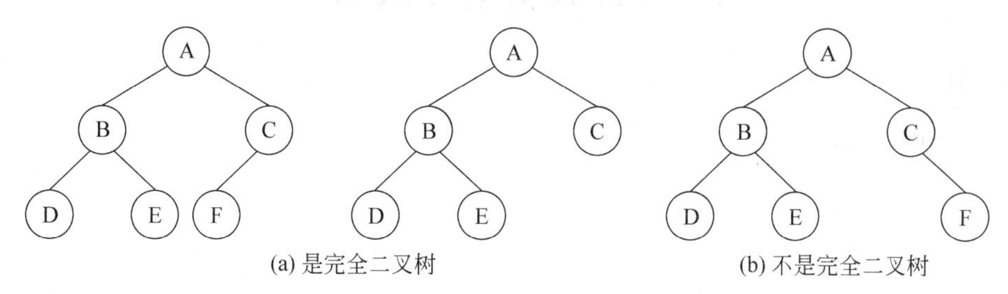

图 3-6　是完全二叉树与不是完全二叉树的示例

3.2.2　二叉树的性质

性质 1：在二叉树的第 i 层上最多有 2^{i-1} 个结点。

性质 2：深度为 k 的二叉树最多有 2^k-1 个结点。

性质 3：设二叉树叶子结点数为 n_0，度为 2 的结点数为 n_2，则 $n_0=n_2+1$。

证明：设二叉树中度为 1 的结点数为 n_1，二叉树上结点总数为 n，有

$$n=n_0+n_1+n_2 \tag{1}$$

同时，对于每一个结点来说都是由其父结点分枝表示的，假设树中分枝数为 B，那么总结点数 $n=B+1$。而度为 1 的结点有 1 个分枝，度为 2 的结点有 2 个分枝，即 $B=n_1+2\times n_2$。所以，n 用另外一种方式表示为

$$n=n_1+2\times n_2+1 \tag{2}$$

将式(1)、式(2)组成一个方程组，就可以得出 $n_0=n_2+1$。

性质 4：具有 n 个结点的完全二叉树的深度为 $\log_2 n+1$。

性质 5：若对含 n 个结点的完全二叉树从上到下且从左至右按照 0 至 $n-1$ 进行编号，则对完全二叉树中任意一个编号为 i 的结点，有：

(1) 若 $i=0$，则该结点是二叉树的根，无双亲；否则，编号为 $(i-1)/2$ 的结点为其双亲结点。

(2) 若 $2i+1\geqslant n$，则该结点无左孩子结点；否则，编号为 $2i+1$ 的结点为其左孩子结点。

(3) 若 $2i+2\geqslant n$，则该结点无右孩子结点；否则，编号为 $2i+2$ 的结点为其右孩子结点。

3.2.3　二叉树与树的区别

二叉树与树的区别如下。

(1) 树中的子树是不分顺序的，是无序树；而二叉树是有序树，即使只有一个子树，也必须区分左、右子树。

(2) 树中的每个结点可以有 $n(n\geqslant 0)$ 个分枝；而二叉树的每个结点最多有两个分枝，其结点的度不能大于 2，只能取 0、1、2 三者之一。

(3) 二叉树与度小于等于 2 的树也不同。在二叉树中允许结点没有左子树而只有右子

树；而在树中，一个结点如果没有第一棵子树，就不可能有第二棵子树存在。

3.3 二叉树的存储结构

二叉树的存储结构主要分为顺序存储结构和链式存储结构两大类。

3.3.1 二叉树的顺序存储结构

二叉树的顺序存储结构是指采用一维数组存储二叉树的所有结点。对于完全二叉树，根据性质 5 可计算出双亲结点、左右孩子结点的下标，从而得到结点之间的逻辑关系。因此完全二叉树可采用一维数组，把结点按从上到下、从左到右的顺序存放在数组中，如图 3-7 所示。

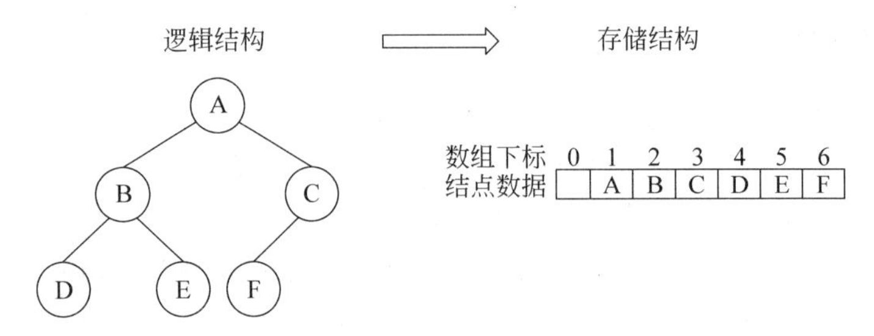

图 3-7　完全二叉树的顺序存储

对于一棵非完全二叉树，可在一棵树中增添一些并不存在的虚结点，使之变成完全二叉树，然后再采用顺序存储结构存储，其中虚结点不存放任何值，如图 3-8 所示。

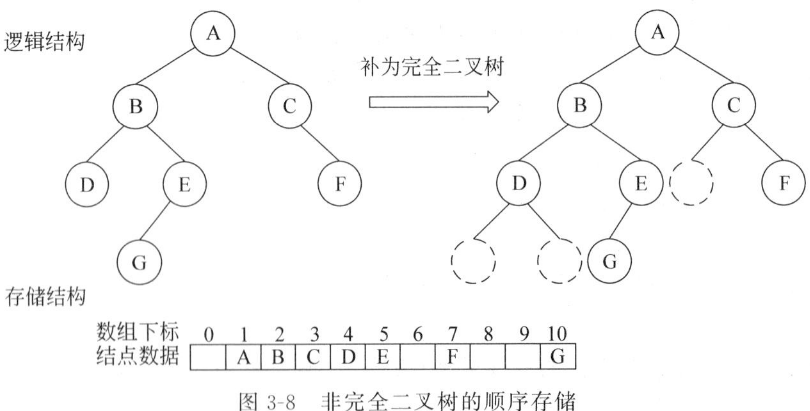

图 3-8　非完全二叉树的顺序存储

对满二叉树、完全二叉树而言，采用顺序存储是一种最简单、最节约空间的存储方式，实现对二叉树的操作也很简单。

但是对非完全二叉树而言，由于“虚结点”需要占据存储空间，可能造成存储空间的浪费。在最坏的情况下，一个深度为 h 且只有 h 个结点的右子树却需要 2^h-1 个结点存储空间，空间的浪费较大。另外，如果需要经常插入、删除二叉树中的结点，顺序存储方式需要大量移动结点，效率也不是很好。

3.3.2 二叉树的链式存储结构

二叉树的链式存储结构采用链表存储二叉树中的数据元素，用指针建立二叉树中结点之间的关系。

二叉树最常用的链式存储结构是二叉链表。二叉链表中的每个结点包含三个域，分别是数据元素域 data、左孩子域 lchild 和右孩子域 rchild，lchild 和 rchild 分别存放当前结点的左、右孩子结点的存储地址，如图 3-9(a)所示。

如果想保存当前结点的父结点信息，可以在结点结构中增加一个父结点域 parent，用来存放当前结点的父结点的存储地址，如图 3-9(b)所示。由于这样构成链表有 3 个指针域，所以称为三叉链表。

lchild	data	rchild

(a) 二叉链表的结点结构

lchild	data	rchild	parent

(b) 三叉链表的结点结构

图 3-9　二叉树链式存储的结点结构

如图 3-5 所示二叉树，其不带头结点的二叉链表、三叉链表的存储结构分别如图 3-10 和图 3-11 所示，其中^表示空地址(null)。

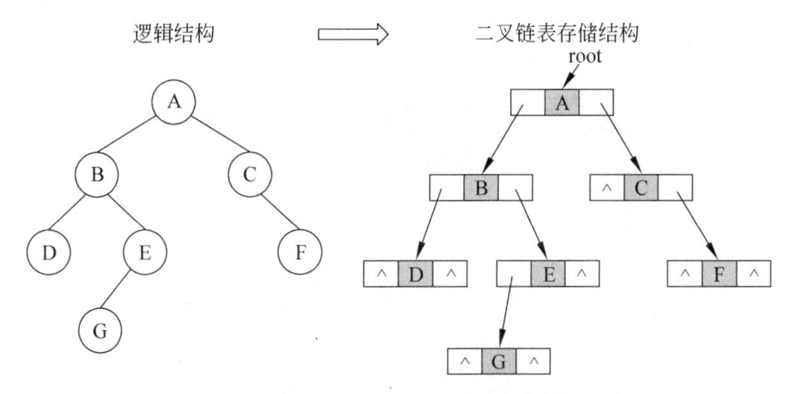

图 3-10　二叉树的二叉链式存储结构

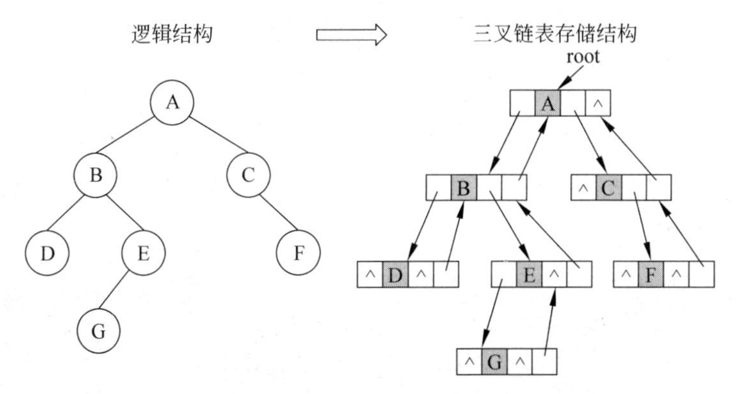

图 3-11　二叉树的三叉链式存储结构

二叉树链表存储结构下二叉树类的描述如下。

（1）二叉链表中结点类。

```
public class BiTreeNode {
    public Object data;                        //结点的数据域
    public BiTreeNode lchild, rchild;          //左、右孩子域
    //构造一个空的二叉树结点
    public BiTreeNode() {
        this(null);
    }
    //构造一个左、右孩子域为空的结点
    public BiTreeNode(Object data) {
            this(data, null, null);
    }
    //构造一个数据域和左、右孩子域都不为空的结点
    public BiTreeNode(Object data, BiTreeNode lchild, BiTreeNode rchild) {
        this.data=data;
        this.lchild=lchild;
        this.rchild=rchild;
    }
    public Object getData() {
        return data;
    }
    public void setData(Object data) {
        this.data=data;
    }
    public BiTreeNode getLchild() {
        return lchild;
    }
    public void setLchild(BiTreeNode lchild) {
        this.lchild=lchild;
    }
    public BiTreeNode getRchild() {
        return rchild;
    }
    public void setRchild(BiTreeNode rchild) {
        this.rchild=rchild;
    }
}
```

（2）基于二叉链表存储结构的二叉树类。为简单起见，这里只实现最基本的建立二叉树和遍历二叉树的操作。

```
public class BiTree {
    private BiTreeNode root;                 //树的根结点
    public BiTree() {                        //构造一棵空树
        this.root=null;
    }
```

```
    public BiTree(BiTreeNode root) {      //构造一棵树
        this.root=root;
    }
    /*由先根遍历的数组和中根遍历的数组建立一棵二叉树。其中参数 preOrder 是整棵树的
      先根遍历,inOrder 是整棵树的中根遍历,preIndex 是先根遍历从 preOrder 字符串中的
      开始位置,inIndex 是中根遍历从字符串 inOrder 中的开始位置,count 表示树结点的
      个数*/
    public BiTree(String preOrder, String inOrder, int preIndex, int inIndex,
int count) {
        ...
    }

    //由标明空子树的先根遍历序列建立一棵二叉树
    private static int index=0;            //用于记录 preStr 的索引值
    public BiTree(String preStr) {...}
    public BiTreeNode getRoot() {
        return root;
    }
    public void setRoot(BiTreeNode root) {
        this.root=root;
    }
    public boolean isEmpty(){
        return root==null;
    }
    //先根遍历二叉树基本操作的递归算法
    private void preRootTraverse(BiTreeNode T) {...}
    //后序遍历
    public void preOrder(){
        if(isEmpty()) System.out.print("空树");
        else preRootTraverse(root);
    }
    //中根遍历二叉树基本操作的递归算法
    private void inRootTraverse(BiTreeNode T) {...}
    //中序遍历
    public void inOrder(){
        if(isEmpty()) System.out.print("空树");
        else inRootTraverse(root);
    }
    //后根遍历二叉树基本操作的递归算法
    private void postRootTraverse(BiTreeNode T) {...}
    //后序遍历
    public void postOrder(){
        if(isEmpty()) System.out.print("空树");
        else postRootTraverse(root);
    }
    //层次遍历二叉树基本操作的算法(自左向右)
    public void levelTraverse(){...}
    //统计叶结点数目
    public int countLeafNode(BiTreeNode T) {
        int count=0;
```

```
        if (T !=null) {
            if (T.lchild==null && T.rchild==null) {
                ++count;                                    //叶结点个数加 1
            } else {
                count+=countLeafNode(T.lchild);             //加上左子树上叶结点的个数
                count+=countLeafNode(T.rchild);             //加上右子树上叶结点的个数
            }
        }
        return count;
    }
    //统计结点的数目
    public int countNode(BiTreeNode T) {
        int count=0;
        if (T !=null) {
            ++count;                                        //结点的个数加 1
            count+=countNode(T.lchild);                     //加上左子树上结点的个数
            count+=countNode(T.rchild);                     //加上右子树上结点的个数
        }
        return count;
    }
    public int getDepth(BiTreeNode T){
        if (T!=null) {
            int lDepth=getDepth(T.lchild);
            int rDepth=getDepth(T.rchild);
            return  1+(lDepth>rDepth ? lDepth : rDepth);
        }
        return 0;
    }
    /*输出二叉树，有左右子树输出结点 data [,有左子树输出结点 data/,有右子树输出结点
      data\,叶子结点输出 data*/
    public void printTree(BiTreeNode T,int n){
        if(T==null) return;
        printTree(T.rchild,n+1);
        for(int i=0;i<n;i++) System.out.print("    ");
        if(T.rchild==null && T.lchild==null)
            System.out.println(T.data.toString());
        else if(T.rchild!=null && T.lchild==null)
            System.out.println(T.data.toString()+"/");
        else if(T.lchild!=null && T.rchild==null)
        System.out.println(T.data.toString()+"\\");
        else
            System.out.println(T.data.toString()+"[ ");
        printTree(T.lchild,n+1);
    }
}
```

3.4 二叉树的建立与遍历

遍历是各种数据结构最基本的操作之一。二叉树的遍历是指沿某条路径访问二叉树，对树中的每个结点访问一次且仅访问一次。其中“访问”的含义较为宽泛，可以是对结点的各种处理，如修改结点数据、输出结点数据等。

3.4.1 基于深度优先遍历策略的二叉树遍历

由二叉树的定义可知，一棵二叉树由根结点、左子树和右子树三部分组成。因此，只需要依次遍历这三个部分，就可以遍历整个二叉树，这是基于深度优先遍历的策略。如果规定用D、L、R分别表示访问根结点、遍历根结点的左子树、遍历根结点的右子树，则可以得到D L R、L D R、L R D、D R L、R D L、R L D六种方式。由于先左后右和先右后左的遍历操作在算法设计上并没有本质的区别，故约定按先左后右的顺序进行，依据访问根的顺序，分别称为先序遍历、中序遍历、后序遍历。

1. 先序遍历(DLR)的操作

若二叉树为空，遍历结束；否则，依次进行以下操作。

(1) 访问根结点。

(2) 先序遍历根结点的左子树。

(3) 先序遍历根结点的右子树。

2. 中序遍历(LDR)的操作

若二叉树为空，遍历结束；否则，依次进行以下操作。

(1) 中序遍历根结点的左子树。

(2) 访问根结点。

(3) 中序遍历根结点的右子树。

3. 后序遍历(LRD)的操作

若二叉树为空，遍历结束；否则，依次进行以下操作。

(1) 后序遍历根结点的左子树。

(2) 后序遍历根结点的右子树。

(3) 访问根结点。

如图3-12～图3-14为对一棵二叉树的先序、中序、后序遍历示意图，^表示空结点，带数字的虚线箭头表示遍历的路径。忽略空结点，该二叉树的先序遍历序列为ABDECF；中序遍历序列为DBEACF；后序遍历序列为DEBFCA。

4. 二叉树遍历的递归算法

根据以上遍历方法的递归定义，很容易实现相应二叉树遍历操作的递归算法。下面以二叉链表作为二叉树的存储结构，规定“访问”结点就是输出结点的数据域信息，分别给出先序、中序、后序遍历的递归算法。

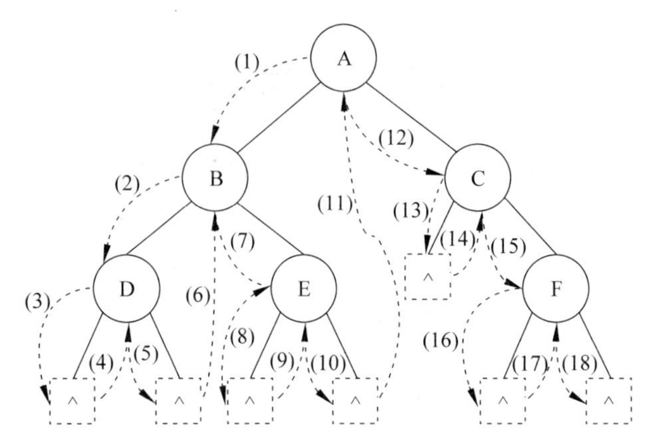

图 3-12　先序遍历序列 ABDECF

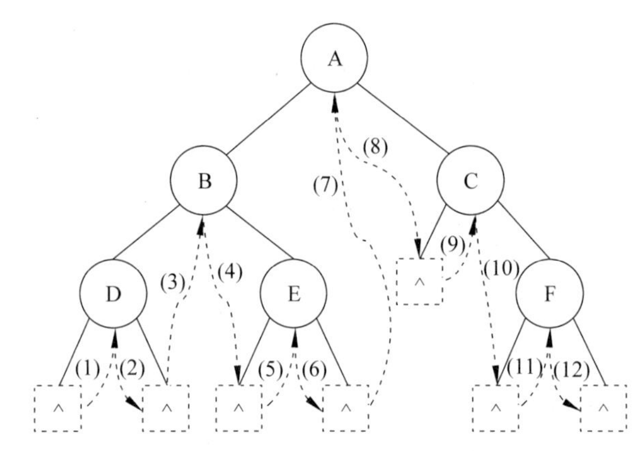

图 3-13　中序遍历序列为 DBEACF

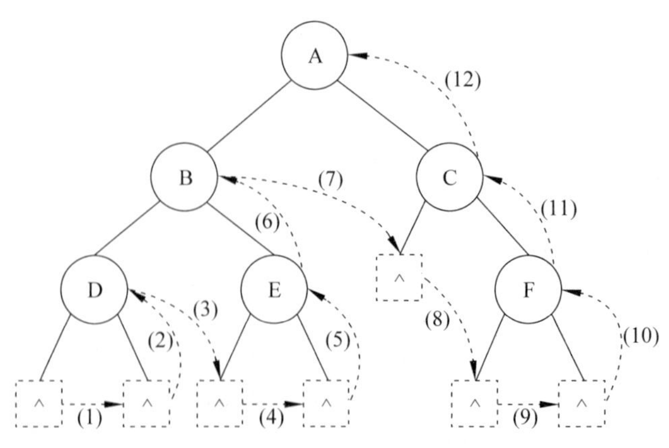

图 3-14　后序遍历序列为 DEBFCA

1）先序遍历算法

```
//先根遍历二叉树基本操作的递归算法
private void preRootTraverse(BiTreeNode T) {
    if (T !=null) {
        System.out.print(T.data);              //访问根结点
        preRootTraverse(T.lchild);             //访问左子树
        preRootTraverse(T.rchild);             //访问右子树
    }
}
```

2）中序遍历算法

```
//中根遍历二叉树基本操作的递归算法
private void inRootTraverse(BiTreeNode T) {
    if (T!=null) {
        inRootTraverse(T.lchild);             //中序遍历左子树
        System.out.print(T.data);             //访问根结点
        inRootTraverse(T.rchild);             //中序遍历右子树
    }
}
```

3）后序遍历算法

```
//后根遍历二叉树基本操作的递归算法
private void postRootTraverse(BiTreeNode T) {
    if (T !=null) {
        postRootTraverse(T.lchild);          //访问左子树
        postRootTraverse(T.rchild);          //访问右子树
        System.out.print(T.data);            //访问根结点
    }
}
```

3.4.2 基于广度优先遍历策略的二叉树遍历

根据二叉树的结构特点，其所有结点是有层次的，可以考虑一层层地访问各个结点，这是基于广度优先遍历的策略，这种方式称为层次遍历。

1. 层次遍历的操作

层次遍历的操作思想是：若二叉树非空，按层次从上到下、同层从左到右访问各结点。即先访问第1层的根结点，然后从左至右访问第2层的每一个结点，以此类推，直到访问完最后一层的所有结点。

层次遍历图3-7中的二叉树，得到的结点序列为ABCDEF。层次遍历适用于采用顺序存储结构存放的二叉树。

2. 层次遍历的算法

实现层次遍历时，需要使用一个队列作为辅助的存储结构，用来保存被访问的当前结点的左右孩子。具体的实现思路是：利用队列，从树的根结点开始，依次将其左孩子和右孩子入队；而后每次队列中一个结点出队，都将其左孩子和右孩子入队，直到树中所有结点都出队，出队结点的先后顺序就是层次遍历的最终结果。

算法描述如下。

(1) 建立一队列，用来暂存二叉树结点。

(2) 将根结点入队。

(3) 若队列非空，队头元素出队并访问该结点；将该结点的非空左、右孩子结点依次入队。

(4) 重复执行步骤(3)，直至队列为空为止。

注意：此算法需要导入队列类(Queue 类)。

算法实现代码如下。

```
//层次遍历二叉树基本操作的算法(自左向右)
public void levelTraverse() {
    BiTreeNode T=root;
    if (T !=null) {
        Queue<Object>L=new LinkedList<Object>();              //构造队列
        L.offer(T);                                           //根结点入队列
        while (!L.isEmpty()) {
            T=(BiTreeNode) L.poll();
            System.out.print(T.data);                         //访问结点
            if (T.lchild !=null)                              //左孩子非空，入队
                L.offer(T.lchild);
            if (T.rchild !=null)                              //右孩子非空，入队
                L.offer(T.rchild);
        }
    }
}
```

对于有 n 个结点的二叉树，层次遍历算法的时间复杂度为 $O(n)$。空间复杂度主要为遍历过程中辅助队列的最大容量，即取决于二叉树中相邻两层的最大结点总数，与二叉树的结点总数 n 是一个线性关系，因此层次遍历算法的空间复杂度也是 $O(n)$的。

3.4.3 二叉树的建立方法

1. 由先序和中序遍历序列建立一棵二叉树

通过前面的遍历方式，能将一棵二叉树的非线性结构转换成由二叉树所有结点所组成的一个线性遍历序列。那么从二叉树的线性遍历序列如何能建立一棵二叉树呢？

首先分析先序、中序、后序三种遍历序列结点的排列规律，如图 3-15 所示。

从图 3-15 中可知，在先序、后序遍历的序列中能确定根结点，凭此去遍历中序序列，能判定是左孩子还是右孩子，从而能推演出二叉树的逻辑结构。

例如，已知某二叉树的先序遍历序列是 ABDCE，中序遍历序列是 BDAEC。由此，可以知道 A 是根(在先序序列中先访问根)，BD 是它的左子树(在中序序列中 BD 在 A 的左边)；在左子树中，B 是根(在先序序列中先访问根)，而 D 是 B 的右孩子(在中序序列中 D 在 B 的右边)，以此类推，可以知道这棵二叉树的逻辑结构，如图 3-16 所示。

先序遍历序列 根 左子树 右子树

中序遍历序列 左子树 根 右子树

后序遍历序列 左子树 右子树 根

图 3-15 三种遍历序列结点的排列规律

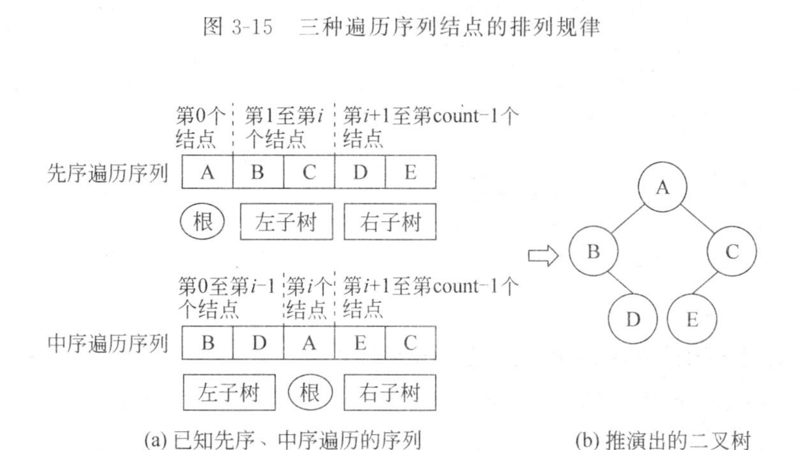

图 3-16 从先序、中序序列推演出的二叉树

下面给出由先序和中序遍历序列建立二叉树的算法思想。

(1) 取先序遍历序列中的第一个结点作为根结点。

(2) 在中序遍历序列中查找根结点,确定其位置 i($0\leqslant i\leqslant$count-1,count 为二叉树的结点个数)。

(3) 在中序遍历序列中确定:当前根结点之前的 i 个结点序列为当前根结点的左子树,当前根结点之后的 count$-i-1$ 个结点序列为当前根结点的右子树。

(4) 在先序遍历序列中确定:当前根结点之后的 i 个结点序列为当前根结点的左子树,随后的 count$-i-1$ 个结点序列为当前根结点的右子树。

(5) 由步骤(3)和步骤(4)确定了左、右子树的先序、中序遍历序列,接下来继续用上述步骤来处理左、右子树,依次递归可以建立唯一的二叉树。

现在,给出由先序和中序遍历序列建立一棵二叉树的递归算法。

```
/* 由先根遍历的数组和中根遍历的数组建立一棵二叉树,其中参数的含义为:
   preOrder 是整棵树的先根遍历,inOrder 是整棵树的中根遍历;
   preIndex 是先根遍历从 preOrder 字符串中的开始位置;
   inIndex 是中根遍历从字符串 inOrder 中的开始位置;
   count 表示树结点的个数
 */
public BiTree (String preOrder, String inOrder, int preIndex, int inIndex, int
count)
{
```

```
        if (count>0) {                                          //先根和中根非空
            char r=preOrder.charAt(preIndex);                   //取先序序列中第一个元素作为根
            int i=0;
            for (; i<count; i++)
                if (r==inOrder.charAt(i+inIndex))
                                                        //寻找根结点在中根遍历字符串中的索引
                    break;
            root=new BiTreeNode(r);                             //建立树的根结点
            //建立树的左子树
            root.lchild=new BiTree(preOrder,inOrder,preIndex+1, inIndex, i).root;
            //建立树的右子树
            root.rchild=new BiTree(preOrder, inOrder, preIndex+i+1, inIndex+i+1,
        count-i-1).root;
        }
    }
```

说明：此算法是 BiTree 类的一个构造方法。

2. 由标明空子树的先序遍历序列建立一棵二叉树

对二叉树的先序遍历序列，如果在其中加入每一个结点的空子树信息，就能明确二叉树中结点与双亲、孩子与兄弟的关系，由此可以唯一确定一棵二叉树。如图 3-17 所示的是两棵补充了空子树♯的二叉树及其对应的先序遍历序列。

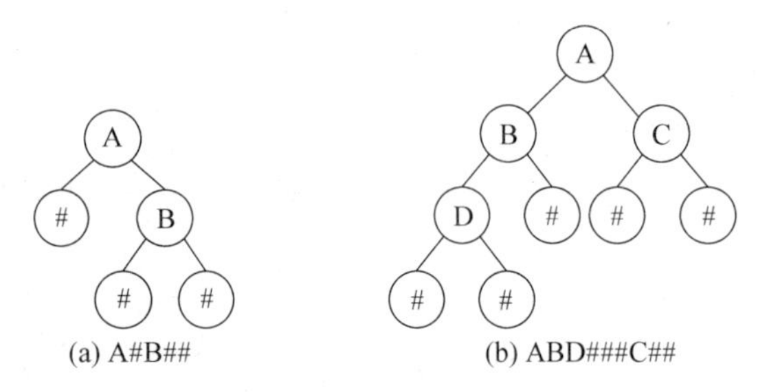

图 3-17　补充了空子树的二叉树及其对应的先序遍历序列

由补充了空子树的二叉树先序遍历序列建立二叉树的算法步骤如下。

从先序遍历序列中依次读入字符，若字符为♯，则建立空树；否则：①建立根结点；②建立当前根的左子树；③建立当前根的右子树。

现在，给出由补充了空子树的二叉树先序遍历序列建立一棵二叉树的递归算法。

```
    //由标明空子树的先序遍历序列建立一棵二叉树
        private static int index=0;                             //用于记录 preStr 的索引值
        public BiTree(String preStr) {
        //取出字符串索引为 index 的字符，且 index 增 1
            char c=preStr.charAt(index++);
            if (c !='# ') {                                     //字符不为#
                root=new BiTreeNode(c);                         //建立树的根结点
                root.lchild=new BiTree(preStr).root;            //建立树的左子树
                root.rchild=new BiTree(preStr).root;            //建立树的右子树
```

```
    } else
        root=null;
}
```

说明：此算法也是 BiTree 类的一个构造方法。

3.5 二叉排序树

在顺序表的查找中，如果数据是按关键字有序的，采用二分查找具有较高的效率。但是由于采用顺序表存储，在进行插入、删除操作时，为了维护表的有序性，需要移动许多记录，由此引起的时间开销会抵消二分查找算法的优点。接下来研究的二叉排序树保留了二分查找的效率，同时由于是使用二叉链表存储，可以方便地进行插入、删除结点的操作。

3.5.1 二叉排序树的定义

二叉排序树(binary sort tree)又叫二叉查找树(binary search tree)，它或者是一棵空树，或者是具有以下性质的二叉树。

(1) 若其左子树非空，则左子树上所有结点的值均小于它的根结点的值。

(2) 若其右子树非空，则右子树上所有结点的值均大于它的根结点的值。

(3) 它的左右子树也分别为二叉排序树。

如图 3-18 所示的是一棵二叉排序树，对其进行中序遍历，会得到一个按关键字递增有序的序列，这也是判断一棵二叉树是否为二叉排序树的一种方法。

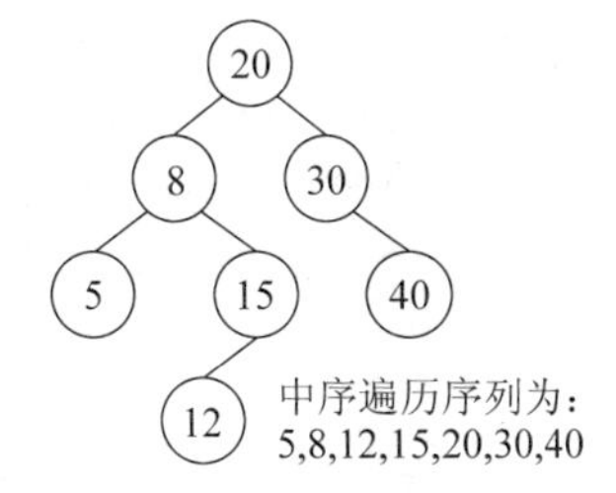

图 3-18 一棵二叉排序树

二叉排序树的类结构定义如下：

```
public class BSTree {                          //二叉排序树类
    public BiTreeNode root;                    //根结点
    public BSTree() {                          //构造空二叉排序树
        root=null;
    }
    public boolean isEmpty() {                 //判断是否空二叉树
        return this.root==null;
    }
    //中根次序遍历以 p 结点为根的二叉树
    private void inOrderTraverse(BiTreeNode p) {
        if (p !=null) {
            inOrderTraverse(p.lchild);
            System.out.print(((RecordNode) p.data).toString()+"");
            inOrderTraverse(p.rchild);
        }
    }
    //中序遍历
    public void inOrder(){
```

```
        inRootTraverse(root);
        System.out.println();
    }
    ...//待补充其他方法
}
```

说明：其中 BiTreeNode 类的定义见 3.3.2 小节中二叉树结点类的定义。

3.5.2 基于二叉排序树的查找过程

如果将数据组织为一个二叉排序树，在二叉排序树中进行查找的方法步骤如下。

若二叉树非空，则从根结点开始，将根结点的关键字值与待查值进行比较，若根结点的关键字值等于待查值，则查找成功，结束查找过程；若根结点的关键字值大于待查值，则进入左子树继续查找；若根结点的关键字值小于待查值，则进入右子树继续查找。若二叉树为空，则查找失败。

二叉排序树的查找算法描述如下：

```
private BiTreeNode searchBST(BiTreeNode p, int key) {
//在二叉排序树中查找关键字值为 key 的结点，若查找成功，则返回结点值；否则返回 null
    if (p !=null) {
        if (key==p.data)                                //查找成功
              return p;
        if (key<p.data)
              return searchBST(p.lchild , key);         //在左子树中查找
        else
              return searchBST(p.rchild , key);         //在右子树中查找
    }
    return null;
}
public void searchBST(int key) {
    BiTreeNode btn=searchBST(root, key);
    if(btn==null) System.out.println(key+"元素不存在!");
    else System.out.println(key+"元素查找成功!");
}
```

3.5.3 二叉排序树中插入结点

在二叉排序树中插入一个关键字值为 key 的结点，其算法思想是：首先在二叉排序树中进行查找，若查找成功，则按二叉排序树的定义，该结点已存在，不用插入。然后，以当前结点作为待插结点的父亲结点，判断待插入结点是其父亲结点的左孩子还是右孩子。若待插入结点的关键字值小于当前根结点的关键字值，则作为当前根结点的左孩子；否则作为当前根结点的右孩子。

若二叉树为空，则首先单独生成根结点。注意，新插入的结点总是叶子结点。

在二叉排序树中插入结点的算法描述如下：

```
//在二叉排序树中插入关键字为 key 的结点
//若插入成功返回 true,否则返回 false
public boolean insertBST(int key) {
    if (root==null) {
      root=new BiTreeNode(key);                //建立根结点
      return true;
     }
    return insertBST(root,key);
}
private boolean insertBST(BiTreeNode p, int key) {
    if (key==p.data)
        return false;
    if (key<p.data) {
         if (p.lchild==null) {                 //若 p 的左子树为空
             p.lchild=new BiTreeNode(key);     //建立叶子结点作为 p 的左孩子
             return true;
         }
         else                                  //若 p 的左子树非空
             return insertBST(p.lchild, key);
    }
    else if (p.rchild==null) {                 //若 p 的右子树为空
        p.rchild=new BiTreeNode(key);          //建立叶子结点作为 p 的右孩子
        return true;
    }
    else                                       //若 p 的右子树非空
        return insertBST(p.rchild, key);       //插入 p 的右子树中
}
```

构造一棵二叉排序树,可以认为是从一棵空树开始逐个插入新结点的过程。以关键字序列{20,8,30,40,15,12,5}为例,构造一棵二叉排序树的过程如图 3-19 所示。

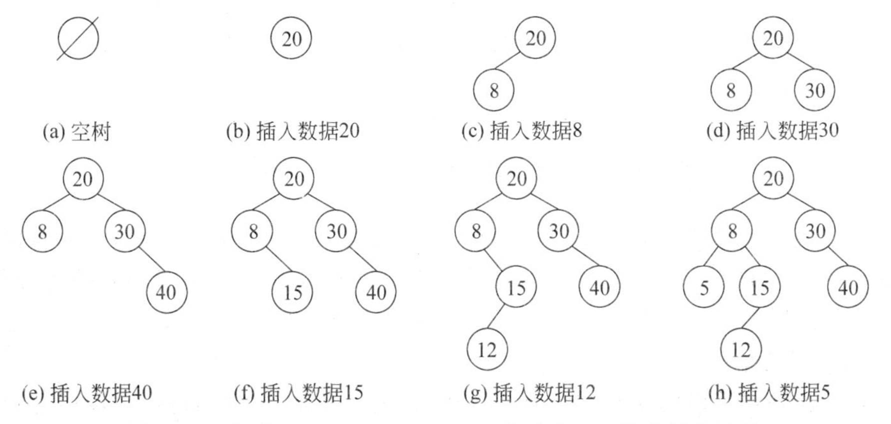

图 3-19　序列{20,8,30,40,15,12,5}构造成二叉排序树的过程

以关键字序列构造二叉排序树的算法实现代码如下,其中 arr 为存储关键字序列的数组。

```
public BSTree(int[] arr){
    for(int i=0;i<arr.length;i++)  insertBST(arr[i]);
}
```

3.5.4 二叉排序树中删除结点

从二叉排序树中删除一个结点，要保证删除后仍然是一棵二叉排序树。根据二叉排序树的结构特征，删除操作可以分以下 4 种情况来考虑。

(1) 若待删除的结点是叶子结点，则直接删除该结点；若该结点同时也是根结点，则删除后的二叉排序树变为空树。如图 3-20 所示为在二叉排序树中删除叶子结点 5 和叶子结点 40。

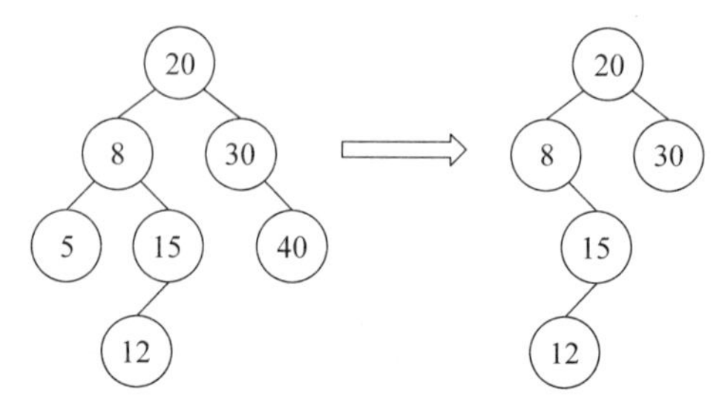

图 3-20 在二叉排序树中删除叶子结点

(2) 若待删除的结点只有左子树而无右子树，根据二叉排序树的特点，可以直接将其左子树的根结点代替被删除结点的位置。即若待删除结点为其双亲结点的左孩子，则将其被删除，待删除结点的唯一左孩子收为其双亲结点的孩子。如图 3-21 所示，在二叉排序树中删除只有左子树的结点 15。

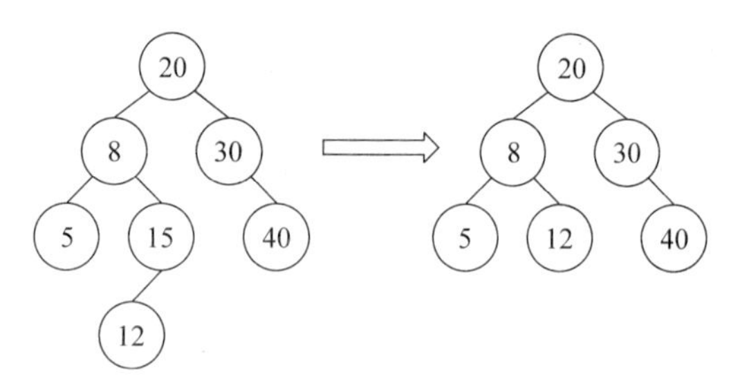

图 3-21 在二叉排序树中删除只有左子树的结点

(3) 若待删除的结点只有右子树而无左子树，根据二叉排序树的特点，可以直接将其右子树的根结点代替被删除结点的位置。即若待删除结点为其双亲结点的右孩子，则将其被删除，待删除结点的唯一右孩子收为其双亲结点的孩子。如图 3-22 所示，在二叉排序树中删除只有右子树的结点 30。

(4) 若待删除结点既有左子树又有右子树，根据二叉排序树的特点，可以用待删除结点在中序遍历序列下的前驱结点(或其中序遍历序列下的后继结点)代替待删除结点，同时删除其中序遍历序列下的前驱结点(或中序遍历序列下的后继结点)。如图 3-23 所示，在二叉排序树中删除有左右子树的结点 30，这里是用待删除结点在中序遍历序列中的后继结点(即右子树中的最左下结点)代替待删除结点。

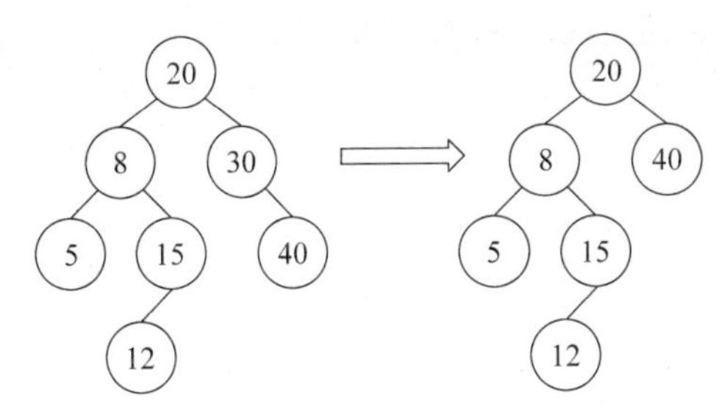

图 3-22　在二叉排序树中删除只有右子树的结点

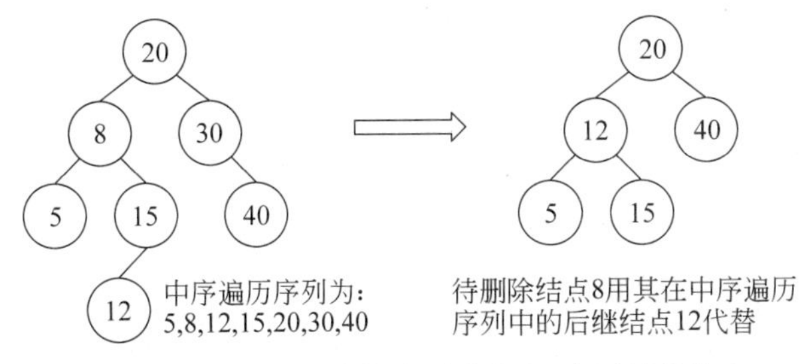

图 3-23　在二叉排序树中删除有左、右子树的结点

在二叉排序树中插入结点的算法描述如下：

```
//待删除结点的关键字值为 key
//若删除成功,则返回删除结点的值,否则返回 null
public Object removeBST(int key) {
    if (root==null) {
        return null;
    }
    //在以 root 为根的二叉排序树中删除关键字为 key 的结点
    return removeBST(root, key, null);
}
//在以 p 为根的二叉排序树中删除关键字为 elemKey 的结点。parent 是 p 的父结点,递归算法
private Object removeBST(BiTreeNode p, int key, BiTreeNode parent) {
    if (p !=null) {
        if (key<p.data) {                               //在左子树中删除
            return removeBST(p.lchild, key, p);         //在左子树中递归搜索
        } else if (key>p.data) {                        //在右子树中删除
            return removeBST(p.rchild, key, p);         //在右子树中递归搜索
        } else if (p.lchild !=null && p.rchild !=null) {
            //相等且该结点有左右子树
            BiTreeNode innext=p.rchild;
    //寻找 p 在中根次序下的后继结点 innext,即寻找右子树中的最左孩子
            while (innext.lchild !=null) {
                innext=innext.lchild;
            }
```

```
                p.data=innext.data;                         //以后继结点值替换 p
                return removeBST(p.rchild, key, p);         //递归删除结点 p
            } else {                                        //p 是 1 度和叶子结点
                if (parent==null) {                         //删除根结点,即 p==root
                    if (p.lchild !=null) {
                        root=p.lchild;
                    } else {
                        root=p.rchild;
                    }
                    return p.data;                          //返回删除结点 p 值
                }
                if (p==parent.lchild) {                     //p 是 parent 的左孩子
                    if (p.lchild !=null) {
                        parent.lchild=p.lchild;             //以 p 的左子树填补
                    } else {
                        parent.lchild=p.rchild;
                    }
                } else if (p.lchild !=null) {     //p 是 parent 的右孩子且 p 的左子树非空
                    parent.rchild=p.lchild;
                } else {
                    parent.rchild=p.rchild;
                }
                return p.data;
            }
        }
        return null;
    }
```

二叉排序树中删除结点操作的主要时间花费在查找待删除结点及查找待删除结点的中序遍历下的后继结点上,这个时间花费与树的深度密切相关。因此,删除操作的平均时间复杂度是 $O(\log_2 n)$。

3.6 哈夫曼树的应用

3.6.1 哈夫曼树的基本概念

哈夫曼树(Huffman tree)是一种在编码技术方面得到广泛应用的二叉树。先说明几个基本概念的含义。

1. 结点间的路径(path)和结点的路径长度

结点间的路径是从一个结点到另一个结点之间的若干个分枝序列,路径上的分枝数目称为路径长度。结点的路径长度是指从根到该结点的路径上的分枝数目。

2. 树的路径长度

即树中所有叶子结点的路径长度之和。

3. 结点的权(weight)和结点的带权路径长度

在实际应用中,人们可以根据需要给树的结点赋一个有某种实际意义数值,称为权值;结点的带权路径长度是从根到该结点的路径长度与该结点权的乘积。

4. 树的带权路径长度(weighted path length)

树的带权路径长度是树中所有叶结点的带权路径之和,通常记作:

$$\mathrm{WPL} = \sum_{i=0}^{n} W_i \times L_i$$

其中,n 为叶结点的个数;W_i 为第 i 个叶结点的权值;L_i 为第 i 个叶结点的路径长度。

5. 最优二叉树(哈夫曼树)

给定 n 个权值作为叶结点,按照一定的规则构造一棵二叉树,使其带权路径长度最短的二叉树被称为最优二叉树。由于是哈夫曼(David A. Huffman)给出了这种构造规则,所以最优二叉树也称为哈夫曼树。

如图 3-24 所示,4 个权值分别为 2、4、7、5 的叶结点,可以构造成图中 3 棵二叉树,它们的带权路径长度分别为 46、36、35,可以证明 35 是可构造的二叉树的带权路径长度的最小值,所以图 3-24(c)是一棵最优二叉树或哈夫曼树。

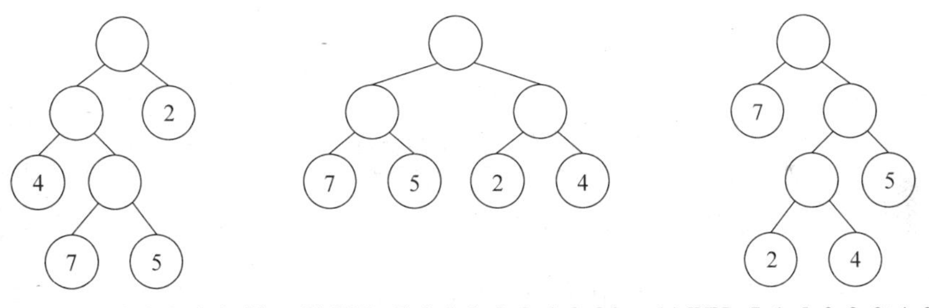

(a) WPL=7×3+5×3+2×1+4×2=46　(b) WPL=7×2+5×2+2×2+4×2=36　(c) WPL=7×1+5×2+2×3+4×3=35

图 3-24　具有不同带权路径长度的二叉树

3.6.2　哈夫曼树的构造方法

哈夫曼在 1952 年给出了哈夫曼树的构造规则,其算法步骤如下。

(1) 根据给定的 n 个权值,构造 n 棵只有一个根结点的二叉树,n 个权值分别是这些二叉树根结点的权,森林 F 是由这 n 棵二叉树构成的集合。

(2) 在森林 F 中,选取根结点权值最小和次小的二叉树分别作为左、右子树来构造一棵新的二叉树,新二叉树根的权值为左、右子树根结点权值之和。

(3) 从森林 F 中 删除这两棵树,而将新树加入 F。

(4) 重复步骤(2)和步骤(3),直到 F 中只包含一棵树,这棵树就是所构造的哈夫曼树。

例如,对这组权值为 $W=(2,3,4,5,7)$,构造哈夫曼树的过程如图 3-25 所示。

为了便于从森林里选取最小和次小的二叉树,也可对根结点按照权值从小到大进行排序,如图 3-26 所示。

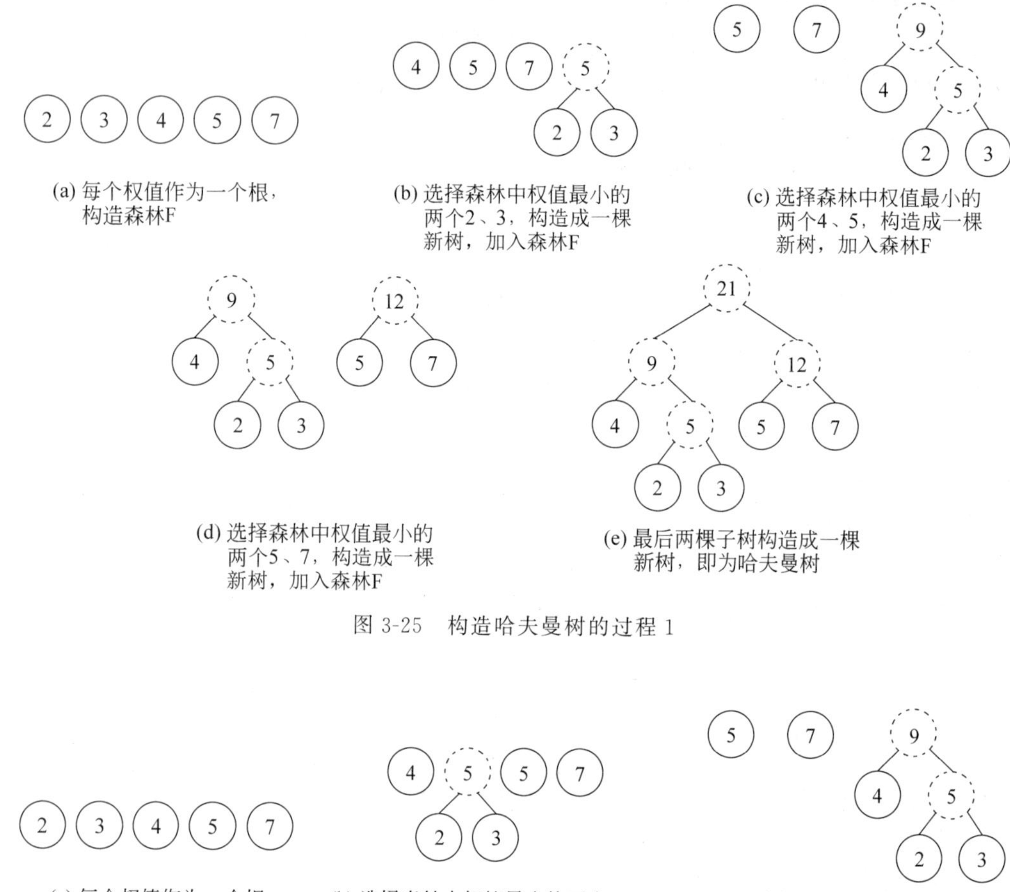

(a) 每个权值作为一个根，构造森林F

(b) 选择森林中权值最小的两个2、3，构造成一棵新树，加入森林F

(c) 选择森林中权值最小的两个4、5，构造成一棵新树，加入森林F

(d) 选择森林中权值最小的两个5、7，构造成一棵新树，加入森林F

(e) 最后两棵子树构造成一棵新树，即为哈夫曼树

图 3-25　构造哈夫曼树的过程 1

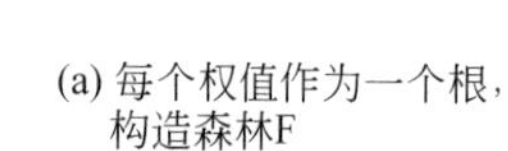

(a) 每个权值作为一个根，构造森林F

(b) 选择森林中权值最小的两个2、3，构造成一棵新树，加入森林F，并按根结点权值由小到大排序

(c) 选择森林中权值最小的两个4、5，构造成一棵新树，加入森林F

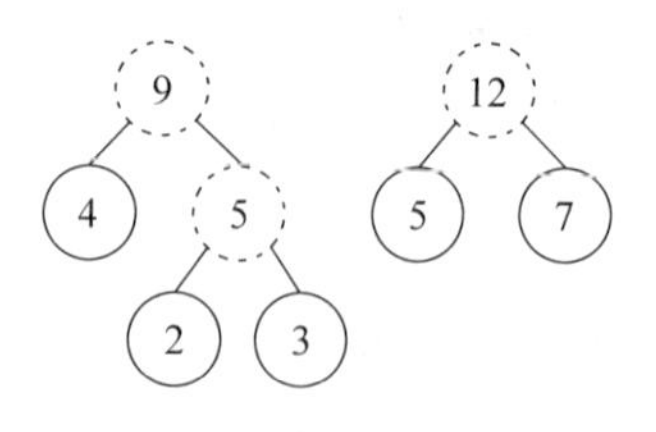

(d) 选择森林中权值最小的两个5、7，构造成一棵新树，加入森林F

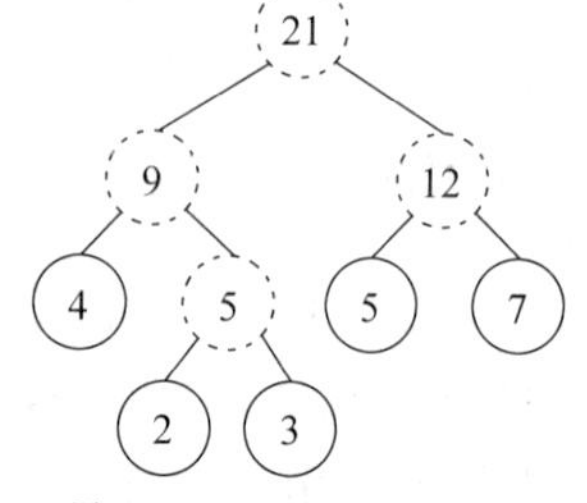

(e) 最后两棵子树构造成一棵新树，即为哈夫曼树

图 3-26　构造哈夫曼树的过程 2

3.6.3　哈夫曼编码的构造方法

在信息通信领域进行信息传送时，需要将信息符号转换成二进制的编码。以由字母A～Z组成的电报文为例，如果每个字符都采用一个字节(如 ASCII 码)表示，那么是一种等长编码的方式。但是我们知道在报文中，字符的出现频率是不同的。为了提高存储和传输

效率，希望设计一套不等长编码的方法，让使用频率高的字符的编码尽可能短，从而缩短总的传送编码的长度。哈夫曼编码就是这个问题的解决方案。

哈夫曼编码是利用哈夫曼树构造的一种不等长的二进制码，是一种平均码长(即树的带权路径长度)最小的编码方式。其构造过程是：用每个字符的使用频度作为叶结点的权，构造一个哈夫曼树；将该哈夫曼树的每个左分枝标记 0，右分枝标记 1，则从根到叶子结点的路径上的标记序列作为叶子结点所对应字符的二进制编码，该编码即为哈夫曼编码。

例如，某通信系统只使用 8 种字符 a、b、c、d、e、f、g、h，每个字符的使用频率分别为 a(5%)、b(29%)、c(7%)、d(8%)、e(14%)、f(23%)、g(3%)、h(11%)，其哈夫曼树及各字符的哈夫曼编码如图 3-27 所示。

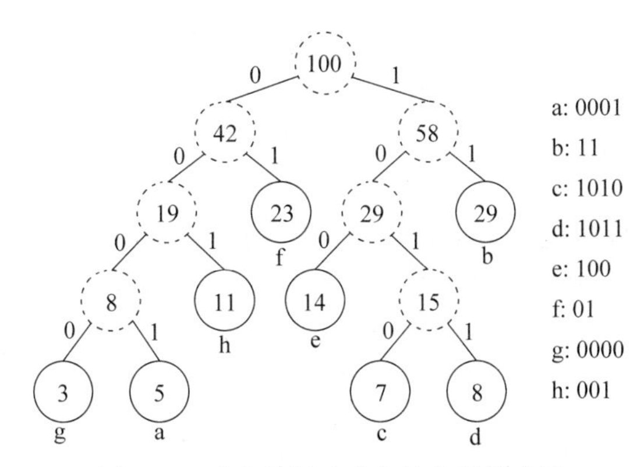

图 3-27　哈夫曼树及哈夫曼编码的示例

3.7　树的存储与遍历

3.7.1　树的存储结构

在设计树的存储结构时，要保存每个结点的数据域信息，也要能反映结点之间的逻辑关系(双亲、孩子、兄弟等)。下面充分利用顺序存储和链式存储结构的特点，实现对树的存储结构的表示。

1. 双亲(数组)存储结构

在树中，除了根结点，对其他每个结点而言，它不一定有子结点，但是一定有且仅有一个双亲。如果保存了双亲的信息，其父子关系、兄弟关系都能确定下来。

在双亲(数组)存储结构中，采用一组连续空间(数组)存储树的结点，通过保存每个结点的双亲结点的位置，反映树中结点之间的结构关系。每个结点有两个域，一个是自己的数据域，一个是指示其双亲结点在存储结构中位置的指针域。其结点结构如图 3-27(c)所示，data 是数据域，存储结点的数据信息；parent 是指针域，存储该结点的双亲在数组中的下标。

由于根结点是没有双亲的，所以约定根结点的位置域设置为－1，这也就意味着，所有的结点都存有它双亲的位置。如图 3-28 所示为一棵树的双亲(数组)存储结构。

在这样的存储结构中可以根据结点的 parent 域很容易找到它的双亲结点，如果要知道一个结点的子结点则需要遍历整个数组结构。

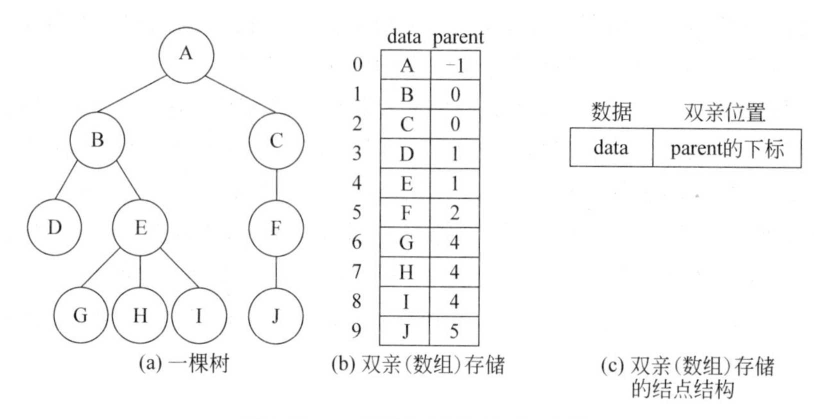

(a) 一棵树 (b) 双亲(数组)存储 (c) 双亲(数组)存储的结点结构

图 3-28 一棵树的双亲(数组)表示

2. 孩子链表存储结构

在孩子链表存储结构中,采用一组连续空间(数组)存储树的结点,每个结点有两个域,一个是 data 数据域,存放当前的结点的数据;另一个是 firstChild 指针域,存放其孩子单向链表的地址。在孩子链表中的每个结点也有两个域,一个是 child 数据域,存放当前孩子在数组中的下标,一个是 next 指针域,存放下一个孩子的存放地址。如图 3-29 所示是一棵树的孩子链表存储结构。

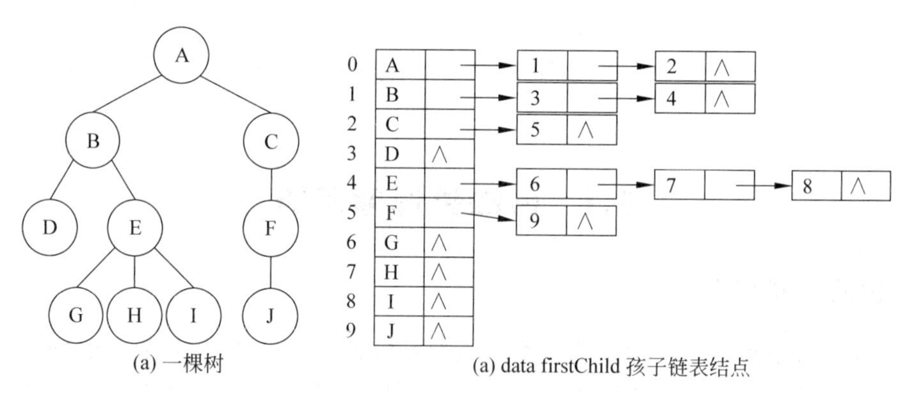

(a) 一棵树 (a) data firstChild 孩子链表结点

图 3-29 一棵树的孩子链表存储结构

在这样的存储结构中可以很容易找到它的所有的孩子结点,可如果要知道一个结点的双亲则需要遍历整个存储结构。

3. 双亲孩子链表存储结构

在双亲孩子链表存储结构中,结合了前两种存储结构。采用一组连续空间(数组)存储树的结点,每个结点有三个域,第一个是 data 数据域,存放当前的结点的数据;第二个是 parent 指针域,存储该结点的双亲在数组中的下标;第三个是 firstChild 指针域,存放其孩子单向链表的地址。如图 3-30 所示为一棵树的双亲孩子链表存储结构。

在这样的存储结构中,找到当前结点的双亲和它所有的孩子结点都很容易实现。

4. 孩子兄弟链表存储结构

前面是从双亲和孩子的角度来研究树的存储结构。如果从树结点的兄弟的角度来看,

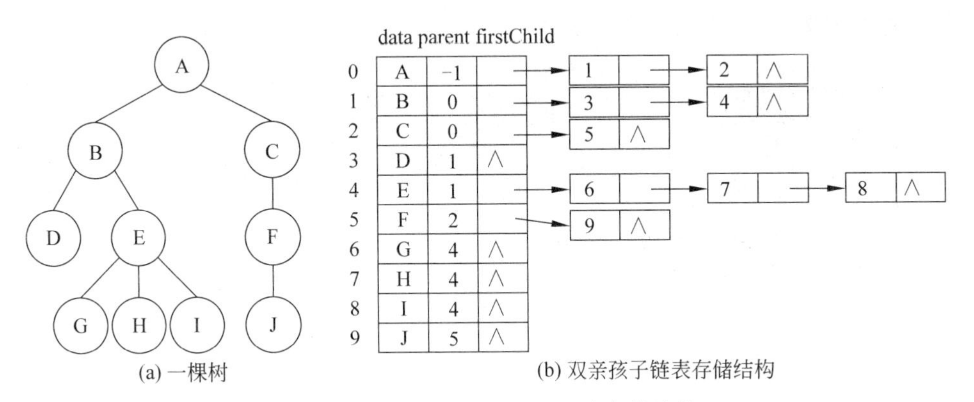

图 3-30　一棵树的双亲孩子链表存储结构

任意一棵树，它的结点的第一个孩子如果存在就是唯一的，它的右兄弟如果存在也是唯一的。因此，在孩子兄弟链表存储结构中设置两个指针，分别指向该结点的第一个孩子和此结点的右兄弟。如图 3-31 所示为一棵树的孩子兄弟链表存储结构。

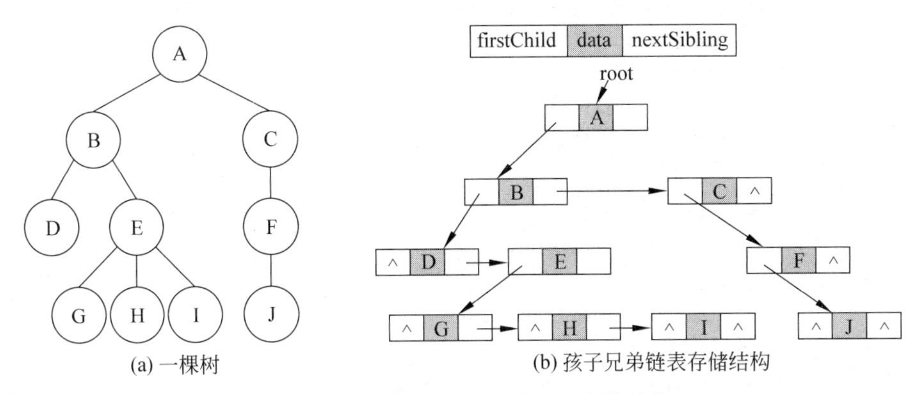

图 3-31　一棵树的孩子兄弟链表存储结构

普通树的结点类定义：

```
public class TreeNode {
    public Object data;
    public TreeNode fChild,nextSibling;
    public TreeNode(){
        this(null);
    }
    public TreeNode(Object data){
        this(data,null,null);
    }
    public TreeNode(Object data, TreeNode fChild, TreeNode nextSibling){
        this.data=data;
        this.fChild=fChild;
        this.nextSibling=nextSibling;
    }
}
```

普通树类定义：

```
public class Tree {
    private TreeNode root;
    public TreeNode getRoot() {
        return root;
    }
    public void setRoot(TreeNode root) {
        this.root=root;
    }
    public Tree(){
        root=null;
    }
    public Tree(TreeNode root){
        this.root=root;
    }
    private void preRootTraverse(TreeNode T) {
        if (T !=null) {
            System.out.print(T.data);
            preRootTraverse(T.fChild);
            preRootTraverse(T.nextSibling);
        }
    }
    public void preRootTraverse(){
        preRootTraverse(root);
        System.out.println();
    }
    private void postRootTraverse(TreeNode T) {
        if (T !=null) {
            postRootTraverse(T.fChild);
            System.out.print(T.data);
            postRootTraverse(T.nextSibling);
        }
    }
    public void postRootTraverse(){
        postRootTraverse(root);
        System.out.println();
    }
    private int countNode(TreeNode T) {             //统计结点的数目
        int count=0;
        if (T !=null) {
            ++count;                                //结点的个数加 1
            count+=countNode(T.fChild);             //加上左子树上结点的个数
            count+=countNode(T.nextSibling);        //加上右子树上结点的个数
        }
        return count;
    }
    public int countNode() {
        return countNode(root);
    }
}
```

3.7.2 树的遍历

一般树的遍历有层次遍历、先序遍历和后序遍历三种方式，如图 3-32 所示。树的层次遍历是从根开始，一层一层地访问结点，每层从左至右访问各个结点。先序遍历是指先访问根，然后用先序的方式从左至右访问根的每棵子树中的结点。后序遍历则是用后序的方式先从左至右访问根的每棵子树中的结点，最后访问根。

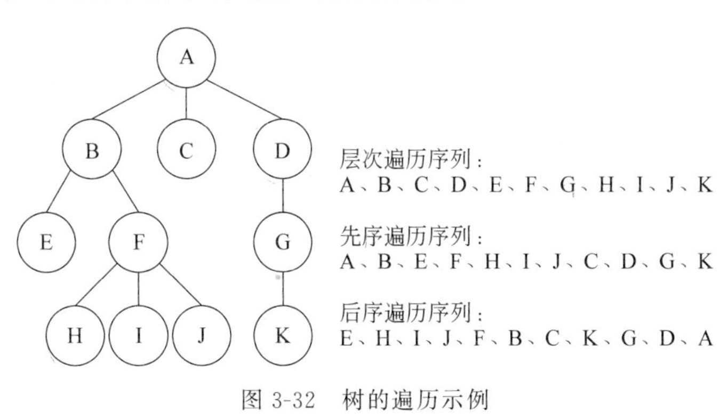

图 3-32　树的遍历示例

3.7.3 树、森林与二叉树之间的转换

1. 树转换为二叉树

转换规则：左孩子右兄弟，即将树中每一个结点的第一个孩子转换为二叉树中对应结点的左孩子，树中每一个结点的右邻兄弟转换为二叉树中对应结点的右孩子。

由于树中的根结点没有兄弟，所以由树转换成的二叉树是一棵根结点只有左子树无右子树的二叉树。

例如，图 3-33 将普通树(a)转换成二叉树(b)。树中 A 是根结点，B 为第一个孩子，故 B 转换为 A 的左孩子；A 无兄弟，故其无右子树；C 是 B 的第一个孩子，故转换为 B 的左孩子；G 是 B 的右邻兄弟，故转换为 B 的右孩子；以此类推。

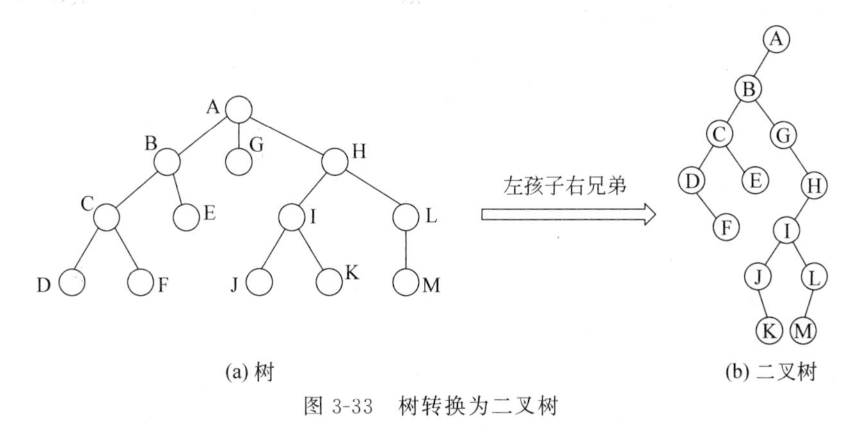

图 3-33　树转换为二叉树

2. 二叉树转换为树

转换规则：二叉树转换为树是树转换成二叉树的逆过程，即将二叉树的每一个结点的左孩子转换为树中对应结点的第一个孩子，二叉树中每一个结点的右孩子转换为树中对应

结点的右邻兄弟。

如图3-34所示，将二叉树(a)转换成普通树(b)。二叉树中A是根结点，B为左孩子，故B转换为A的第一个孩子；C是B的左孩子，故转换为B的第一个孩子；D是B的右孩子，故转换为B的右邻兄弟；以此类推。

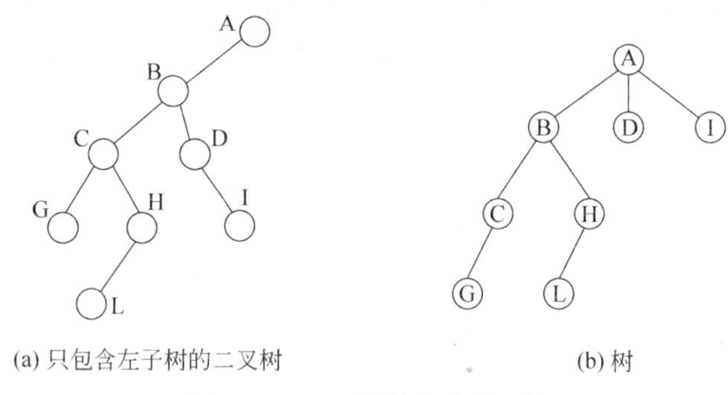

图3-34　二叉树转换为普通树

思考：

(1) 一棵普通树转换的二叉树有什么特点？

(2) 图3-34中二叉树(a)只有左子树，故转换为一棵普通树(b)，如果二叉树右子树能否转换为一棵普通树？

3. 森林与二叉树的转换

森林转换为二叉树的规则：将森林中所有的树分别转换为二叉树，按照顺序，将后一棵二叉树作为前一棵二叉树的右子树，依次连接即可。即将森林中第一棵树的根结点转换为二叉树的根结点，森林中第一棵树的根结点的子树构成二叉树的左子树，其余树构成二叉树的右子树。如图3-34中，森林(b)转换为二叉树(a)(注意，不包括R结点)，分别将(b)中的四棵树转换为二叉树，第一棵树的根结点A为二叉树的根结点。

如果二叉树包含左右子树，则转换为树时不止一棵树，将会被转换为森林。二叉树转换为森林的规则：增加一个虚根，将二叉树作为虚根的左子树，这样这棵二叉树就变为一棵只包含左子树的二叉树，按照前述转换规则转换为树，去掉虚根后就变成了森林。如图3-35所示是将根结点包含右子树的二叉树(a)转换成包含4棵树的森林(b)。

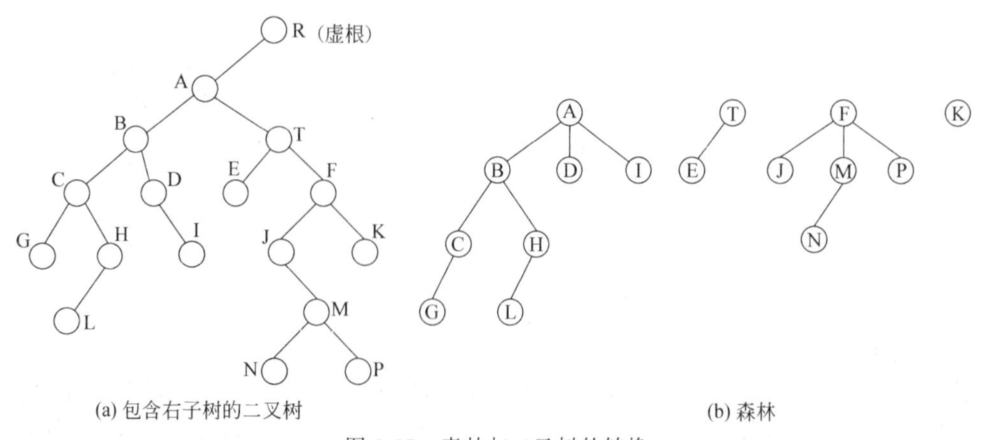

图3-35　森林与二叉树的转换

3.8 基础知识检测

一、填空题

1. 已知(L,N),(G,K),(G,L),(G,M),(B,E),(B,F),(D,G),(D,H),(D,I),(D,J),(A,B),(A,C),(A,D)是表示一棵树中具有父子关系的边。

(1) 树形表示图________;

(2) 树的根结点________;

(3) 树的叶子结点________;

(4) 树的高度________;

(5) 结点 D 的度数________;

(6) 结点 B 的层数________;

(7) 结点 G 的兄弟________,祖先________,子孙________。

2. 如图 3-37 所示,数组 T 存储着一棵二叉树,根指针 Root=4,−1 为空链域。

(1) 画出该树的树形图;

(2) 这是一棵完全二叉树吗?

Root=4

下标	Lson	Data	Rson
0	5	B	1
1	−1	E	−1
2	−1	F	−1
3	−1	C	2
4	0	A	3
5	−1	D	−1

图 3-37 数组 T

二、选择题

1. 以下表述正确的是( )。

A. 二叉树的度为 2
B. 二叉树中结点的度可以小于 2
C. 二叉树中至少有一个结点的度为 2
D. 二叉树中任何一个结点的度都为 2

2. 若一棵二叉树具有 10 个度为 2 的结点,5 个度为 1 的结点,则度为 0 的结点(即子结点)个数是( )。

A. 不确定 B. 9 C. 11 D. 15

3. 如果根的层次为 1,具有 61 个结点的完全二叉树的高度为( )。

A. 5 B. 6 C. 7 D. 8

4. 对图 3-36 所示的二叉树进行中序遍历(左子树、根、右子树)的结果是( )。

A. 2 5 3 4 6 1

B. 2　5　3　4　1　6

C. 2　6　5　4　1　3

D. 2　6　4　5　3　1

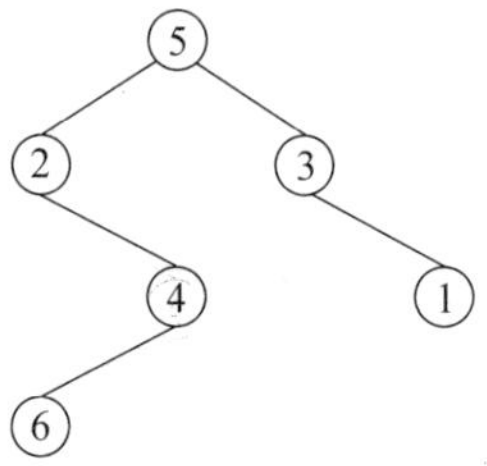

5. 若某二叉树的先序遍历序列和中序遍历序列分别为 PBECD、BEPCD，则该二叉树的后序遍历序列为(　　)。

A. PBCDE　　B. DECBP

C. EBPDC　　D. EBDCP

图 3-36　二叉树

6. 若二叉树的先序遍历序列与中序遍历序列相同且树中结点数大于 1，则该二叉树的(　　)。

A. 只有根结点无左子树　　B. 只有根结点无右子树

C. 非叶子结点只有左子树　　D. 非叶子结点只有右子树

7. 对一棵非空的二叉排序树进行(　　)遍历，可得到一个结点元素的递增序列。

A. 先序　　B. 中序　　C. 后序　　D. 层次

8. 由关键字序列(12,7,36,25,18,2)构造一棵二叉排序树，该二叉排序树的高度(层数)为(　　)。

A. 6　　B. 5　　C. 4　　D. 3

9. 在哈夫曼编码中，若编码长度小于等于 4，已对两个字符编码 1 和 01，还可以最多对(　　)个字符编码。

A. 2　　B. 3　　C. 4　　D. 5

3.9 上机实验

【实验目的】

- 了解树和二叉树的基本概念、二叉树的基本性质。
- 掌握二叉树的存储结构和处理方法。
- 掌握二叉树遍历算法、建立算法的实现。
- 理解二叉排序树的特点。
- 掌握二叉排序树查找、插入、删除结点的算法。
- 了解哈夫曼树的基本概念。
- 掌握哈夫曼树的构造和哈夫曼编码、译码的方法。

3.9.1 实验 1：二叉树的建立与遍历

【实验要求】

(1) 采用二叉链表作为存储结构，完成二叉树的基本操作。

- 可采用两种方式构造二叉树：给出二叉树扩充的先序序列构造和编写方法自动构造。
- 输出三种遍历序列。
- 输出二叉树的高度、叶子结点数和结点数。

(2) 输入数据：树中每个结点的数据类型设定为整数型。

【运行结果参考】

运行结果参考如图 3-38 所示。

```
====================
1—自动构造
2—输入扩充的先序序列构造
====================
选择构造二叉树的方法：1
二叉树构造完成，该树的树形如下：
          C\
                   H
               F/
     A [
               E\
                   G
          B [
               D
(递归)先根遍历序列为:ABDEGCFH
(递归)中根遍历序列为:DBGEAFHC
(递归)后根遍历序列为:DGEBHFCA
层次遍历序列为:ABCDEFGH
深度为:4
该树的结点数目:8
该树的叶子结点数目:3
```

```
====================
1—自动构造
2—输入扩充的先序序列构造
====================
选择构造二叉树的方法：2
请输入扩充的先序序列：
456###78##9##
二叉树构造完成，该树的树形如下：
               9
          7 [
               8
     4 [
          5\
               6
(递归)先根遍历序列为:456789
(递归)中根遍历序列为:654879
(递归)后根遍历序列为:658974
层次遍历序列为:457689
深度为:3
该树的结点数目:6
该树的叶子结点数目:3
```

图 3-38 二叉树的基本操作

【Java 源代码】

测试类：

```
public class DebugBiTree {
    public BiTree createBiTree() {                              //构造二叉树
        BiTreeNode d=new BiTreeNode('D');
        BiTreeNode g=new BiTreeNode('G');
        BiTreeNode h=new BiTreeNode('H');
        BiTreeNode e=new BiTreeNode('E', g, null);
        BiTreeNode b=new BiTreeNode('B', d, e);
        BiTreeNode f=new BiTreeNode('F', null, h);
        BiTreeNode c=new BiTreeNode('C', f, null);
        BiTreeNode a=new BiTreeNode('A', b, c);
        return new BiTree(a);
        //创建根结点为 a 的二叉树
    }
    public static void main(String[] args) {
        DebugBiTree debugBiTree=new DebugBiTree();
        BiTree biTree=debugBiTree.createBiTree();
        BiTreeNode root=biTree.getRoot();                       //取得树的根结点
        System.out.println("该树的树形如下:");
        biTree.printTree(root,1);
        //调试先根遍历
        System.out.print("(递归)先根遍历序列为:");
        biTree.preOrder();
```

```
        System.out.println();          //输出换行
        //调试中根遍历
        System.out.print("(递归)中根遍历序列为:");
        biTree.inOrder();
        System.out.println();
        //调试后根遍历
        System.out.print("(递归)后根遍历序列为:");
        biTree.postOrder();
        System.out.println();
        //调试层次遍历
        System.out.print("层次遍历序列为:");
        biTree.levelTraverse();
        System.out.println();
        int depth=biTree.getDepth(root);
        System.out.println("深度为:"+depth);
        System.out.println("该树的结点数目:"+biTree.countNode(root));
        System.out.print("该树的叶子结点数目:"+biTree.countLeafNode(root));
    }
}
```

3.9.2　实验 2：二叉排序树的查找算法实现

【实验要求】

(1) 定义二叉排序树的数据结构。

(2) 实现二叉排序树的插入、删除算法与查找结点的算法,并建立二叉排序树。

【运行结果参考】

运行结果参考如图 3-39 所示。

```
==========二叉排序树==========
1 创建
2 查找元素
3 中序遍历
4 插入元素
5 删除元素
0 退出
============================
作者：XXX          班级：17软件工程X班
请输入操作代码（0-退出）:1
请输入二叉树元素值个数：8
请输入8个二叉树元素值：58 14 25 36 85 95 12 10
二叉排序树创建完成!
请输入操作代码（0-退出）:3
中序遍历序列为:
10 12 14 25 36 58 85 95
请输入操作代码（0-退出）:2
请输入要查找的元素值:12
12元素查找成功!
请输入操作代码（0-退出）:2
请输入要查找的元素值:15
15元素不存在!
```

```
请输入操作代码（0-退出）:4
请输入插入的元素值：12
插入失败，元素已存在!
请输入操作代码（0-退出）:4
请输入插入的元素值：15
插入成功!
请输入操作代码（0-退出）:3
中序遍历序列为:
10 12 14 15 25 36 58 85 95
请输入操作代码（0-退出）:5
请输入删除的元素值：18
删除失败，元素不存在！!
请输入操作代码（0-退出）:5
请输入删除的元素值：15
删除成功!
请输入操作代码（0-退出）:3
中序遍历序列为:
10 12 14 25 36 58 85 95
请输入操作代码（0-退出）:0
程序结束!
```

图 3-39　二叉排序树的基本操作

【Java 源代码】

测试类：

```
import java.util.Scanner;
public class DebugBSTree {
    public static void menu() {
        System.out.println("==========二叉排序树==========");
        System.out.println("1 创建");
        System.out.println("2 查找元素");
        System.out.println("3 中序遍历");
        System.out.println("4 插入元素");
        System.out.println("5 删除元素");
        System.out.println("0 退出");
        System.out.println("============================");
        System.out.println("作者：×××          班级：软件工程×班");
    }
    public static void main(String[] args) {
        menu();
        Scanner sc=new Scanner(System.in);
        int op;
        BSTree bsTree=null;
        do {
            System.out.print("请输入操作代码(0-退出):");
            op=sc.nextInt();
            switch (op) {
            case 1:
                System.out.print("请输入二叉树元素值个数：");
                int n=sc.nextInt();
                int[] arr=new int[n];
                System.out.print("请输入"+n+"个二叉树元素值：");
                for (int i=0; i<n; i++)
                    arr[i]=sc.nextInt();
                bsTree=new BSTree(arr);
                System.out.println("二叉排序树创建完成!");
                break;
            case 2:
                System.out.print("请输入要查找的元素值:");
                int data=sc.nextInt();
                if (bsTree !=null)
                    bsTree.searchBST(data);
                else
                    System.out.println("二叉排序树未创建!");
                break;
            case 3:
                if (bsTree !=null) {
                    System.out.println("中序遍历序列为：");
                    bsTree.inOrder();
                } else
                    System.out.println("二叉排序树未创建!");
```

```
                break;
            case 4:
                System.out.print("请输入插入的元素值: ");
                data=sc.nextInt();
                if (bsTree !=null) {
                    if (bsTree.insertBST(data))
                        System.out.println("插入成功!");
                    else
                        System.out.println("插入失败,元素已存在!");
                } else
                    System.out.println("二叉排序树未创建!");
                break;
            case 5:
                System.out.print("请输入删除的元素值: ");
                data=sc.nextInt();
                if (bsTree !=null) {
                    if(bsTree.removeBST(data)!=null)
                        System.out.println("删除成功!");
                        else System.out.println("删除失败,元素不存在!!");
                } else
                    System.out.println("二叉排序树未创建!");
                break;
            case 0:
                System.out.println("程序结束!");
                return;
            default:
                System.out.println("输入操作代码有误,请重新选择!");
            }
        } while (op !=0);
        sc.close();
    }
}
```

3.9.3 实验 3：哈夫曼树的应用

【实验要求】

在数据通信中，需要将传送的文字转换成二进制的字符串，用 0、1 码的不同排列来表示字符。例如，需传送的报文为 AFTER DATA EAR ARE ART AREA，这里用到的字符集为 A、E、R、T、F、D，各字母出现的次数为{8,4,5,3,1,1}。现要求为这些字母设计编码。

(1) 请构造出哈夫曼树。

(2) 给出每个字符的编码。

(3) 给出报文编码。

(4) 对编码“01011101100　0110011”进行译码。

3.9.4 实验拓展

【实验要求】

普通树的基本操作如下。

(1) 定义树的孩子兄弟链表存储中结点类。

(2) 定义普通树类，包含构造方法、先根遍历方法、后根遍历方法、统计结点个数的方法。

(3) 定义测试类，包含创建如图 3-40 所示树的方法。

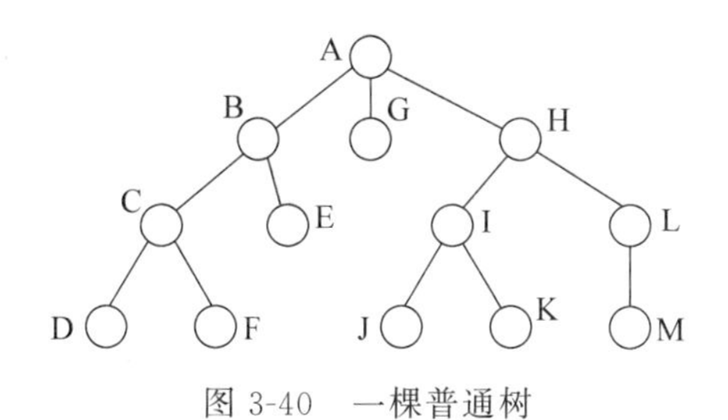

图 3-40 一棵普通树

【运行结果参考】

运行结果参考如图 3-41 所示。

```
树构造完成!
树的结点数为：13
树的先跟遍历序列：
ABCDFEGHIJKLM
树的后跟遍历序列：
DFCEBGJKIMLHA
```

图 3-41 普通树基本操作

第 3 章主要算法的 C++ 代码

第4章

图 结 构

【知识结构图】

第4章知识结构参见图4-1。

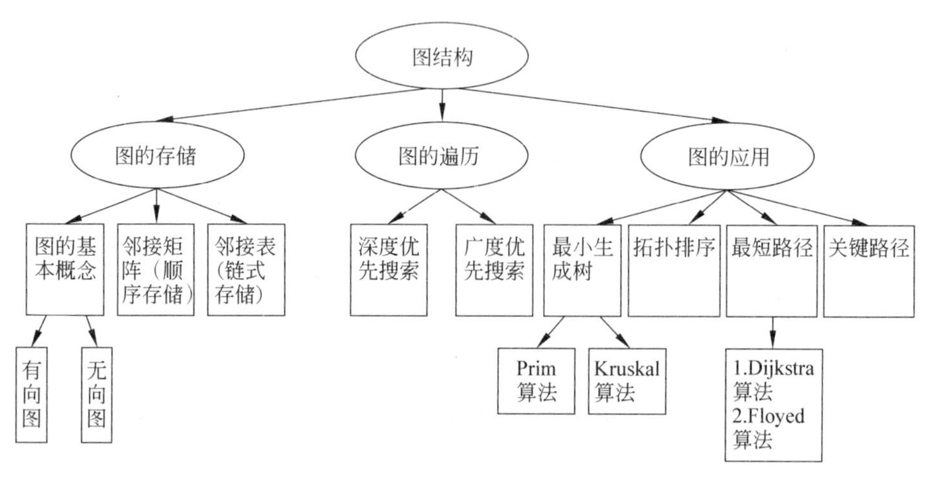

图4-1 知识结构图

【学习要点】

本章知识点包括三条主线：①图的存储结构，包括图的基本概念（有向图、无向图）、图的存储结构（邻接矩阵、邻接表）；②图的遍历，包括深度优先搜索、广度优先搜索；③图的应用，包括最小生成树、拓扑排序、最短路径及关键路径。

4.1 图的基本概念

在线性表结构中数据元素之间是一对一的关系，除首元素外，每个元素都有一个唯一的直接后继；除尾元素外，每个元素都有一个唯一的直接前驱，反映一种线性关系。在树形结构中数据元素之间是一对多关系，除根结点外，每个子结点有一个唯一的父结点，除叶子结点外每个结点允许有多个子结点，反映一种层次关系。现实中，很多对象并不是简单的一对一或一对多关系，而是复杂的多对多关系，这就是图结构。

4.1.1　相关术语

1. 图的定义

图(graph)是由顶点的有穷非空集合和顶点之间边的集合组成，通常表示为G(V,E)。其中，G表示一个图，V(vertex)是图G中顶点的集合，E(edge)是图G中边的集合。

在图结构中，对象之间是多对多的关系，每个结点不限制前驱结点的个数，也不限制后继结点的个数，反映一种网状关系。

线性表中称数据元素为元素，树形结构中数据元素叫结点，而图结构中数据元素称为顶点(vertex)。

例如，G=(V,E)，其中，V={A,B,C,D,E}，E={＜A,B＞，＜A,E＞，＜B,C＞，＜C,D＞，＜D,B＞，＜D,A＞，＜E,C＞}，则其逻辑结构图如图4-2所示。

2. 有向图与无向图

若顶点V_i到V_j之间的边没有方向，则称这条边为无向边，用(V_i,V_j)来表示。如果图中任意两个顶点之间的边都是无向边，则称这个图为无向图(undirected graphs)。如图4-3(a)所示即为一个无向图，连接顶点A和B的边可表示为(A,B)或者(B,A)。

若顶点V_i到V_j之间的边有方向，则称这条边为有向边，也称为弧(Arc)，用＜V_i,V_j＞来表示，V_i称为弧尾，V_j称为弧头。如果图中任意两个顶点之间的边都是有向边，则称这个图为有向图(directed graphs)。如图4-3(b)所示即为一个有向图，连接顶点A和B的边可表示为＜A,B＞，注意不能写成＜B,A＞。

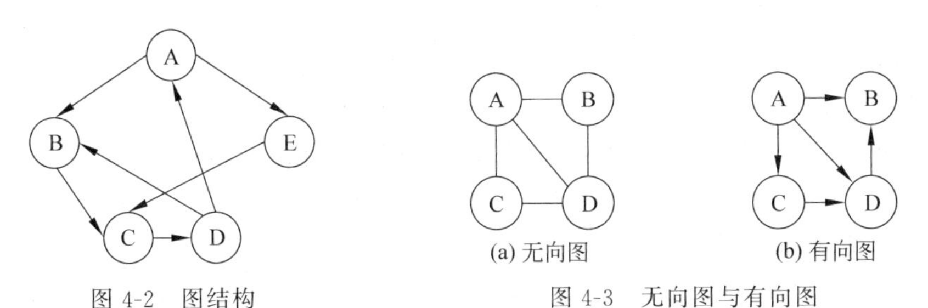

图4-2　图结构

图4-3　无向图与有向图

3. 简单图

若不存在顶点到其自身的边，且无重复边，则称这样的图为简单图。本书中如无特殊说明，涉及的图均为简单图。

4. 完全图

所有顶点到其他顶点都有边，则称此图为完全图。对于含有n个顶点的无向完全图，其边的条数为$n\times(n-1)/2$；对于含有n个顶点的有向完全图，其边的条数为$n\times(n-1)$。

5. 稀疏图和稠密图

有很少条边或弧的图称为稀疏图，反之称为稠密图。这里的稀疏和稠密是一个模糊概念，都是相对而言的。通常若边或弧的个数$e<n\log n$(n为顶点数)，则称作稀疏图，否则称作稠密图。

6. 网

在一个图中，每条边可以标上具有某种含义的数值，此数值称为该边上的权。通常权是

一个非负实数,权可以表示从一个顶点到另一个顶点的距离、时间或代价等含义。

网(network)也称带权图,即边上带权的图,可分为无向网和有向网,如图 4-4 所示。

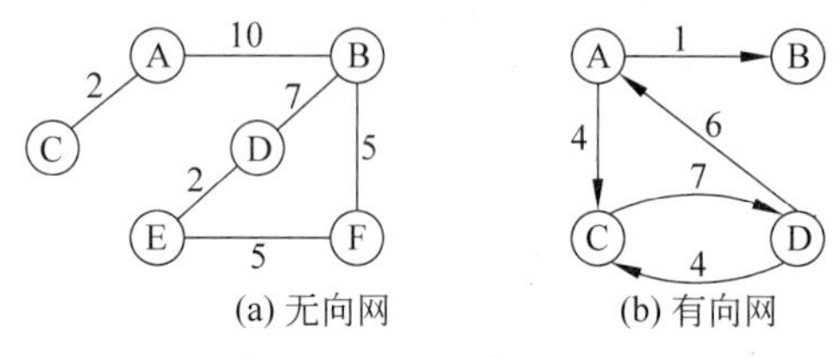

图 4-4　无向网与有向网

7. 子图

设有两个图 G=(V,E)和 G′=(V′,E′),若 V′是 V 的子集,即 V′⊆V,并且 E′是 E 的子集,即 E′⊆E,则称 G′为 G 的子图,记为 G′⊆G。

若 G′为 G 的子图,并且 V′=V,则称 G′为 G 的生成子图,即包含原图中所有顶点的子图。

8. 邻接点

在一个无向图中,若存在一条边(u,v),则称顶点 u 与 v 互为邻接点。边(u,v)是顶点 u 和 v 关联的边,顶点 u 和 v 是边(u,v)关联的顶点。如图 4-3(a)中,以顶点 B 为端点的边有(B,A)和(B,D),故顶点 B 的邻接点有两个 A 和 D。

在一个有向图中,若存在一条弧<u,v>,则称顶点 u 邻接到 v,顶点 v 邻接自 u。如图 4-3(b)中,顶点 D 有一条出边<D,B>、两条入边<A,D>和<C,D>,故顶点 D 邻接到 B,顶点 D 邻接自 A 和 C。

9. 顶点的度

顶点的度是图中与该顶点相关联边的数目,记为 D(v)。

无向图顶点的度(degree)是以该顶点为一个端点的边的数目,即该顶点的边的数目。如图 4-3(a)中,边数 e=5,D(A)=3,D(B)=2,D(C)=2,D(D)=3。图 4-3(a)中,所有顶点的度数之和等于边数的两倍。

在有向图中,顶点 v 的入边数目是该顶点的入度(in degree),记为 ID(v);顶点 v 的出边数目是该顶点的出度(out degree),记为 OD(v);顶点 v 的度等于它的入度和出度之和,即 D(v)=ID(v)+OD(v)。如图 4-3(b)中,边数 e=5,ID(A)=0,ID(B)=2,ID(C)=1,ID(D)=2,OD(A)=3,OD(B)=0,OD(C)=1,OD(D)=1。所有顶点的入度之和等于出度之和等于边数。

10. 路径与路径长度

在一个图中,路径是从顶点 u 到顶点 v 所经过的顶点序列,即($u=v_{i0}, v_{i1}, \cdots, v_{im}=v$)。对于无权图来说路径长度是指沿此路径上边的数目,对于有权图来说是取沿路径各边的权之和作为此路径的长度。若路径经过的各顶点均不重复,则称为简单路径。若路径起点与终点相同则称为环路。

在网中,从始点到终点的路径上各边的权值之和,称为路径长度。

11. 连通图与连通分量

在无向图中,如果从顶点 v 到 u 之间有路径,称这两个顶点是连通的。如果图中任意一对顶点都是连通的,则称这两个图是连通的,称此图为连通图。非连通图中每一个极大连通子图称为连通分量。

若有向图中任意两个顶点之间都存在一条有向路径，则称此有向图为强连通图。否则，其各个极大强连通子图称作它的强连通分量。n 个顶点的连通图的边数最少为 $n-1$，而 n 个顶点的强连通图的边数最少为 n。

12. 生成树与生成森林

假设一个连通图有 n 个顶点和 e 条边，其中 $n-1$ 条边和 n 个顶点构成一个极小连通子图，称该极小连通子图为此连通图的生成树。对非连通图，则称由各个连通分量的生成树的集合为此非连通图的生成森林。

4.1.2 图的基本操作

图的基本操作包括以下几种。

(1) 创建一个图。

(2) 返回图中的顶点数。

(3) 返回图中的边数。

(4) 给定顶点的位置 v，返回其对应的顶点值，其中，0≤v<vexNum(vexNum 为顶点数)。

(5) 给定顶点的值 vex，返回其在图中的位置，如果图中不包含此顶点，则返回－1。

(6) 返回 v 的第一个邻接点，若 v 没有邻接点，则返回－1，其中，0≤v<vexNum。

(7) 返回 v 相对于 w 的下一个邻接点，若 w 是 v 的最后一个邻接点，则返回－1，其中，0≤v，w<vexNum。

(8) 输出图的存储结构。

4.1.3 图的抽象数据类型

根据图的逻辑结构和基本操作，得到图的抽象数据类型，Java 接口描述如下：

```
public interface IGraph{
    void    createGraph();
    int     getVexNum();
    int     getArcNum();
    Object  getVex(int v);
    int     locateVex(Object vex);
    int     firstAdjVex(int v);
    int     nextAdjVex(int v, int w);
    void    print();
}
```

4.2 图的存储结构

4.2.1 邻接矩阵

1. 图的邻接矩阵

图的邻接矩阵是用来表示顶点之间相邻关系的方阵。假设图 G=(V,E)具有 $n(n\geq 1)$个顶点，顶点的顺序依次为$\{v_0, v_1, \cdots, v_{n-1}\}$，则图的邻接矩阵 A 是一个 n 阶方阵。

$$A[i][j]=\begin{cases}1, & <v_i,v_j>\in E \text{ 或 } (v_i,v_j)\in E\\0, & <v_i,v_j>\notin E \text{ 或 } (v_i,v_j)\notin E\end{cases}$$

其中，$0\leqslant i,j\leqslant n-1$。

【例 4-1】 如图 4-5 所示，(a)为图 G，(b)为(a)图对应的邻接矩阵。

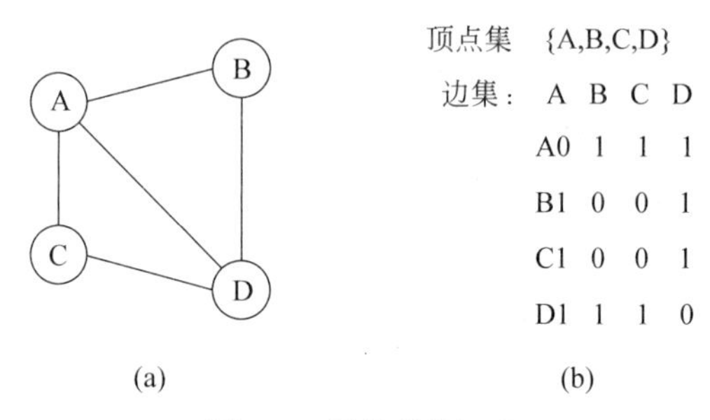

图 4-5 图的邻接矩阵

邻接矩阵：用一个一维数组存放图中所有顶点数据；用一个二维数组存放顶点间关系(边或弧)的数据，这个二维数组称为邻接矩阵，如图 4-5 所示。用邻接矩阵表示图，很容易确定图中任意两个顶点是否有边相连。邻接矩阵分为有向图邻接矩阵和无向图邻接矩阵。

无向图的邻接矩阵是对称的(可采用压缩存储)顶点 v_i 的度是第 i 行或第 i 列中 1 的元素个数。有向图的邻接矩阵不一定为对称矩阵，每一行中 1 的个数为该顶点的出度；每一列中 1 的个数为该顶点的入度。

2. 网的邻接矩阵

假设图 G=(V,E)具有 $n(n\geqslant1)$个顶点，顶点的顺序依次为$\{v_0,v_1,\cdots,v_{n-1}\}$，$w_{ij}$ 表示连接 v_i 和 v_j 的边的权值，图的邻接矩阵 A 是一个 n 阶方阵。

$$A[i][j]=\begin{cases}w_{ij}, & <v_i,v_j>\in E \text{ 或 } (v_i,v_j)\in E\\\infty, & <v_i,v_j>\notin E \text{ 或 } (v_i,v_j)\notin E\end{cases}$$

其中，$0\leqslant i,j\leqslant n-1$。

【例 4-2】 如图 4-6 所示，(a)为网 G，(b)为(a)图的邻接矩阵。

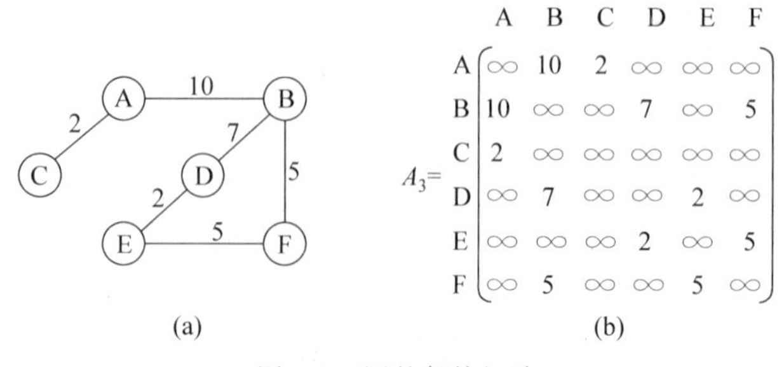

图 4-6 网的邻接矩阵

同样，无向网的邻接矩阵是一个对称矩阵，而有向网的邻接矩阵不一定是对称的。

3. 图的邻接矩阵类的描述

【Java 源代码】

(1) 图的类型主要有四种：无向图、有向图、无向网和有向网。可以用枚举法表示如下：

```
public enum GraphKind{
   UDG,           //无向图(UnDirected Graph)
   DG,            //有向图(Directed Graph)
   UDN,           //无向网(UnDirected Network)
   DN,            //有向网(Directed Network)
}
```

（2）采用邻接矩阵存储的图类定义：

```
import java.util.Scanner;
public class MGraph implements IGraph {
    public final static int INFINITY=Integer.MAX_VALUE;
    private GraphKind kind;               //图的种类
    private int vexNum, arcNum;           //图的顶点数和边数
    private Object[] vexs;                //顶点集合
    private int[][] arcs;                 //边集
    public MGraph() {
        this(null, 0, 0, null, null);
    }
    public MGraph(GraphKind kind, int vexNum, int arcNum, Object[] vexs,
    int[][] arcs) {
        this.kind=kind;
        this.vexNum=vexNum;
        this.arcNum=arcNum;
        this.vexs=vexs;
        this.arcs=arcs;
    }
    //创建图
    public void createGraph() {
        Scanner sc=new Scanner(System.in);
        System.out.println("请输入图的类型");
        kind=GraphKind.valueOf(sc.next());
        switch (kind) {
            case UDG:
                createUDG();
                return;
            case DG:
                createDG();
                return;
            case UDN:
                createUDN();
                return;
            case DN:
                createDN();
                return;
            }
        }
```

```
//创建无向图
private void createUDG() {
    Scanner sc=new Scanner(System.in);
    System.out.println("请分别输入图的顶点数、图的边数: ");
    vexNum=sc.nextInt();
    arcNum=sc.nextInt();
    vexs=new Object[vexNum];
    System.out.println("请分别输入各个顶点: ");
    for (int v=0; v<vexNum; v++)
        //构造顶点向量
        vexs[v]=sc.next();
    arcs=new int[vexNum][vexNum];
    for (int v=0; v<vexNum; v++)
        //初始化邻接矩阵
        for (int u=0; u<vexNum; u++)
            arcs[v][u]=0;
    System.out.println("请输入各个边的两个顶点: ");
    for (int k=0; k<arcNum; k++) {
        int v=locateVex(sc.next());
        int u=locateVex(sc.next());
        arcs[v][u]=arcs[u][v]=1;
    }
}
//创建有向图
private void createDG() {
    Scanner sc=new Scanner(System.in);
    System.out.println("请分别输入图的顶点数、图的边数: ");
    vexNum=sc.nextInt();
    arcNum=sc.nextInt();
    vexs=new Object[vexNum];
    System.out.println("请分别输入各个顶点: ");
    for (int v=0; v<vexNum; v++)
        //构造顶点向量
        vexs[v]=sc.next();
    arcs=new int[vexNum][vexNum];
    for (int v=0; v<vexNum; v++)
        //初始化邻接矩阵
        for (int u=0; u<vexNum; u++)
            arcs[v][u]=0;
    System.out.println("请输入各个边的两个顶点: ");
    for (int k=0; k<arcNum; k++) {
        int v=locateVex(sc.next());
        int u=locateVex(sc.next());
        arcs[v][u]=1;
    }
}
//创建无向网
private void createUDN() {
    Scanner sc=new Scanner(System.in);
    System.out.println("请分别输入图的顶点数、图的边数: ");
```

```
        vexNum=sc.nextInt();
        arcNum=sc.nextInt();
        vexs=new Object[vexNum];
        System.out.println("请分别输入各个顶点：");
        for (int v=0; v<vexNum; v++)
            //构造顶点向量
            vexs[v]=sc.next();
        arcs=new int[vexNum][vexNum];
        for (int v=0; v<vexNum; v++)
            //初始化邻接矩阵
            for (int u=0; u<vexNum; u++)
                arcs[v][u]=INFINITY;
        System.out.println("请输入各个边的两个顶点及权值：");
        for (int k=0; k<arcNum; k++) {
            int v=locateVex(sc.next());
            int u=locateVex(sc.next());
            arcs[v][u]=arcs[u][v]=sc.nextInt();
        }
    }
    //创建有向网
    private void createDN() {
        Scanner sc=new Scanner(System.in);
        System.out.println("请分别输入图的顶点数、图的边数：");
        vexNum=sc.nextInt();
        arcNum=sc.nextInt();
        vexs=new Object[vexNum];
        System.out.println("请分别输入各个顶点：");
        for (int v=0; v<vexNum; v++)
            //构造顶点向量
            vexs[v]=sc.next();
        arcs=new int[vexNum][vexNum];
        for (int v=0; v<vexNum; v++)
            //初始化邻接矩阵
            for (int u=0; u<vexNum; u++)
                arcs[v][u]=INFINITY;
        System.out.println("请输入各个边的两个顶点及权值：");
        for (int k=0; k<arcNum; k++) {
            int v=locateVex(sc.next());
            int u=locateVex(sc.next());
            arcs[v][u]=sc.nextInt();
        }
    }
    //返回顶点数
    public int getVexNum() {
        return vexNum;
    }
    //返回边数
    public int getArcNum() {
        return arcNum;
    }
```

```
//给定顶点值返回其在图中的位置,如果图中不包含此顶点,则返回-1
public int locateVex(Object vex) {
    for (int v=0; v<vexNum; v++)
        if (vexs[v].equals(vex))
            return v;
    return -1;
}
//返回 v 表示结点的值 0<=v<vexnum
public Object getVex(int v) throws Exception {
    if (v<0 && v>=vexNum)
        throw new Exception("第"+v+"个顶点不存在!");
    return vexs[v];
}
//返回 v 的第一个邻接点,如果没有邻接点则返回-1,0<=v<vexnum
public int firstAdjVex(int v) throws Exception {
    if (v<0 && v>=vexNum)
        throw new Exception("第"+v+"个顶点不存在!");
    for (int j=0; j<vexNum; j++)
        if (arcs[v][j] !=0 && arcs[v][j]<INFINITY)
            return j;
    return -1;
}
//返回 v 相对于 w 的下一个邻接点,如果 w 是 v 的最后一个邻接点则返回-1,0<=v,w<vexnum
public int nextAdjVex(int v, int w) throws Exception {
    if (v<0 && v>=vexNum)
        throw new Exception("第"+v+"个顶点不存在!");
    for (int j=w+1; j<vexNum; j++)
        if (arcs[v][j] !=0 && arcs[v][j]< INFINITY)
            return j;
    return -1;
}
//输出邻接矩阵
public void print(){
    for(int i=0;i<vexNum;i++){
        for(int j=0;j<vexNum;j++){
            if(arcs[i][j]==INFINITY) {
                System.out.printf("%5s ","∞");
                continue;
            }
          System.out.printf("%5d ",arcs[i][j]);
        }
        System.out.println();
    }
}
public GraphKind getKind() {
    return kind;
}
public int[][] getArcs() {
    return arcs;
}
public Object[] getVexs() {
    return vexs;
}
```

```
    public void setArcNum(int arcNum) {
        this.arcNum=arcNum;
    }
    public void setArcs(int[][] arcs) {
        this.arcs=arcs;
    }
    public void setKind(GraphKind kind) {
        this.kind=kind;
    }
    public void setVexNum(int vexNum) {
        this.vexNum=vexNum;
    }
    public void setVexs(Object[] vexs) {
        this.vexs=vexs;
    }
}
```

4.2.2 邻接表

1. 图的邻接表

图的邻接表是图的一种链式存储方法，由一个顺序存储的顶点表和 n 个链式存储的边表组成的，顶点表由顶点结点组成，边表是由边（或弧）结点组成的一个单向链表，表示所有依附于顶点 v_i 的边（对于有向图就是所有以 v_i 为始点的弧）。

无向图对应的邻接表某行上边结点个数为该行表示结点的度，如果无向图（网）中有 e 条边，则对应邻接表有 $2e$ 个边结点；有向图对应的邻接表某行上边结点个数为该结点的出度，在有向图的邻接表中不易找到指向该顶点的弧。

有向图（网）邻接表边表表示所有以 v_i 为始点的弧，逆邻接表边表表示所有以 v_i 为终点的弧。有向图对应的逆邻接表某行上边结点个数为该结点的入度。

邻接链表：顶点表中的第 i 个顶点信息中保存有该顶点的数据值 data 和一个链表的头指针 adj，通过 adj 可以找到与结点 v_i 对应的边链表的第一个边结点。在边结点中，结点保存表是 dest：指示该边的另一个结点的顶点号；还配有指针 link，指向下一个边结点。如果是带权值的图，则边界点中再添加一个 cost，用于保存该边的权值结点。

【例 4-3】 给出图 4-7 的邻接表和逆邻接表，如图 4-8 所示。

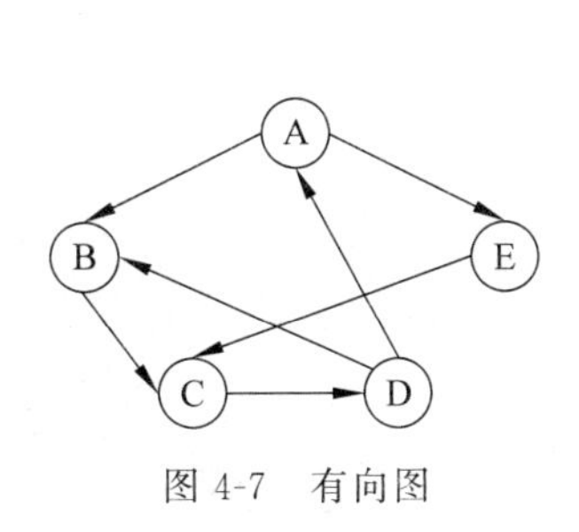

图 4-7 有向图

	顶点	(a) 邻接表	(b) 逆邻接表
0	A	1 → 4 △	3 △
1	B	2 △	3 → 0 △
2	C	3 △	1 → 4 △
3	D	0 → 1 △	2 △
4	E	2 △	0 △

(a) 邻接表　(b) 逆邻接表

图 4-8 图的邻接表与逆邻接表

2. 图的邻接表类的描述

【Java 源代码】

(1) 顶点结点类。

```
public class VNode {
    private Object data;               //顶点信息
    private ArcNode firstArc;          //指向第一条依附于该顶点的弧
      public VNode() {
        this(null, null);
    }
    public VNode(Object data) {
        this(data, null);
    }
    public VNode(Object data, ArcNode firstArc) {
        this.data=data;
        this.firstArc=firstArc;
    }
    public Object getData() {
        return data;
    }
    public void setData(Object data) {
        this.data=data;
    }
    public ArcNode getFirstArc() {
        return firstArc;
    }
    public void setFirstArc(ArcNode firstArc) {
        this.firstArc=firstArc;
    }
}
```

(2) 边结点类。

```
public class ArcNode {
    //该弧所指向的顶点位置
    private int adjVex;
    //边(或弧)的权值
    private int value;
    //指向下一条弧
    private ArcNode nextArc;
    public ArcNode() {
        this(-1, 0, null);
    }
    public ArcNode(int adjVex) {
        this(adjVex, 0, null);
    }
    public ArcNode(int adjVex, int value) {
        this(adjVex, value, null);
    }
```

```
    public ArcNode(int adjVex, int value, ArcNode nextArc) {
        this.value=value;
        this.adjVex=adjVex;
        this.nextArc=nextArc;
    }
    public int getAdjVex() {
        return adjVex;
    }
    public void setAdjVex(int adjVex) {
        this.adjVex=adjVex;
    }
    public int getValue() {
        return value;
    }
    public void setValue(int value) {
        this.value=value;
    }
    public ArcNode getNextArc() {
        return nextArc;
    }
    public void setNextArc(ArcNode nextArc) {
        this.nextArc=nextArc;
    }
}
```

（3）图的邻接表类。

```
import java.util.Scanner;
public class ALGraph implements IGraph {
    private int kind;                    //种类
    private int vexNum, arcNum;          //顶点数和边数
    private VNode[] vexs;                //顶点
    public ALGraph() {
        this(0, 0, 0, null);
    }
    public ALGraph(int kind, int vexNum, int arcNum, VNode[] vexs) {
        this.kind=kind;
        this.vexNum=vexNum;
        this.arcNum=arcNum;
        this.vexs=vexs;
    }
    //创建图
    public void createGraph() {
        Scanner sc=new Scanner(System.in);
        System.out.println("======图的创建=======");
        System.out.println("   1  无向图");
        System.out.println("   2  有向图");
        System.out.println("   3  无向网");
        System.out.println("   4  有向网");
```

```
        System.out.println("====================");
        System.out.println("请输入图的类型：");
        kind=sc.nextInt();
        switch (kind) {
        case 1:
            createUDG();System.out.println("图创建成功!");
            break;
        case 2:
            createDG();System.out.println("图创建成功!");
            break;
        case 3:
            createUDN();System.out.println("图创建成功!");
            break;
        case 4:
            createDN();System.out.println("图创建成功!");
            break;
        default:
            System.out.println("图创建失败");
        }
    }
    private void createUDG() {
        Scanner sc=new Scanner(System.in);
        System.out.println("请分别输入图的顶点数和边数：");
        vexNum=sc.nextInt();
        arcNum=sc.nextInt();
        vexs=new VNode[vexNum];
        System.out.println("请分别输入图的顶点：");
        for (int v=0; v<vexNum; v++)
            //构造顶点向量
            vexs[v]=new VNode(sc.next());
        System.out.println("请输入各边的顶点：");
        for (int k=0; k<arcNum; k++) {
            int v=locateVex(sc.next());        //弧尾
            int u=locateVex(sc.next());        //弧头
            addArc(v, u);
            addArc(u, v);
        }
    }
    private void createDG() {
        Scanner sc=new Scanner(System.in);
        System.out.println("请分别输入图的顶点数和边数：");
        vexNum=sc.nextInt();
        arcNum=sc.nextInt();
        vexs=new VNode[vexNum];
        System.out.println("请分别输入图的顶点：");
        for (int v=0; v<vexNum; v++)
            //构造顶点向量
            vexs[v]=new VNode(sc.next());
        System.out.println("请输入各边的顶点：");
        for (int k=0; k<arcNum; k++) {
```

```
            int v=locateVex(sc.next());          //弧尾
            int u=locateVex(sc.next());          //弧头
            addArc(v, u);
        }
    }
    private void createUDN() {
        Scanner sc=new Scanner(System.in);
        System.out.println("请分别输入图的顶点数和边数: ");
        vexNum=sc.nextInt();
        arcNum=sc.nextInt();
        vexs=new VNode[vexNum];
        System.out.println("请分别输入图的顶点: ");
        for (int v=0; v<vexNum; v++)
            //构造顶点向量
            vexs[v]=new VNode(sc.next());
        System.out.println("请输入各边的顶点及其权值: ");
        for (int k=0; k<arcNum; k++) {
            int v=locateVex(sc.next());          //弧尾
            int u=locateVex(sc.next());          //弧头
            int value=sc.nextInt();
            addArc(v, u, value);
            addArc(u, v, value);
        }
    }
    private void createDN() {
        Scanner sc=new Scanner(System.in);
        System.out.println("请分别输入图的顶点数和边数: ");
        vexNum=sc.nextInt();
        arcNum=sc.nextInt();
        vexs=new VNode[vexNum];
        System.out.println("请分别输入图的顶点: ");
        for (int v=0; v<vexNum; v++)
            vexs[v]=new VNode(sc.next());
        System.out.println("请输入各边的顶点及其权值: ");
        for (int k=0; k<arcNum; k++) {
            int v=locateVex(sc.next());
            int u=locateVex(sc.next());
            int value=sc.nextInt();
            addArc(v, u, value);
        }
    }
    //在位置 v 和 w 顶点之间添加一条弧,其权值为 value
    public void addArc(int v, int u, int value) {
        ArcNode arc=new ArcNode(u, value);
        //头插法
        arc.setNextArc(vexs[v].getFirstArc());
        vexs[v].setFirstArc(arc);
    }
    public void addArc(int v, int u) {
        ArcNode arc=new ArcNode(u);
```

```
        //头插法
        arc.setNextArc(vexs[v].getFirstArc());
        vexs[v].setFirstArc(arc);
    }
    public int getVexNum() {
        return vexNum;
    }
    public int getArcNum() {
        return arcNum;
    }
    //给定顶点的值 vex,返回其在图中的位置,如不存在,则返回-1
    public int locateVex(Object vex) {
        for (int v=0; v<vexNum; v++)
            if (vexs[v].getData().equals(vex))
                return v;
        return -1;
    }
    public VNode[] getVexs() {
        return vexs;
    }
    public int getKind() {
        return kind;
    }
    public Object getVex(int v) throws Exception {
        if (v<0 && v>=vexNum)
            throw new Exception("第"+v+"个顶点不存在!");
        return vexs[v].getData();
    }
    //返回 v 的第一个邻接点,若 v 没有邻接点,则返回-1
    public int firstAdjVex(int v) throws Exception {
        if (v<0 && v>=vexNum)
            throw new Exception("第"+v+"个顶点不存在!");
        VNode vex=vexs[v];
        if (vex.getFirstArc() !=null)
            return vex.getFirstArc().getAdjVex();
        else
            return -1;
    }
    /* 返回 v 相对于 w 的下一个邻接点,若 w 是 v 的最后一个邻接点,则返回-1,其中 0<=v,
      w<vexNum */
    public int nextAdjVex(int v, int w) throws Exception {
        if (v<0 && v>=vexNum)
            throw new Exception("第"+v+"个顶点不存在!");
        VNode vex=vexs[v];
        ArcNode arcvw=null;
        for (ArcNode arc=vex.getFirstArc(); arc !=null; arc=arc.getNextArc())
            if (arc.getAdjVex()==w) {
                arcvw=arc;
                break;
            }
```

```
        if (arcvw !=null && arcvw.getNextArc() !=null)
            return arcvw.getNextArc().getAdjVex();
        else
            return -1;
    }
    public void setArcNum(int arcNum) {
        this.arcNum=arcNum;
    }
    public void setKind(int kind) {
        this.kind=kind;
    }
    public void setVexNum(int vexNum) {
        this.vexNum=vexNum;
    }
    public void setVexs(VNode[] vexs) {
        this.vexs=vexs;
    }
    public void print() throws Exception{
        for(int i=0;i<vexNum;i++){
            System.out.print(i+" "+vexs[i].getData().toString()+" | ");
            ArcNode arcv=vexs[i].getFirstArc();
            while(arcv!=null){
                if(kind==1 || kind==2)
                System.out.print("-->"+arcv.getAdjVex()+"<"+getVex(arcv.
                getAdjVex())+">");
                if(kind==3 || kind==4)
                    System.out.print("-->"+arcv.getAdjVex()+"<"+getVex(arcv.
                    getAdjVex())+">"+arcv.getValue());
                arcv=arcv.getNextArc();
            }
            System.out.println();
        }
    }
}
```

4.2.3 邻接矩阵与邻接表的对比

对于稀疏图,邻接表比邻接矩阵节省存储空间。

邻接表上很容易找到任意一个顶点的邻接点,但若要判定任意两个邻接点是否有边相连,则需遍历单向链表,不如邻接矩阵方便。

4.3 图的遍历

1. 图的遍历的定义

图的遍历(搜索)是指从图中的任一个顶点出发,对图中的所有顶点访问一次且只访问一次,分为深度优先搜索和广度优先搜索。

2. 深度优先搜索

深度优先搜索(depth first search,DFS)类似于树的先根遍历,是树的先根遍历的推广。它的思想是:假设初始状态是图中所有顶点未曾被访问,则深度优先搜索可从图中某个顶点 v 出发,访问此顶点,然后依次从 v 的未被访问的邻接点出发深度优先遍历图,直至图中所有和 v 有路径相通的顶点都被访问到;若此时图中尚有顶点未被访问,则另选图中一个未曾被访问的顶点作起始点,重复上述过程,直至图中所有顶点都被访问到为止。

显然,深度优先搜索是一个递归的过程。

【例 4-4】 如图 4-9 所示,图(a)进行深度优先遍历,从顶点 A 开始,访问顺序是:A→C→B→D→F→G→E,注意答案不唯一。

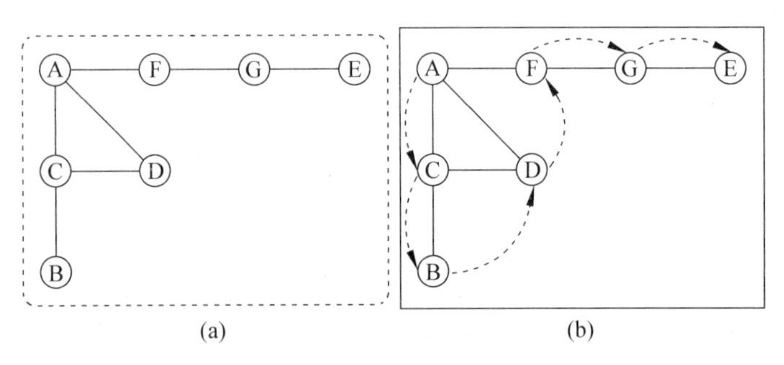

图 4-9 图的深度优先搜索

算法实现中要考虑的问题是:如何判别某个顶点 v 的邻接点是否被访问?

解决的办法是:为每个顶点设立一个"访问标志 visited[i]"。

注意:对于一个图,从某个顶点出发可得到多种搜索遍历结果,如果是在特定存储结构上,按照某种特定搜索算法只能有一种唯一的遍历结果。

【例 4-5】 已知一个图的邻接表存储结构如图 4-10 所示,若从顶点 v_1 出发,得到深度优先搜索法序列:v_1,v_2,v_3,v_5,v_6,v_4;广度优先搜索序列:v_1,v_2,v_3,v_4,v_5,v_6。

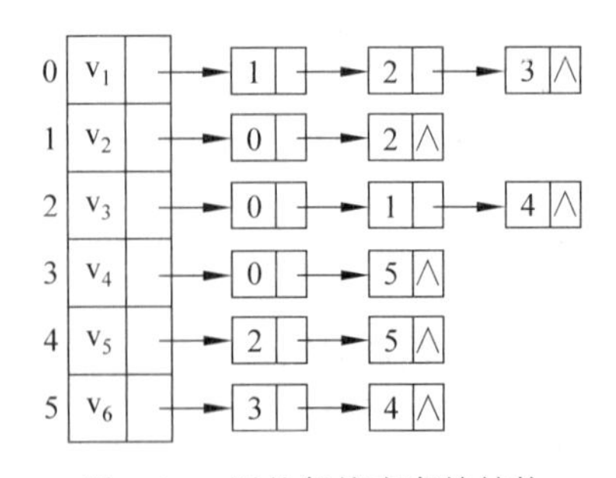

图 4-10 图的邻接表存储结构

图的深度优先搜索算法 DFSTraverse(G)处理步骤如下。

(1) 初始化 visited 数组。

(2) 从某个未被访问过顶点出发深度搜索所有未被访问的结点 DFS(G,v)。

(3) 如果图为非连通图,则从某个顶点出发并不能访问图中所有结点,而只能访问图中一个连通分量,此时需从图选择另一个未被访问过的结点,继续深度优先搜索。

从某个顶点出发的深度优先搜索算法 DFS(G)：深度优先搜索因为是搜索邻接点的邻接点，所以它可以看成一个递归的过程。

【Java 源代码】

```
private static boolean[] visited;              //定义标志数组
public static void DFSTraverse(IGraph G) throws Exception{
                  //标志数组初始化
        visited=new boolean[G.getVexNum()];
        for (int v=0; v<G.getVexNum(); v++)
            visited[v]=false;
        for (int v=0; v<G.getVexNum(); v++)
            if (!visited[v])                   //对尚未访问的顶点
                DFS(G, v);
}
private static void DFS(IGraph G, int v) throws Exception {
        //标记第 v 个顶点访问过
        visited[v]=true;
        System.out.print(G.getVex(v).toString()+" ");
        for (int w=G.firstAdjVex(v); w>=0;
                 w=G.nextAdjVex(v, w))
            if (!visited[w])                   //尚未访问的 v 的邻接顶点 w
                DFS(G, w);                     //递归调用
}
```

3. 广度优先搜索

广度优先搜索(breadth first search,BFS)又称为“宽度优先搜索”或“横向优先搜索”，类似于树的层次遍历过程。它的思想是：从图中某顶点 v 出发，在访问了 v 之后依次访问 v 的各个未曾访问过的邻接点，然后分别从这些邻接点出发依次访问它们的邻接点，并使先被访问的顶点的邻接点先于后被访问的顶点的邻接点被访问，直至图中所有已被访问的顶点的邻接点都被访问到。如果此时图中尚有顶点未被访问，则需要另选一个未曾被访问过的顶点作为新的起始点，重复上述过程，直至图中所有顶点都被访问到为止。

【例 4-6】 如图 4-11 所示，广度优先搜索序列是：A→C→D→F→B→G→E。

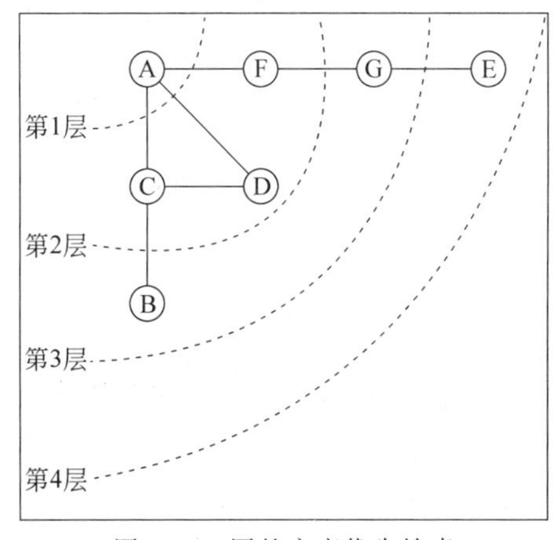

图 4-11　图的广度优先搜索

图的广度优先搜索实现需要考虑以下几个问题。

(1) 如何记录某结点已经被访问过。

(2) 如何体现广度优先的访问次序。

(3) 非连通图如何处理。

解决方案如下。

(1) 遍历过程实际上是寻找邻接点的过程。

(2) 使用队列操作体现结点访问的先后次序,每个结点一旦被访问就插入队列中;每次从队头取出结点,访问它所有未被访问过的邻接点。

(3) 使用 visited 数组,标记结点是否被访问过。

图的广度优先搜索算法 BFSTraverse(G)处理步骤如下。

① 初始化 visited 数组。

② 从某个未被访问过顶点出发广度搜索所有未被访问的结点 BFS(G,v)。

③ 如果图为非连通图,则从某个顶点出发并不能访问图中所有结点而只能访问图中一个连通分量,此时需从图选择另一个未被访问过的结点,继续广度搜索。

从某个顶点出发广度优先搜索算法 BFS(G,v)算法处理步骤如下。

① 结点被访问,相应 visited 数组中要做标记。

② 定义一个辅助队列,记录结点访问顺序。

③ 每个结点一旦被访问就插入队列中。

④ 当没有可以访问的邻接点时,从队头取出一个结点,访问它所有未被访问过的邻接点,重复上面的过程,直到队列为空。

【Java 源代码】

```
private static boolean[] visited;              //定义标志数组
private static void BFS(IGraph G, int v) throws Exception {
        visited[v]=true;
        System.out.print(G.getVex(v).toString()+" ");
        LinkQueue Q=new LinkQueue();           //辅助队列 Q
        Q.offer(v);                            //v 入队列
        while (!Q.isEmpty()) {
        int u=(Integer) Q.poll();              //队头元素出队列并赋值给 u
        for (int w=G.firstAdjVex(u); w>=0; w=G.nextAdjVex(u,w))
            if (!visited[w]) {                 //w 为 u 的尚未访问的邻接顶点
            visited[w]=true;
            System.out.print(G.getVex(w).toString()+" ");
            Q.offer(w);                        //w 入队
            }
        }
}
public static void BFSTraverse(IGraph G) throws Exception {
        //标志数组初始化
        visited=new boolean[G.getVexNum()];
        for (int v=0; v<G.getVexNum(); v++)
            visited[v]=false;
```

```
        for (int v=0; v<G.getVexNum(); v++)
            if (!visited[v])          //v 尚未访问
                BFS(G, v);
    }
```

4.4 图的应用

4.4.1 最小生成树

1. 定义

连通图的生成树(spanning tree)是图的极小连通子图,它包含图中的全部顶点是图的极大无回路子图,它的边集是关联图中的所有顶点而又没有形成回路的边。一个有 n 个顶点的连通图的生成树只能有 $n-1$ 条边,图的生成树不是唯一的。按照遍历算法的不同可分为深度优先生成树(BFS spanning tree)和广度优先生成树(DFS spanning tree)。

对于非连通图,每一个连通分量中的顶点集和遍历时经过的边一起构成若干棵生成树,这些生成树组成了该非连通图的生成森林。

在一个网的所有生成树中,权值总和最小的生成树称为最小代价生成树(minimum cost spanning tree)。在一给定的无向图 G=(V,E)中,(u,v)代表连接顶点 u 与顶点 v 的边,而 w(u,v)代表此边的权重,若存在 T 为 E 的子集且(V,T)为树,使

$$w(T)=\sum_{(u,v)\in T} w(u,v)$$

的 w(T)最小,则此 T 为 G 的最小生成树。

在实际应用中,假设要在 n 个城市之间建立通信联络网,则连通 n 个城市只需要修建 $n-1$ 条线路,如何在最节省经费的前提下建立这个通信网?该问题等价于:构造网的一棵最小生成树,即在 e 条带权的边中选取 $n-1$ 条边(不构成回路),使“权值之和”为最小。

构造最小生成树的准则如下。

(1) 只能使用该图中的边构造最小生成树。

(2) 当且仅当使用 $n-1$ 条边来连接图中的 n 个顶点。

(3) 不能使用产生回路的边。

求图的最小生成树的典型的算法:克鲁斯卡尔(Kruskal)算法和普里姆(Prim)算法,这两种算法考虑问题的出发点相同,即为使生成树上边的权值之和达到最小,则应使生成树中每一条边的权值尽可能地小。

2. Prim 算法

Prim 算法基本思想:取图中任意一个顶点 v 作为生成树的根,之后向生成树上添加新的顶点 w。在添加的顶点 w 和已经在生成树上的顶点 v 之间必定存在一条边,并且该边的权值在所有连通顶点 v 和 w 之间的边中取值最小。之后继续往生成树上添加顶点,直至生成树上含有 n 个顶点为止。

假设 G=(V,E)是连通的,TE 是 G 上最小生成树中边的集合。算法从 $U=\{u_0\}(u_0\in V)$、TE={}开始。重复执行下列操作:在所有 $u\in U, v\in V-U$ 的边 $(u,v)\in E$ 中找一条权

值最小的边(u_0,v_0)并入集合 TE 中,同时 v_0 并入 U,直到 V=U 为止。此时,TE 中必有 $n-1$ 条边,T=(V,TE)为 G 的最小生成树。

注意:

(1) 每次都选取权值最小的边,但不能构成回路,构成回路的边则舍弃。

(2) 遇到权值相等,又均不构成回路的边,随意选择哪一条,均不影响生成树结果。

(3) 选取 $n-1$ 条恰当的边以连通 n 个顶点。

此外,这里需要补充以下几个定义。

(1) 两个顶点之间的距离:将顶点邻接到的关联边的权值,记为$|u,v|$。

(2) 顶点到顶点集合之间的距离:顶点到顶点集合中所有顶点之间的距离中的最小值,记为$|u,V|=\min_{v\in V}|u,v|$。

(3) 两个顶点集合之间的距离:顶点集合到顶点集合中所有顶点之间的距离中的最小值,记为$|U,V|=\min_{u\in U}|u,V|$。

3. Kruskal 算法

Kruskal 算法的基本思想是:先构造一个只含 n 个顶点的子图 SG,然后从权值最小的边开始,若它的添加不使 SG 中产生回路,则在 SG 上加上这条边,如此重复,直至加上 $n-1$ 条边为止。设图 G=(V,E)是一个具有 n 个顶点的连通无向网,T=(V,TE)是图 G 的最小生成树,算法处理步骤如下。

(1) T 的初始状态为 T=(V,∅)。

(2) 将图 G 中的边按照权值从小到大的顺序排序。

(3) 依次选取每条边,若选取的边未使生成树 T 形成回路,则加入 TE 中;否则舍弃,直至 TE 中包含了 $n-1$ 条边为止。

【例 4-7】 分别采用 Prim 算法和 Kruskal 算法构造最小生成树,写出如图 4-12 所示的无向网 G 的最小生成树的过程。

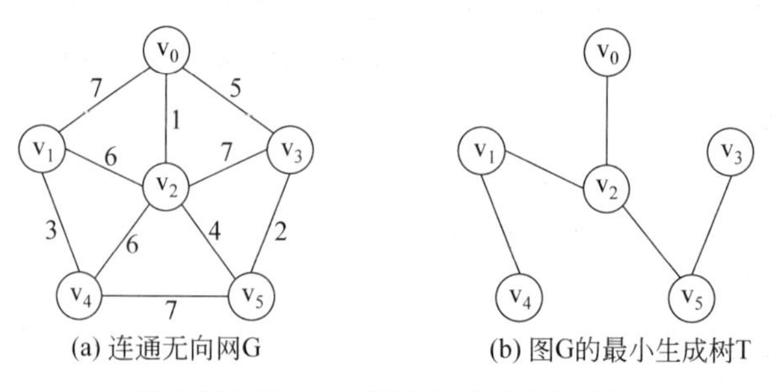

图 4-12 Kruskal 算法生成最小生成树

解答:

(1) 采用 Kruskal 算法得到最小生成树 T 的过程如下。

① T=(V,TE),TE=∅。

② 将边按权值由小到大排序,如图 4-13 所示。

③ 按权值由小到大依次取每一条边,如果构成回路就舍弃。

④ $n=6$,故依次取 5 条边:TE={(v_0,v_2),(v_3,v_5),(v_1,v_4),(v_2,v_5),(v_1,v_2)}。当取(v_0,v_3)时,构成了回路,故舍弃。

起点	v_0	v_3	v_1	v_2	v_0	v_1	v_2	v_0	v_3	v_4
终点	v_2	v_5	v_4	v_5	v_3	v_2	v_4	v_1	v_2	v_5
权值	1	2	3	4	5	6	6	7	7	7

TE ⇨

边数	1	2	3	4	5=n-1
	v_0	v_3	v_1	v_2	v_1
	v_2	v_5	v_4	v_5	v_2
	1	2	3	4	6

图 4-13　将边按权值由小到大排序

(2) 采用 Prim 算法得到最小生成树 T 的过程如下。

从顶点 v_0 开始,辅助数组如图 4-14 所示。

序号	closedge	i						
		v_1	v_2	v_3	v_4	v_5	u	v－u
1	adjvex lowcost	v_0 7	v_0 1	v_0 5			$\{v_0\}$	$\{v_1, v_2, v_3, v_4, v_5\}$
2	adjvex lowcost	v_2 6	0	v_0 5	v_2 6	v_2 4	$\{v_0, v_2\}$	$\{v_1, v_3, v_4, v_5\}$
3	adjvex lowcost	v_2 6	0	v_5 2	v_2 6	0	$\{v_0, v_2, v_5\}$	$\{v_1, v_3, v_4\}$
4	adjvex lowcost	v_2 6	0	0	v_2 6	0	$\{v_0, v_2, v_3, v_5\}$	$\{v_1, v_4\}$
5	adjvex lowcost	0	0	0	v_1 3	0	$\{v_0, v_1, v_2, v_3, v_5\}$	$\{v_4\}$
6	adjvex lowcost	0	0	0	0	0	$\{v_0, v_1, v_2, v_3, v_4, v_5\}$	∅

图 4-14　辅助数组

① 初始 $u=\{v_0\}$,找出 v_0 到其余顶点最短边为(v_0, v_2),故将 v_2 加入 $u=\{v_0, v_2\}$,$TE=\{(v_0, v_2)\}$。

② 找出 u 到其余顶点的最短边(v_2, v_5),故 $u=\{v_0, v_2, v_5\}$,$TE=\{(v_0, v_2), (v_2, v_5)\}$。

③ 找出 u 到其余顶点的最短边(v_3, v_5),故 $u=\{v_0, v_2, v_5, v_3\}$,$TE=\{(v_0, v_2), (v_2, v_5), (v_3, v_5)\}$。

④ (v_2, v_4)与(v_1, v_2)权值相等,这里任取边(v_2, v_4),故 $u=\{v_0, v_2, v_5, v_3, v_4\}$,$TE=\{(v_0, v_2), (v_2, v_5), (v_3, v_5), (v_2, v_4)\}$。

⑤ 最后取(v_1, v_4),故 $u=\{v_0, v_2, v_5, v_3, v_4, v_1\}$,$TE=\{(v_0, v_2), (v_2, v_5), (v_3, v_5), (v_2, v_4), (v_1, v_4)\}$;此时 u 里已包括所有顶点,算法结束。

4. Prim 算法与 Kruskal 算法比较

Prim 算法与 Kruskal 算法比较如下。

(1) 主要思想。两种算法都是选短边,但选法不同:Kruskal 算法从全图中选短边,Prim 算法从待选边表中选短边。

(2) 直观性。Kruskal 采用子树合并法(直观),Prim 算法采用子树延伸法。

(3) 实现的难易程度。Kruskal 算法需要判断回路(实现困难些),Prim 算法不需要判断回路。

(4) 时间复杂度和适用性。Prim 算法最小生成树不是唯一的,因为同一时间可能有多种选择。算法的时间复杂度为 $O(n^2)$,即普里姆算法的执行时间主要取决于图的顶点数,与边数无关。该算法适用于针对稠密图的操作。

Kruskal 算法中不是每一条权值最小的边都必然可选,有可能构成回路,最小生成树不是唯一的,因为同一时间可能有多种选择。算法的时间复杂度为 O(eloge),即克鲁斯卡尔算法的执行时间主要取决于图的边数。该算法适用于针对稀疏图的操作。

4.4.2 拓扑排序

1. 定义

一个无环的有向图称作有向无环图(directed acycline graph,DAG),在工程计划和管理中应用广泛。

拓扑排序(topological order)是指将一个有向无环图进行排序,进而得到一个有序的线性序列。

通常用一个有向图中的顶点表示活动,边表示活动间先后关系,这样的有向图称作顶点活动网(activity on vertex network,AOV)。

在 AOV 网中不允许出现环,这说明该工程的施工设计图存在问题。若 AOV 网表示的是数据流图,则出现环表明存在死循环。判断有向网中是否存在有向环的一个方法:针对 AOV 网进行"拓扑排序"。

2. 算法的基本步骤

设需要进行拓扑排序的图为 G,已经完成拓扑排序的顶点构成序列 q。

(1) 开始时,置图 G1=G,q 为空序列。

(2) 如果图 G1 是空图,则拓扑排序完成,算法结束,得到的序列 q 就是图 G 的一个拓扑排序。

(3) 在图 G1 中找到一个没有入边(即入度为 0)的顶点 v,将 v 放到序列 q 的最后(这样的顶点 v 必定存在,否则图 G1 必定有环;因为图 G 有环,故不是 DAG)。

(4) 从图 G1 中删去顶点 v 以及所有与顶点 v 相连的边 e(通过将与 v 邻接的所有顶点的入度减 1 来实现),得到新的图 G1,转到第(2)步。

拓扑排序序列不唯一。

【例 4-8】 对图 4-15 进行拓扑排序,给出拓扑排序序列。

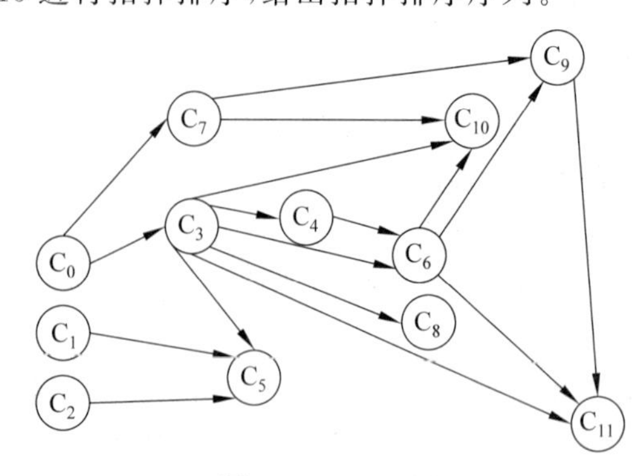

图 4-15 AOE 网

在图 4-15 中 C_3 不能在 C_0 之前，C_5 不能在 C_1、C_2、C_3 之前，C_{10} 不能在 C_3、C_6、C_7 之前。对图 4-15 的 AOV 网可以得到多个拓扑有序序列，例如：

(1) C_0、C_1、C_2、C_3、C_4、C_5、C_6、C_7、C_8、C_9、C_{10}、C_{11}。

(2) C_0、C_1、C_2、C_7、C_3、C_5、C_4、C_6、C_9、C_8、C_{11}、C_{10}。

4.4.3 最短路径

1. 定义

求顶点之间最短路径问题在现实生活中比较常见。例如，从现有交通图上，找出南京到全国各大城市的最佳旅行路线；GPS 导航系统供客户查询当地到其他各地的最佳路线。

求最短路径问题比较复杂，分为以下两种情况。

(1) 单源最短路径问题：如果从图中某一顶点(源点)到达另一顶点(终点)的路径可能不止一条，如何找到一条路径使沿此路径上各边的权值总和(称为路径长度)最小。通常采用 Dijkstra 算法求解。

(2) 每一对顶点之间的最短路径，通常采用 Floyed 算法求解。

2. Dijkstra 算法

如图 4-16 所示，从源点 v_0 到终点 v_5 存在以下多条路径。

路径 1：(v_0,v_5)的路径长度为 100。

路径 2：(v_0,v_4,v_5)的路径长度为 90。

路径 3：(v_0,v_4,v_3,v_5)的路径长度为 60。

路径 4：(v_0,v_2,v_3,v_5)的路径长度为 70。

其中，(v_0,v_4,v_3,v_5)的路径长度最短，即为从源点 v_0 到终点 v_5 的最短路径。

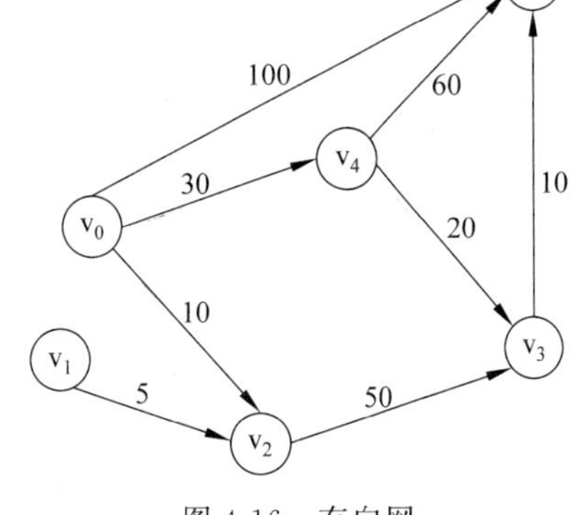

图 4-16 有向网

从源点 v_0 到各终点的最短路径如下。

(1) v_0 到终点 v_1 不存在路径。

(2) v_0 到 v_2 最短路径(v_0,v_2)长度为 10。

(3) v_0 到 v_3 的最短路径(v_0,v_4,v_3)长度为 50。

(4) v_0 到 v_4 的最短路径(v_0,v_4)长度为 30。

(5) v_0 到 v_5 的最短路径(v_0,v_4,v_3,v_5)长度为 60。

Dijkstra 算法是由荷兰计算机科学家狄克斯特拉于 1959 年提出的，算法思想是按路径长度递增的次序一步一步并入来求取，是贪心算法的一个应用，用来解决单源点到其余顶点的最短路径问题。

算法要解决的关键问题是如何实现“按最短路径长度递增的次序”。

解决方法如下。

(1) 每次选出当前的一条最短路径。

(2) 算法中需要引入一个辅助向量 D，它的每个分量 D[i]存放当前所找到的从源点到各个终点 v_i 的最短路径的长度。

算法步骤如下。

(1) 初始若从源点 v 到各个终点有弧，则存在一条路径，路径长度即为该弧上的权值，保存于 D 中。

(2) 求得一条到达某个终点的最短路径，即当前路径中的最小值，该顶点记为 w。

(3) 检查是否存在经过顶点 w 的其他路径，若存在，判断其长度是否比当前求得的路径长度短，若是，则修改 D 中当前最短路径。

(4) 重复上面的步骤(2)、步骤(3)。

进一步算法描述如下。

(1) 令 S={v}，其中 v 为源点，S 表示已经找到最短路径的顶点集合。

(2) 设定 D[i]的初始值为

$$D[i]=|v,v_i|$$

(3) 选择顶点 v_j 使

$$D[j]=\min_{v_i\in V-S}\{D[i]\}$$

并将顶点并入集合 S 中。

(4) 对集合 V-S 中所有顶点 v_k，若 $D[j]+|v_j,v_k|<D[k]$，则修改 D[k]的值为

$$D[k]=D[j]+|v_j,v_k|$$

(5) 重复操作步骤(3)和步骤(4)共 $n-1$ 次，由此求得从源点到所有其他顶点的最短路径是依路径长度递增的序列。

【例 4-9】 图 4-16 中，采用 Dijkstra 算法求顶点 v_0 到其余各顶点的最短路径。

求解过程如图 4-17 所示。

终点	辅助数组 D				
	1	2	3	4	5
v_1	∞	∞	∞	∞	∞无
v_2	10 (v_0,v_2)				
v_3	∞	60 (v_0,v_2,v_3)	50 (v_0,v_4,v_3)		
v_4	30 (v_0,v_4)	30 (v_0,v_4)			
v_5	100 (v_0,v_5)	100 (v_0,v_5)	90 (v_0,v_4,v_5)	60 (v_0,v_4,v_3,v_5)	
v_j	v_2	v_4	v_3	v_5	
S	{v_0,v_2}	{v_0,v_2,v_4}	{v_0,v_2,v_3,v_4}	{v_0,v_2,v_3,v_4,v_5}	

图 4-17 Dijkstra 算法求最短路径过程

(1) S={v_0}，v_0 到 v_1 不存在路径，故 D[1]=∞；v_0 到 v_2 存在路径(v_0,v_2)，故 D[2]=|v_0,v_2|=10；v_0 到 v_3 不存在路径，故 D[3]=∞；v_0 到 v_4 存在路径(v_0,v_4)，故D[4]=30；v_0 到 v_5 存在路径(v_0,v_5)，故 D[5]=100；从 D 中找最小值 10，即 v_0 到 v_2 最短路径为 10，将 v_2 加入 S。

(2) S={v_0,v_2}，$j=2$，v_2 到 v_1 不存在路径，故 D[1]=∞不变；对于 v_3，D[2]+|v_2,v_3|=

10+50=60<∞,故修改 D[3]=60;v_0 到 v_4 存在路径(v_0,v_4),v_2 到 v_1 不存在路径,故 D[4]=30 不变;v_0 到 v_5 存在路径(v_0,v_5),v_2 到 v_5 不存在路径,故 D[5]=100 不变;从 D 中找最小值 30,即 v_0 到 v_4 最短路径为 30,将 v_4 加入 S。

(3) S={v_0,v_2,v_4},j=4,v_4 到 v_1 不存在路径,故 D[1]=∞不变;对于 v_3,D[4]+|v_4,v_3|=30+20=50<60,故修改 D[3]=50;对于 v_5,D[4]+|v_4,v_5|=30+60=90<100,故修改 D[5]=90;从 D 中找最小值 50,即 v_0 到 v_3 最短路径为 30,将 v_3 加入 S。

(4) S={v_0,v_2,v_4,v_3},j=3,v_3 到 v_1 不存在路径,故 D[1]=∞不变;对于 v_5,D[3]+|v_3,v_5|=50+10=60<90,故修改 D[5]=60;从 D 中找最小值 60,即 v_0 到 v_5 最短路径为 60,将 v_5 加入 S。

(5) S={v_0,v_2,v_4,v_3,v_5},j=5,v_5 到 v_1 不存在路径,故 D[1]=∞不变;至此,说明 v_0 到 v_1 不存在路径,算法结束。

3. Floyd 算法

Floyd 算法(Floyd-Warshall algorithm)又称为弗洛伊德算法、插点法,是解决给定的加权图中顶点间的最短路径的一种算法,可以正确处理有向网的最短路径问题,同时也被用于计算有向图的传递闭包。

Floyd 算法的基本思想:从任意结点 A 到任意结点 B 的最短路径不外乎两种可能,一种是直接从 A 到 B,另一种是从 A 经过若干个结点 X 到 B。所以,假设 Dis(AB)为结点 A 到结点 B 的最短路径的距离,对于每一个结点 X,检查 Dis(AX)+Dis(XB)<Dis(AB)是否成立,如果成立,证明从 A 到 X 再到 B 的路径比 A 直接到 B 的路径短,此时便设置 Dis(AB)=Dis(AX)+Dis(XB)。这样一来,当遍历完所有结点 X,Dis(AB)中记录的便是 A 到 B 的最短路径的距离。

【例 4-10】 对图 4-18 采用 Floyed 算法求各顶点之间的最短路径。

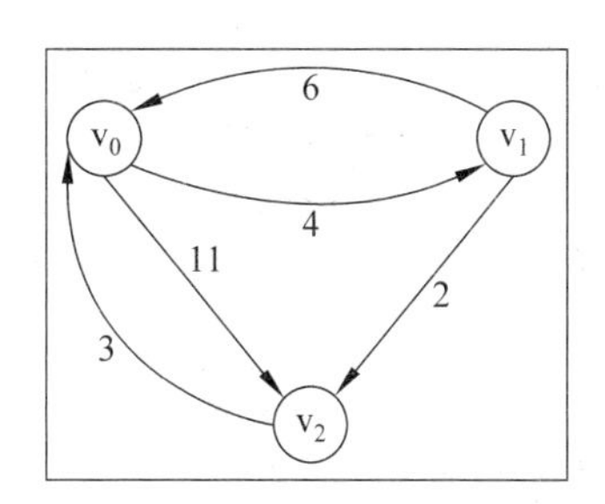

图 4-18 Floyed 算法求最短路径

求解过程如图 4-19 所示,求得一个 n 阶方阵序列:D(-1),D(0),D(1),…,D(k),…,D(n-1)。

$D^{(-1)}[i][j]$表示从顶点 v_i 出发,不经过其他顶点直接到达顶点 v_j 的路径长度。

$D^{(k)}[i][j]$表示从 v_i 到 v_j 的中间只可能经过 v_0,v_1,…,v_k,而不可能经过 v_{k+1},v_{k+2},…,v_{n-1} 等顶点的最短路径长度。

$D^{(n-1)}[i][j]$就是从顶点 v_i 到顶点 v_j 的最短路径的长度。

P 表示对应的路径。

D	$D^{(-1)}$ 直接路径			$D^{(0)}$ 经过 v_0 的最短路径			$D^{(1)}$ 经过 v_1 的最短路径			$D^{(2)}$ 经过 v_2 的最短路径		
	v_0	v_1	v_2	v_0	v_1	v_2	v_0	v_1	v_2	v_0	v_1	v_2
v_0	0	4	11	0	4	11	0	4	6	0	4	6
v_1	6	0	2	6	0	2	6	0	2	5	0	2
v_2	3	∞	0	3	7	0	3	7	0	3	7	0

P	$P^{(-1)}$			$P^{(0)}$			$P^{(1)}$			$P^{(2)}$		
	v_0	v_1	v_2	v_0	v_1	v_2	v_0	v_1	v_2	v_0	v_1	v_2
v_0		$v_0 v_1$	$v_0 v_2$		$v_0 v_1$	$v_0 v_2$		$v_0 v_1$	$v_0 v_1 v_2$		$v_0 v_1$	$v_0 v_1 v_2$
v_1	$v_1 v_0$		$v_1 v_2$	$v_1 v_0$		$v_1 v_2$	$v_1 v_0$		$v_1 v_2$	$v_1 v_2 v_0$		$v_1 v_2$
v_2	$v_2 v_0$			$v_2 v_0$	$v_2 v_0 v_1$		$v_2 v_0$	$v_2 v_0 v_1$		$v_2 v_0$	$v_2 v_0 v_1$	

图 4-19　Floyed 算法求最短路径过程

4.4.4　关键路径

关键路径通常应用于解决工程问题。对整个工程来说，关心的两个问题：工程能否顺利进行和完成整个工程所必需的最短时间。

对于第一个问题，可采用前面介绍的拓扑排序解决，即能够得到拓扑排序序列，则表明工程能顺利进行，否则不能顺利进行。对于第二问题可通过求关键路径的长度求解。

1. AOE 网

在图 4-20 中，弧表示活动，弧上的数字表示完成该项活动所需的时间，顶点表示事件，v_0 为源点，v_8 为汇点。

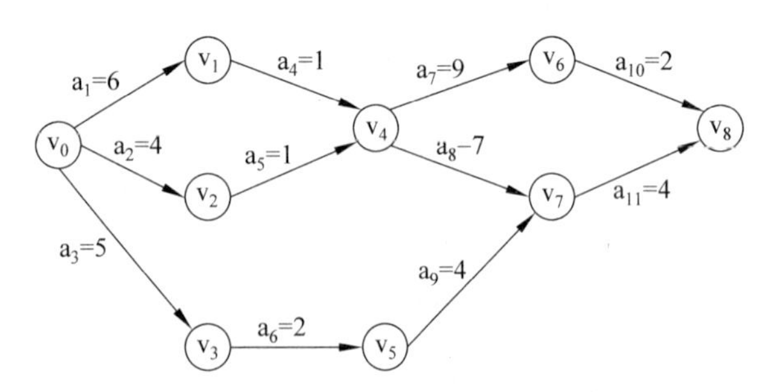

图 4-20　Floyed 算法求最短路径过程

若以弧表示活动，弧上的权值表示进行该项活动所需的时间，以顶点表示事件(event)，称这种有向网为边活动网络，简称为 AOE(activity on edge)网。AOE 网中没有入边的顶点称为始点(或源点)，没有出边的顶点称为终点(或汇点)。

AOE 网的性质如下。

(1) 只有在某顶点所代表的事件发生后，从该顶点出发的各活动才能开始。

(2) 只有在进入某顶点的各活动都结束，该顶点所代表的事件才能发生。

2. 关键路径

在 AOE 网中，从始点到终点具有最大路径长度（该路径上的各个活动所持续的时间之和）的路径称为关键路径。关键路径上的活动称为关键活动。

由于 AOE 网中的某些活动能够同时进行，故完成整个工程所必须花费的时间应该为始点到终点的最长路径长度，关键路径长度是整个工程所需的最短工期。

3. 与关键活动有关的量

1）事件的最早发生时间 ve[k]

ve[k]是指从始点开始到顶点 v_k 的最大路径长度。这个长度决定了所有从顶点 v_k 发出的活动能够开工的最早时间，如图 4-21 所示。

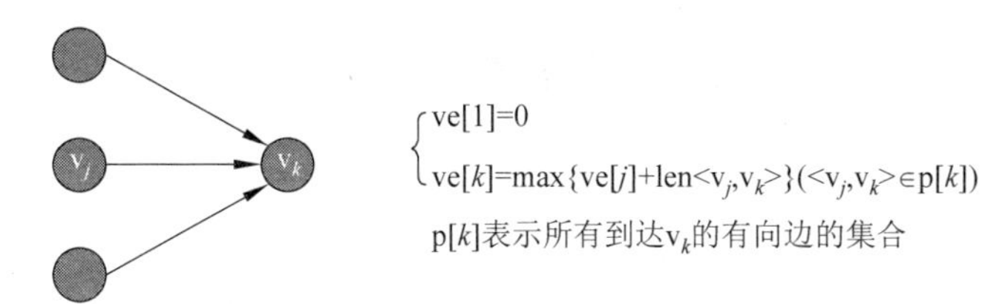

图 4-21　事件的最早发生时间

2）事件的最迟发生时间 vl[k]

vl[k]是指在不推迟整个工期的前提下，事件 v_k 允许的最晚发生时间，如图 4-22 所示。

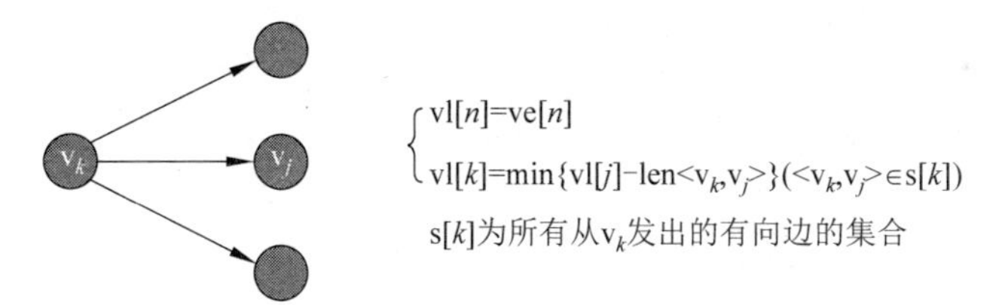

图 4-22　事件的最迟发生时间

3）活动的最早开始时间 e[i]

若活动 a_i 是由弧<v_k，v_j>表示，则活动 a_i 的最早开始时间应等于事件 v_k 的最早发生时间。因此，有 e[i]＝ve[k]。

4）活动的最晚开始时间 l[i]

活动 a_i 的最晚开始时间是指在不推迟整个工期的前提下，a_i 必须开始的最晚时间。若 a_i 由弧<v_k，v_j>表示，则 a_i 的最晚开始时间要保证事件 v_j 的最迟发生时间不拖后。因此，有 l[i]＝vl[j]－len<v_k，v_j>。

对于 a_i，满足 e[i]＝l[i]，则它是关键活动。

【例 4-11】 图 4-23 所示为某工程的 AOE 网，求关键路径。

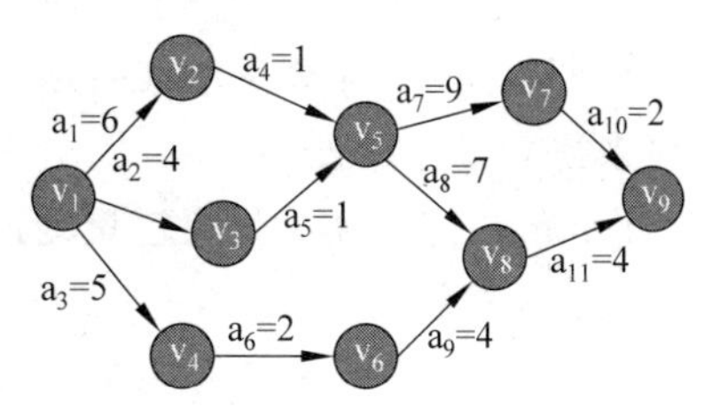

图 4-23　某工程的 AOE 网

求关键路径的工程如图 4-24 所示。

其中，e[1]＝l[1]、e[4]＝l[4]、e[7]＝l[7]、e[8]＝l[8]、e[10]＝l[10]、e[11]＝l[11]，则关键活动包括 a_1、a_4、a_7、a_8、a_{10}、a_{11}，故关键路径有两条：(v_1，v_2，v_5，

v_7，v_9）和（v_1，v_2，v_5，v_8，v_9）。

		v_1	v_2	v_3	v_4	v_5	v_6	v_7	v_8	v_9
$ve[k]=\max\{ve[j]+len<v_j,v_k>\}$	ve[k]	0	6	4	5	7	7	16	14	18
$vl[k]=\min\{vl[j]-len<v_k,v_j>\}$	vl[k]	0	6	6	8	7	10	16	14	18

		a_1	a_2	a_3	a_4	a_5	a_6	a_7	a_8	a_9	a_{10}	a_{11}
$e[i]=ve[k]$	e[i]	0	0	0	6	4	5	7	7	7	16	14

		a_1	a_2	a_3	a_4	a_5	a_6	a_7	a_8	a_9	a_{10}	a_{11}
$l[i]=vl[j]-len<v_k,v_j>$	l[i]	0	2	3	6	6	8	7	7	10	16	14

图 4-24 求关键路径过程

4.5 基础知识检测

一、填空题

1. 图有________、________等存储结构，遍历图有________、________等方法。

2. 有向图 G 用邻接表矩阵存储，其第 i 行的所有元素之和等于顶点 v_i 的________。

3. 如果 n 个顶点的图是一个环，则它有________棵生成树。（以任意一顶点为起点，得到 $n-1$ 条边）

4. n 个顶点、e 条边的图，若采用邻接矩阵存储，则空间复杂度为________。

5. n 个顶点、e 条边的图，若采用邻接表存储，则空间复杂度为________。

6. 设有一稀疏图 G，则 G 采用________存储较省空间。

7. 设有一稠密图 G，则 G 采用________存储较省空间。

8. 图的逆邻接表存储结构只适用于________图。

9. 已知一个图的邻接矩阵表示，删除所有从第 i 个顶点出发的方法是________。

10. 图的深度优先遍历序列________唯一的。

11. n 个顶点、e 条边的图采用邻接矩阵存储，深度优先遍历算法的时间复杂度为________；若采用邻接表存储时，该算法的时间复杂度为________。

12. n 个顶点、e 条边的图采用邻接矩阵存储，广度优先遍历算法的时间复杂度为________；若采用邻接表存储，该算法的时间复杂度为________。

13. 图的 BFS 生成树的树高比 DFS 生成树的树高________。

14. 用 Prim 算法求具有 n 个顶点、e 条边的图的最小生成树的时间复杂度为________；用 Kruskal 算法的时间复杂度是________。

15. 若要求一个稀疏图 G 的最小生成树，最好用________算法来求解。

16. 若要求一个稠密图 G 的最小生成树，最好用________算法来求解。

17. 用 Dijkstra 算法求某一顶点到其余各顶点间的最短路径是按路径长度________的次序来得到最短路径的。

18. 拓扑排序算法是通过重复选择具有________个前驱顶点的过程来完成的。

二、选择题

1. 在一个图中，所有顶点的度数之和等于图的边数的(　　)倍。

A. 1/2　　　B. 1　　　C. 2　　　D. 4

2. 在一个有向图中，所有顶点的入度之和等于所有顶点的出度之和的(　　)倍。

A. 1/2　　B. 1　　C. 2　　D. 4

3. 有 8 个结点的无向图最多有(　　)条边。

A. 14　　B. 28　　C. 56　　D. 112

4. 有 8 个结点的无向连通图最少有(　　)条边。

A. 5　　B. 6　　C. 7　　D. 8

5. 有 8 个结点的有向完全图有(　　) 条边。

A. 14　　B. 28　　C. 56　　D. 112

6. 用邻接表表示图进行广度优先遍历时，通常是采用(　　)来实现算法的。

A. 栈　　B. 队列　　C. 树　　D. 图

7. 用邻接表表示图进行深度优先遍历时，通常是采用(　　)来实现算法的。

A. 栈　　B. 队列　　C. 树　　D. 图

8. 已知图的邻接矩阵，则从顶点 0 出发按深度优先遍历的结点序列是(　　)。

$$\begin{bmatrix} 0 & 1 & 1 & 1 & 1 & 0 & 1 \\ 1 & 0 & 0 & 1 & 0 & 0 & 1 \\ 1 & 0 & 0 & 0 & 1 & 0 & 0 \\ 1 & 1 & 0 & 0 & 1 & 1 & 0 \\ 1 & 0 & 1 & 1 & 0 & 1 & 0 \\ 0 & 0 & 0 & 1 & 1 & 0 & 1 \\ 1 & 1 & 0 & 0 & 0 & 1 & 0 \end{bmatrix}$$

A. 0　2　4　3　1　5　6　　B. 0　1　3　6　5　4　2

C. 0　1　3　4　2　5　6　　D. 0　3　6　1　5　4　2

9. 已知图的邻接矩阵同题 8，则从顶点 0 出发，按深度优先遍历的结点序列是(　　)。

A. 0　2　4　3　1　5　6　　B. 0　1　3　5　6　4　2

C. 0　4　2　3　1　6　5　　D. 0　1　2　3　4　6　5

10. 已知图的邻接表如下所示，则从顶点 0 出发按深度优先遍历的结点序列是(　　)。

顶点			
V_0	1	2	3 /
V_1	0	2 /	
V_2	0	1	3 /
V_3	0	2 /	

A. 0　1　3　2　　B. 0　2　3　1　　C. 0　3　2　1　　D. 0　1　2　3

11. 已知图的邻接表如下所示，则从顶点 0 出发按深度优先遍历的结点序列是(　　)。

顶点			
V_0	3	2	1 /
V_1	2	0 /	
V_2	3	1	0 /
V_3	2	0 /	

A. 0　3　2　1　　B. 0　1　2　3　　C. 0　1　3　2　　D. 0　3　1　2

12. 深度优先遍历类似于二叉树的(　　)。
　A. 先序遍历　　B. 中序遍历　　C. 后序遍历　　D. 层次遍历
13. 广度优先遍历类似于二叉树的(　　)。
　A. 先序遍历　　B. 中序遍历　　C. 后序遍历　　D. 层次遍历
14. 任何一个无向连通图的最小生成树(　　)。
　A. 只有一棵　　B. 一棵或多棵　　C. 一定有多棵　　D. 可能不存在

4.6 上机实验

【实验目的】

- 熟悉图的基本概念。
- 掌握图的两种存储方法：邻接矩阵和邻接表。
- 掌握图的两种遍历方法：深度优先搜索和广度优先搜索。
- 掌握图的几种应用：最小生成树、拓扑排序、最短路径。

4.6.1 实验 1：图的存储

【实验要求】

(1) 图的邻接矩阵存储及输出。

(2) 图的邻接表存储及输出。

【运行结果参考】

运行结果参考图 4-25 和图 4-26。

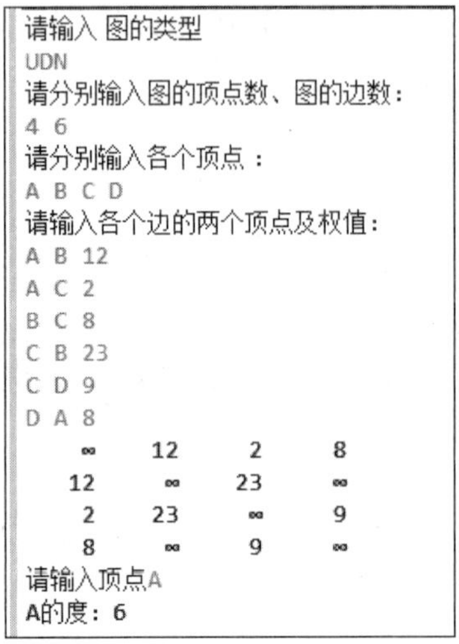

```
请输入 图的类型
UDN
请分别输入图的顶点数、图的边数：
4 6
请分别输入各个顶点：
A B C D
请输入各个边的两个顶点及权值：
A B 12
A C 2
B C 8
C B 23
C D 9
D A 8
     ∞     12     2     8
    12     ∞     23     ∞
     2     23     ∞     9
     8     ∞     9     ∞
请输入顶点A
A的度：6
```

图 4-25　邻接矩阵存储运行结果

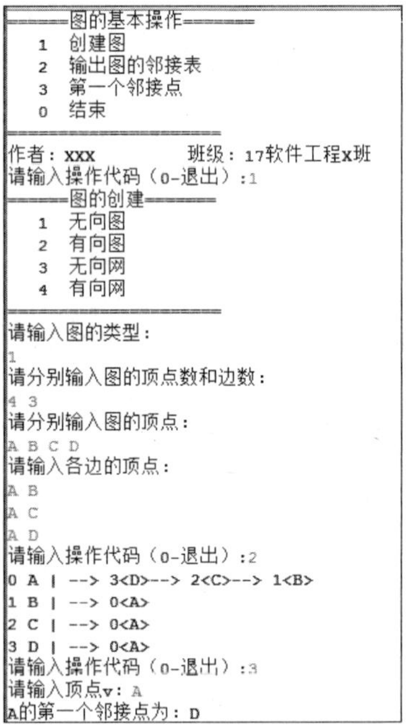

```
======图的基本操作======
    1  创建图
    2  输出图的邻接表
    3  第一个邻接点
    0  结束
========================
作者：xxx          班级：17软件工程x班
请输入操作代码（0-退出）：1
======图的创建======
    1  无向图
    2  有向图
    3  无向网
    4  有向网
========================
请输入图的类型：
1
请分别输入图的顶点数和边数：
4 3
请分别输入图的顶点：
A B C D
请输入各边的顶点：
A B
A C
A D
请输入操作代码（0-退出）：2
0 A | --> 3<D>--> 2<C>--> 1<B>
1 B | --> 0<A>
2 C | --> 0<A>
3 D | --> 0<A>
请输入操作代码（0-退出）：3
请输入顶点v：A
A的第一个邻接点为：D
```

图 4-26　邻接表 Java 运行结果

1. 邻接矩阵存储与输出

【Java 源代码】

(1) 在 MGgraph 类中添加以下方法。

```
//求顶点的度
public int getDegree(Object vex){
    int i=locateVex(vex);
    int count=0;
    if(kind==GraphKind.UDG || kind==GraphKind.DG){
        for(int j=0;j<vexNum;j++){
          if(arcs[i][j]!=0) count++;
        }
    }
    if(kind==GraphKind.UDN || kind==GraphKind.DN){
        for(int j=0;j<vexNum;j++){
            if(arcs[i][j]!=INFINITY) count++;
            if(arcs[j][i]!=INFINITY) count++;
        }
    }
    return count;
}
```

(2) 测试类。

```
import java.util.Scanner;
public class DebugMGraph {
    public static void main(String[] args) {
        Scanner sc=new Scanner(System.in);
        MGraph mGraph=new MGraph();
        mGraph.createGraph();
        mGraph.print();
        System.out.print("请输入顶点");
        Object vex=sc.next();
        System.out.println(vex.toString()+"的度："+mGraph.getDegree(vex));
        sc.close();
    }
}
```

2. 邻接表存储和输出

【Java 源代码】

测试类：

```
import java.util.Scanner;
public class DebugALGraph {
    public static void menu(){
        System.out.println("======图的基本操作=======");
        System.out.println("   1  创建图");
        System.out.println("   2  输出图的邻接表");
```

```
        System.out.println("   3  第一个邻接点");
        System.out.println("   0  结束");
        System.out.println("=====================");
        System.out.println("作者：×××          班级：17 软件工程×班");
    }
    public static void main(String[] args) throws Exception {
        Scanner sc=new Scanner(System.in);
        menu();
        int op;
        ALGraph mGraph=new ALGraph();
        do {
            System.out.print("请输入操作代码(0-退出):");
            op=sc.nextInt();
            switch (op) {
            case 1:
                mGraph.createGraph();
                break;
            case 2:
                if(mGraph==null)
                System.out.println("图未创建");
                else
                    mGraph.print();
                break;
            case 3:
                System.out.print("请输入顶点 v: ");
                Object v=sc.next();
                int w=mGraph.firstAdjVex(mGraph.locateVex(v));
                System.out.println(v.toString()+"的第一个邻接点为: "+mGraph.
                getVex(w));
                break;
            default:
                System.out.print("输入操作代码有误,请重新选择!");
            }
        } while (op !=0);
        sc.close();
    }
}
```

4.6.2 实验 2：图的遍历

【实验要求】

分别用广度优先遍历和深度优先遍历实现对图的邻接矩阵的遍历。

【运行结果参考】

运行结果参考图 4-27。

```
请输入 图的类型
UDG
请分别输入图的顶点数、图的边数:
6 7
请分别输入各个顶点 :
V1 V2 V3 V4 V5 V6
请输入各个边的两个顶点:
V1 V2
V1 V3
V1 V4
V2 V3
V3 V5
V5 V6
V4 V6
深度优先搜索序列: V1 V2 V3 V5 V6 V4
广度优先搜索序列: V1 V2 V3 V4 V5 V6
```

图 4-27 图的遍历运行结果

【Java 源代码】

```
import java.util.Scanner;
public class DebugMGraph {
    private static boolean[] visited;        //定义标志数组
    public static void DFSTraverse(IGraph G) throws Exception    {
            ...
    }
    public static void DFS(IGraph G, int v) throws Exception {
        ...
    }
    private static void BFS(IGraph G, int v) throws Exception {
        ...
    }
    public static void BFSTraverse(IGraph G) throws Exception {
        ...
    }
    public static void main(String[] args) throws Exception {
        Scanner sc=new Scanner(System.in);
        IGraph mGraph=new MGraph();
        mGraph.createGraph();
        mGraph.print();
        System.out.print("请输入顶点");
        Object vex=sc.next();
        System.out.println(vex.toString()+"的度: "+mGraph.getDegree(vex));
        sc.close();
        System.out.print("深度优先搜索序列: ");
        DFSTraverse(mGraph);
        System.out.print("\n广度优先搜索序列: ");
        BFSTraverse(mGraph);
    }
}
```

注意：此算法用到 2.5.5 小节的链式队列。

4.6.3 实验 3：图的应用

【实验要求】

(1) 画出图 4-28 所示的最小生成树，分别用 Kruskal 和 Prim 算法。

(2) 用 Dijkstra 算法分析图 4-29 中从源点 1 到目标点 5 的最短路径及长度。

(3) 写出图 4-30 所示的拓扑序列。

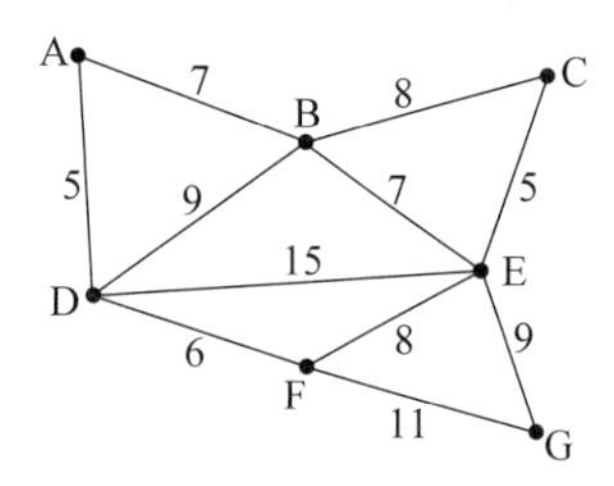

图 4-28 求无向网最小生成树

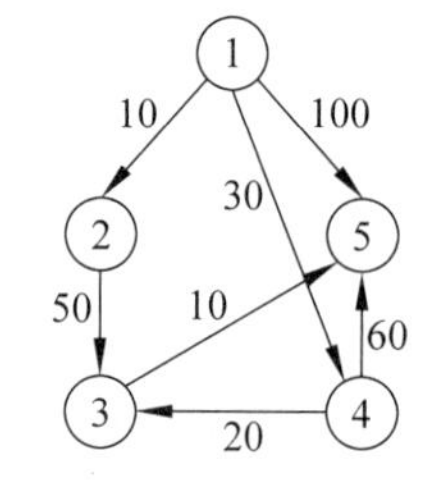

图 4-29 求最短路径及长度

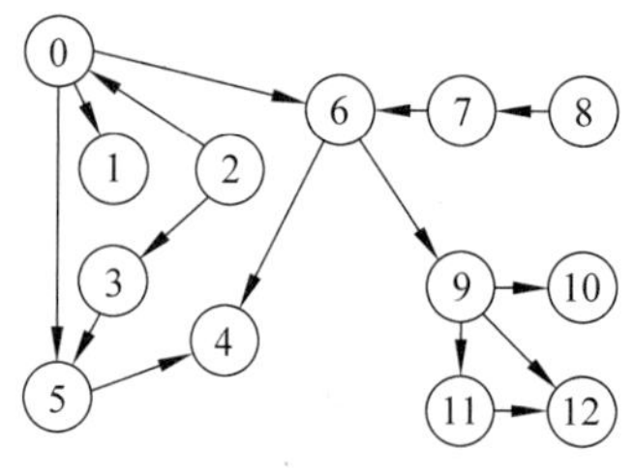

图 4-30 求拓扑排序序列

4.6.4 实验拓展

(1) 给出 Prim 算法和 Kruskal 算法的实现代码。

(2) 编写程序，对图 4-31 的有向无环图进行拓扑排序，并输出拓扑排序序列。

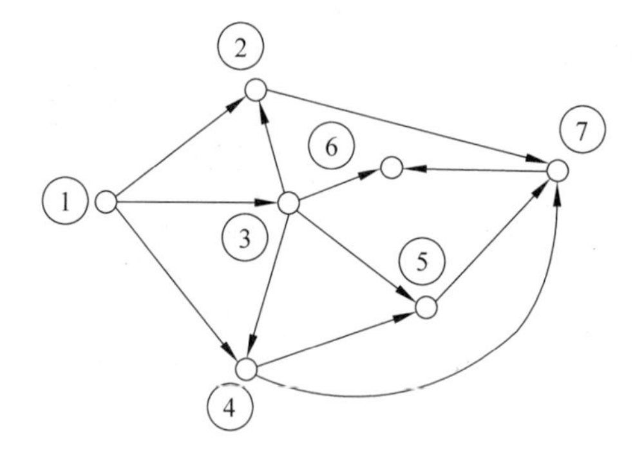

图 4-31 有向无环图

第 4 章主要算法的 C++ 代码

第 5 章

排序算法

【知识结构图】

第 5 章知识结构参见图 5-1。

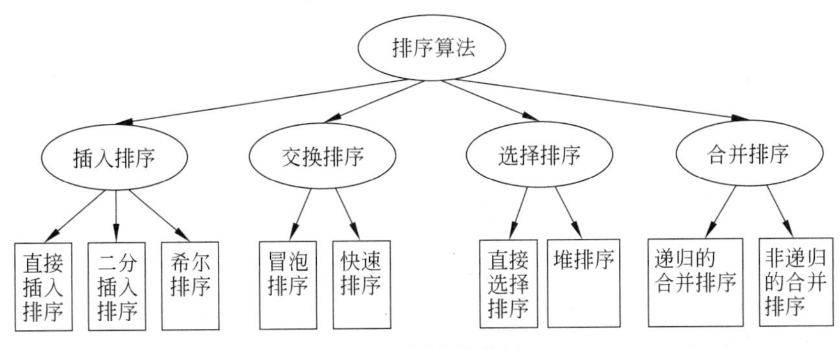

图 5-1　知识结构图

【学习要点】

本次实验涉及知识点包括四条主线：①插入排序，包括直接插入排序、二分插入排序及希尔排序；②交换排序，主要包括冒泡排序、快速排序；③选择排序，包括简单选择排序、堆排序；④合并排序，包括递归合并排序、非递归合并排序。

5.1　排序的基本概念

1. 定义

排序是计算机内经常进行的一种操作，是将一组“无序”的记录序列调整为“有序”的记录序列的一种操作。

2. 分类

(1) 按排序过程中所涉及的存储器不同，可以分为内部排序和外部排序。

① 内部排序：参加排序的数据量不大，可一次全部读入内存，然后再对其排序(插入排序、交换排序、选择排序、合并排序、基数排序)。

② 外部排序：参加排序的数据量大，内存一次容纳不下这些数据，每次只能读取一部分数据到内存参加排序，其余数据存储在外存中。文件排序属于一种外部排序。

(2) 按相同关键字在排序前后的位置不同，可以分为稳定排序和不稳定排序。

假设 $K_i = K_j (i \neq j)$，且在排序前的序列中 r_i 领先于 r_j(即 $i < j$)。若在排序后的序列

中 r_i 仍领先于 r_j,则称所用的排序方法是稳定的;反之,则称所用的排序方法是不稳定的。

3. 内部排序

本章仅讨论内部排序。内部排序的过程是一个逐步扩大记录的有序序列长度的过程。基于不同的“扩大”有序序列长度的方法,内部排序方法大致可分下列几种类型。

(1) 插入类。将无序子序列中的一个或几个记录“插入”到有序序列中,从而增加记录的有序子序列的长度。

(2) 交换类。通过“交换”无序序列中的记录从而得到其中关键字最小或最大的记录,并将它加入到有序子序列中,以此方法增加记录的有序子序列的长度。

(3) 选择类。从记录的无序子序列中“选择”关键字最小或最大的记录,并将它加入到有序子序列中,以此方法增加记录的有序子序列的长度。

(4) 归并类。通过“归并”两个或两个以上的记录有序子序列,逐步增加记录有序序列的长度。

(5) 其他。例如,基数排序。

4. 排序算法的性能分析

主要从以下三个方面对排序算法进行性能分析。

(1) 时间复杂度:与关键字值比较的次数和数据元素移动的次数。

(2) 空间复杂度:所需辅助空间的大小。

(3) 稳定性。

5. 待排顺序表类描述

内部排序方法可以在不同的存储结构上实现,待排数据元素通常以线性表为主,本章介绍的排序算法是针对顺序表进行操作的。

1) 顺序表记录类

```
public class RecordNode {
    private int key;                         //关键字
    private Object element;                  //数据元素
    public int getKey() {
        return key;
    }
    public void setKey(int key) {
        this.key=key;
    }
    public Object getElement() {
        return element;
    }
    public void setElement(Object element) {
        this.element=element;
    }
    public RecordNode() {}
    public RecordNode(int key) {             //构造方法 1
        this.key=key;
    }
```

```
    public RecordNode(int key, Object element) {          //构造方法 2
        this.key=key;
        this.element=element;
    }
    public String toString() {                            //覆盖 toString()方法
        return "["+key+","+element+"]";
    }
}
```

这里,记录结点包含两个域:关键字和元素值。关键字定义为 int 型,元素值定义为 Object 类型。实际应用中,如果关键字不是 int 型,可以对其进行预处理;元素值类型可以兼容各种类型。

2) 顺序表类

```
public class SqList {
    public RecordNode[] r;                             //顺序表记录结点数组
    public int curlen;                                 //顺序表长度,即记录个数
    public SqList() {    }
    //顺序表的构造方法,构造一个存储空间容量为 maxSize 的顺序表
    public SqList(int maxSize) {
        this.r=new RecordNode[maxSize];                //为顺序表分配 maxSize 个存储单元
        this.curlen=0;                                 //置顺序表的当前长度为 0
    }
    //求顺序表中的数据元素个数并由函数返回其值
    public int length() {
        return curlen;                                 //返回顺序表的当前长度
    }
    //在当前顺序表的第 i 个结点之前插入一个 RecordNode 类型的结点 x
    public void insert(int i, RecordNode x) throws Exception {
        if (curlen==r.length) {                        //判断顺序表是否已满
            throw new Exception("顺序表已满");
        }
        if (i<0 || i>curlen) {                         //i 小于 0 或者大于表长
            throw new Exception("插入位置不合理");
        }
        for (int j=curlen; j>i; j--) {
            r[j]=r[j-1];                               //插入位置及之后的元素后移
        }
        r[i]=x;                                        //插入 x
        this.curlen++;                                 //表长度增 1
    }
    public void display() {                            //输出顺序表元素
        for (int i=0; i<this.curlen; i++) {
            System.out.print(" "+r[i].toString());
        }
        System.out.println();
    }
```

```
    //不带监视哨的直接插入排序算法
    public void insertSort() {   ...  }
    //希尔排序算法
    public void shellSort(int[] d) {              //d[]为增量数组
        ...
    }
    //冒泡排序算法
    public void bubbleSort() {   ...  }
    //一趟快速排序
    //交换排序表 r[i..j]的记录,使支点记录到位,并返回其所在位置
    //此时,在支点之前(后)的记录关键字均不大于(小于)它
    public int Partition(int i, int j) {   ...  }
    //递归形式的快速排序算法
    //对子表 r[low..high]快速排序
    public void qSort(int low, int high) {   ...  }
    //顺序表快速排序算法
    public void quickSort() {   ...  }
    //直接选择排序
    public void selectSort() {   ...  }
    //将以筛选法调整堆算法
    //将以 low 为根的子树调整成小顶堆,low、high 是序列下界和上界
    public void sift(int low, int high) {   ...  }
    //堆排序算法
    public void heapSort() {   ...  }
}
```

5.2 插入排序

5.2.1 直接插入排序

1. 算法思想

直接插入排序,是指每次从无序表中取出第一个元素,把它插入有序表的合适位置,使有序表仍然有序。

2. 算法步骤

具体方法是第一次比较前两个数,然后把第二个数按大小插入有序表中;第二次把第三个数据与前两个数从前向后扫描,把第三个数按大小插入有序表中;依次进行下去,进行了($n-1$)次扫描以后就完成了整个排序过程。

3. 算法实现

```
//不带监视哨的直接插入排序算法
    public void insertSort() {
```

```
        RecordNode temp;
        int i, j;
        //System.out.println("直接插入排序");
        for (i=1; i<this.curlen; i++) {  //n-1次扫描
            temp=r[i];                    //将待插入的第i条记录暂存在temp中
            for (j=i-1; j>=0 && temp.getKey()<r[j].getKey(); j--) {
            //将前面比r[i]大的记录向后移动
                r[j+1]=r[j];
            }
            r[j+1]=temp;                  //r[i]插入第j+1个位置
        }
    }
```

【例5-1】 将一组数{11,14,8,19,7,29,25}进行排序,写出采用直接插入排序的过程。

初始键值序列:{11},14,8,19,7,29,25

第一次排序结果:{11,14},8,19,7,29,25

第二次排序结果:{8,11,14},19,7,29,25

第三次排序结果:{8,11,14,19},7,29,25

第四次排序结果:{7,8,11,14,19},29,25

第五次排序结果:{7,8,11,14,19,29},25

第六次排序结果:{7,8,11,14,19,25,29}

如上第一次到第六次排序结果所示,算法执行过程如下。

(1) 默认序列第一个元素11已经被排序。

(2) 取下一元素14从后往前与已排序序列进行比较,即14>11,故14插入11之后,已排序序列为[11,14]。

(3) 取下一元素8,重复步骤(2),将8依次与14、11比较,8<14,再与11比较,8<11,故将8插入11之前,已排序序列为[8,11,14]。

(4) 循环上述操作,直至最后一个元素25,插入合适位置,完成排序。

4. 优化直接插入排序:设置哨兵位

仔细分析直接插入排序的代码,会发现虽然每次都需要将数组向后移位,但是在此之前的判断却是可以优化的。

不难发现,每次都是从有序数组的最后一位开始向前扫描的。这意味着,如果当前值比有序数组的第一位还要小,就必须比较有序数组的长度 n 次。这个比较次数,在不影响算法稳定性的情况下,是可以简化的:记录上一次插入的值和位置,与当前插入值比较。若当前值小于上个值,将上个值插入的位置之后的数全部向后移位,从上个值插入的位置作为比较的起点;反之,仍然从有序数组的最后一位开始比较。

5. 算法的性能分析

平均时间复杂度是 $O(n^2)$,空间复杂度是 $O(1)$,同时也是稳定排序。

5.2.2 二分插入排序

1. 算法思想

将直接插入排序中寻找 A[i]的插入位置的方法改为二分插入排序,利用前 $i-1$ 个元

素已经是有序的特点结合二分查找的特点，找到正确的位置，从而将 A[i]插入，并保持新的序列依旧有序，得到二分插入排序算法。

2. 算法步骤

(1) 计算 0～i－1 的中间点，用 i 索引处的元素与中间值进行比较，如果 i 索引处的元素大，说明要插入的这个元素应该在中间值和刚加入 i 索引之间；反之，就是在刚开始的位置到中间值的位置，这样很简单地完成了折半。

(2) 在相应的半个范围里面找插入的位置时，不断地用(1)步骤缩小范围，不停地折半，范围依次缩小为 1/2，1/4，1/8，…快速地确定出第 i 个元素要插在什么地方。

(3) 确定位置之后，将整个序列后移，并将元素插入相应位置。

3. 算法的性能分析

平均时间复杂度 $T(n)=O(n^2)$，空间复杂度为 O(1)，稳定排序。

【例 5-2】 将一组数 a[7]＝{12，15，9，14，4，18，23，6}进行排序，写出采用二分插入排序的过程。

初始关键字：{12}　15　9　14　4　18　23　6
第 1 次排序：{12　15}　9　14　4　18　23　6
第 2 次排序：{9　12　15}　14　4　18　23　6
第 3 次排序：{9　12　14　15}　4　18　23　6
第 4 次排序：{4　9　12　14　15} 18　23　6
第 5 次排序：{4　9　12　14　15　18} 23　6
第 6 次排序：{4　9　12　14　15　18　23}　6
第 7 次排序：{4　6　9　12　14　15　18　23}

如上第一次到第七次排序结果所示，算法执行过程如下。

① 默认序列第一个元素 12 已经被排序。

② 取下一元素 15，采用二分查找算法，找到其位置为 12 之后，故第一次排序后，已排序序列为[12，15]。

③ 取下一元素 9，采用二分查找算法，找到插入位置为 12 之前，故第二次排序后，已排序序列为[9，12，15]。

④ 循环上述操作，直至最后一个元素 6，采用二分查找算法查找插入位置：首先，$i=(0+6)/2=3$，将 6 与 a[3]＝14 进行比较，6＜a[3]；然后，$i=(0+2)/2=1$，将 6 与 a[1]＝9 比较，6＜a[1]；最后，$i=(0+0)/2=0$，将 6 与 a[0]比较，6＞a[0]。故找到插入位置，故将 6 插入 4 之后，完成排序。

5.2.3 希尔排序

1. 算法思想

希尔排序是把记录按下标的一定增量分组，对每组使用直接插入排序算法排序；随着增量逐渐减少，每组包含的关键词越来越多，当增量减至 1 时，整个文件恰被分成一组，算法便终止。

2. 算法步骤

先取一个小于 n 的整数 d_1 作为第一个增量，把文件的全部记录分组，所有距离为 d_1 的倍数的记录放在同一个组中，在各组内进行直接插入排序；然后，取下一个增量 $d_2 \cdots d_t$。其中，$d_t=1(d_t<d_{t-1}\cdots<d_2<d_1)$，随着增量逐渐减少，每组包含的关键词越来越多。当增量减至 1 时，整个文件恰被分成一组，算法便终止，如图 5-2 所示。

3. 相关术语

h—排序(h-sorted)：增量为 h 的那一遍排序。

h—子序列(h-subsequence)：下标间隔为 h 的元素组成的子序列(h 个)。

h—有序的(h-ordered)：对数组 a 进行 h—排序后，每个 h—子序列分别有序，称 a 是 h—有序的。

【例 5-3】 将一组数{17,3,30,25,14,62,17*,20,9,15,69,2,13,47,38,55,34,18,43,26}进行排序，写出采用希尔排序的过程，增量 d 取{5,3,1}(注意，为了区别两个 17，在后一个 17 右上角加了 *)。

希尔排序算法的执行过程如下。

第一次增量为 5(5 个 5—子序列)。

	5—排序前	5—排序后
(1)	17,62,69,55	17,55,62,69
(2)	3,17*,2,34	2,3,17*,34
(3)	30,20,13,18	13,18,20,30
(4)	25,9,47,43	9,25,43,47
(5)	14,15,38,26	14,15,26,38

5—排序后(称 5—有序的)：{17,2,13,9,14,55,3,18,25,15,62,17*,20,43,26,69,34,30,47,38}

第二次增量为 3(3 个 3—子序列)。

	3—排序前	3—排序后
(1)	17,9,3,15,20,69,47	3,9,15,17,20,47,69
(2)	2,14,18,62,43,34,38	2,14,18,34,38,43,62
(3)	13,55,25,17*,26,30	13,17*,25,26,30,55

3—排序后(称 3—有序的)：{3,2,13,9,14,17*,15,18,25,17,34,26,20,38,30,47,43,55,69,62}

第三次增量为 1(1 个 1—子序列)。

1—排序后：{2,3,9,13,14,15,17*,17,18,20,25,26,30,34,38,43,47,55,62,69}，排序结束。

注意：排序前 17 在 17* 的前面，排序后 17 在 17* 的后面，故为不稳定排序。

4. 算法实现

```
public void shellSort(int[] d) {        //d[]为增量数组
        RecordNode temp;
        int i, j;
        System.out.println("希尔排序");
        //控制增量，增量减半，若干次扫描
```

```
        for (int k=0; k<d.length; k++) {
            //一次中若干子表,每个记录在自己所属子表内进行直接插入排序
            int dk=d[k];
            for (i=dk; i<this.curlen; i++) {
                temp=r[i];
                for (j=i-dk; j>=0     && temp.getKey()<r[j].getKey(); j -=dk) {
                    r[j+dk]=r[j];
                }
                r[j+dk]=temp;
            }
        }
    }
```

5. 算法的性能分析

平均时间复杂度 $T(n)=O(n^{1.3})$,空间复杂度为 O(1),非稳定排序。

5.3 交换排序

5.3.1 冒泡排序

1. 算法思想

冒泡排序是一种计算机科学领域的较简单的排序算法。将待排序的数组看成从上到下的存放,把关键字较小的记录看成"较轻的",关键字较大的记录看成"较重的",小关键字的记录好像水中的气泡一样向上浮;大关键字的记录如水中的石块向下沉,当所有的气泡都浮到了相应的位置,且所有的石块都沉到了水中,排序就结束了。

2. 算法步骤

(1) 比较相邻的元素。如果第 i 个比第 $i+1$ 个大,就交换它们两个。

(2) 对每一对相邻元素做同样的工作,从开始第一对到结尾的最后一对,或者从结尾最后一对到开始的第一对。自上而下地扫描的下降法,最大元素下降到底部。自下而上地扫描的上升法,最小元素上升到数组顶部。

(3) 针对所有的元素重复以上的步骤,除了已排序好的后面或者前面的数。

(4) 持续每次对越来越少的元素重复上面的步骤,直到没有任何一对数字需要比较。

【例 5-4】 将一组数{49,38,65,97,76,13,27,49}进行排序,写出采用冒泡排序的过程。

冒泡排序过程如图 5-2 所示。

第一次排序:49 和 38 比较,49>38,交换;49 和 65 比较,不交换;65 和 97 比较,不交换;97 和 76 比较,交换;97 和 13 比较,交换,97 和 27 比较,交换;97 和 49 比较,交换。故找到最大值 97 放在最后面。

第二次排序:从剩余的元素中找到最大值 76 放在最后面。

后面依次找到 65、49、49 放到最后面。

到第六次排序没有发生交换,排序结束。

初始关键字：49 38 65 97 76 13 27 49
第一次排序后：38 49 65 76 13 27 49 97
第二次排序后：38 49 65 13 27 49 76
第三次排序后：38 49 13 27 49 65
第四次排序后：38 13 27 49 49
第五次排序后：13 27 38 49
第六次排序后：13 27 38

图 5-2 冒泡排序过程

3. 算法实现

```
public void bubbleSort() {
        RecordNode temp;                                              //辅助结点
        boolean flag=true;                                            //是否交换的标记
        for (int i=1; i<this.curlen && flag; i++) {
        //有交换时再进行下一次,最多 n-1 次
            flag=false;                                               //假定元素未交换
            for (int j=0; j<this.curlen-i; j++) {                     //一次比较、交换
                if (r[j].getKey()>r[j+1].getKey()) {                  //逆序时,交换
                    temp=r[j];
                    r[j]=r[j+1];
                    r[j+1]=temp;
                    flag=true;
                }
            }
            //System.out.print("第"+i+"次: ");
            //display();
        }
    }
```

4. 算法的性能分析

平均时间复杂度 $T(n)=O(n^2)$,空间复杂度为 $O(1)$,稳定排序。

5.3.2 快速排序

1. 算法思想

选择一个基准数,通过一次排序将要排序的数据分割成独立的两部分,其中一部分的所有数据都比另外一部分的所有数据都要小。然后,再按此方法对这两部分数据分别进行快速排序,整个排序过程可以递归进行,以此达到整个数据变成有序序列。

2. 算法步骤

(1) 定义两个变量 low 和 high,将 low、high 分别设置为要进行排序的序列的起始元素和最后一个元素的下标。第一次,low 和 high 的取值分别为 0 和 $n-1$。接下来的每次取值由划分得到的序列起始元素和最后一个元素的下标来决定。

(2) 定义一个变量 key,接下来以 key 的取值为基准将数组 A 划分为左右两个部分,通常,key 值为要进行排序序列的第一个元素值。第一次的取值为 A[0],以后每次取值由要

划分序列的起始元素决定。

(3) 从 high 所指向的数组元素开始向左扫描,扫描的同时将下标为 high 的数组元素依次与划分基准值 key 进行比较操作,直到 high 不大于 low 或找到第一个小于基准值 key 的数组元素,然后将该值赋值给 low 所指向的数组元素,同时将 low 右移一个位置。

(4) 如果 low 依然小于 high,那么由 low 所指向的数组元素开始向右扫描,扫描的同时将下标为 low 的数组元素值依次与划分的基准值 key 进行比较操作,直到 low 不小于 high 或找到第一个大于基准值 key 的数组元素,然后将该值赋给 high 所指向的数组元素,同时将 high 左移一个位置。

(5) 重复步骤(3)和步骤(4),直到 low 的值不小于 high 为止,这时成功划分后得到的左、右两部分分别为 A[low...pos－1]和 A[pos＋1...high],其中,pos 下标所对应的数组元素的值就是进行划分的基准值 key,所以在划分结束时还要将下标为 pos 的数组元素赋值为 key。

(6) 将划分得到的左右两部分 A[low...pos－1]和 A[pos＋1...high]继续采用以上操作步骤进行划分,直到得到有序序列为止。

【例 5-5】 写出图 5-3 中初始关键字快速排序的过程。

(1) 快速排序一次排序过程如图 5-3 所示。

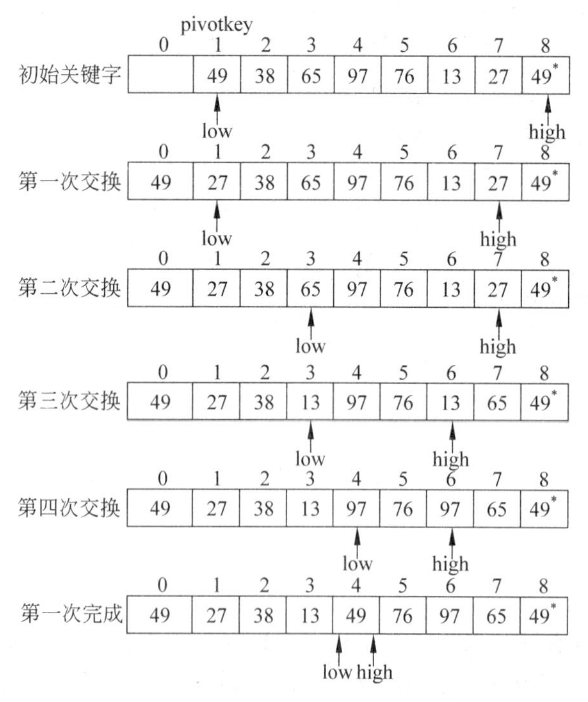

图 5-3 快速排序一次排序过程

以 49 为划分元素,置于 0 号位置,high＝8,low＝1,从下标 high 位置开始向前查找,每比较一次 high－－,找到 7 号位置 27＜49,将 27 放在 1 号位置,修改 high＝7;然后从 low 开始向后找,每比较一次 low＋＋,找到 3 号位置 65＞49,65 放到 7 号位置,low＝3;从后往前找到 6 号位置 13＜49,将 13 放到 3 号位置,high＝6;从前向后找到 4 号位置 97＞49,将 97 放到 6 号位置,low＝4;从后往前找,当 high 指向 4 号位置时,high＝low,第一次排序完成，划分元素49放到中间4号位置，左边的元素均小于49，右边的元素均大于49。

（2）快速排序全过程如图5-4所示。

```
初始状态       { 49   38   65   97   76   13   27   49 }
一次快速排序后 { 27   38   13 } 49 { 76   97   65   49 }
分别进行快速排序 { 13 } 27 { 38 }
                 结束      结束    { 49   65 } 76 { 97 }
                                    49 { 65 }      结束
                                         结束
有序序列       { 13   27   38   49   49   65   76   97 }
```

图5-4 快速排序全过程

3. 算法实现

1）一次快速排序

```
//交换排序表r[i..j]的记录，使支点记录到位，并返回其所在位置
//此时，在支点之前(后)的记录关键字均不大于(小于)它
public int Partition(int i, int j) {
        RecordNode pivot=r[i];          //第一个记录作为支点记录
        //System.out.print(i+".."+j+", pivot="+pivot.key+"  ");
        while (i<j) {                   //从表的两端交替地向中间扫描
            while (i<j && pivot.getKey()<=r[j].getKey()) {
                j--;
            }
            if (i<j) {
                r[i]=r[j];              //将比支点记录关键字小的记录向前移动
                i++;
            }
            while (i<j && pivot.getKey()>r[i].getKey()) {
                i++;
            }
            if (i<j) {
                r[j]=r[i];              //将比支点记录关键字大的记录向后移动
                j--;
            }
        }
        r[i]=pivot;                     //支点记录到位
        //display();
        return i;                       //返回支点位置
}
```

2）递归形式的快速排序算法

```
//对子表r[low..high]快速排序
public void qSort(int low, int high) {
        if (low<high) {
```

```
            int pivotloc=Partition(low, high);      //一次排序,将排序表分为两部分
            qSort(low, pivotloc-1);                 //低子表递归排序
            qSort(pivotloc+1, high);                //高子表递归排序
        }
}
```

3）顺序表快速排序算法

```
public void quickSort() {
        qSort(0, this.curlen-1);
}
```

4. 算法的性能分析

平均时间复杂度 $T(n)=O(n\log n)$，空间复杂度为 $O(n\log n)$，非稳定排序。

5.4 选择排序

5.4.1 直接选择排序

1. 算法思想

每次从待排序的记录中选出关键字最小的记录，顺序放在已排序的记录序列末尾，直到全部排序结束为止。

设所排序序列的记录个数为 n。i 取 $1,2,\cdots,n-1$，从所有 $n-i+1$ 个记录($R_i,R_{i+1},\cdots,R_n$)中找出排序码最小的记录，与第 i 个记录交换。执行 $n-1$ 次后就完成了记录序列的排序。

2. 算法步骤

(1) 从待排序序列中，找到关键字最小的元素。

(2) 如果最小元素不是待排序序列的第一个元素，将其和第一个元素互换。

(3) 从余下的 $n-1$ 个元素中，找出关键字最小的元素，重复步骤(1)、步骤(2)，直到排序结束。

【例 5-6】 写出下面初始关键字直接选择排序的过程。

初始键值序列：49,38,97,49*,76,13,27,65

第一次排序结果：{13,}{38,97,49*,76,49,27,65}

第二次排序结果：{13,27,}{97,49*,76,49,38,65}

第三次排序结果：{13,27,38,}{49*,76,49,97,65}

第四次排序结果：{13,27,38,49*,}{76,97,65,49}

第五次排序结果：{13,27,38,49*,49,}{97,65,76}

第六次排序结果：{13,27,38,49*,49,65} {97,76}

第七次排序结果：{13,27,38,49*,49,65,76,} {97}

第八次排序结果：{13,27,38,49*,49,65,76,97}

第一次扫描，找到最小元素 13,49 和 13 交换，已排序序列{13}，未排序序列{38,65,97,76,49*,27,49}。

第二次扫描，从剩余的元素中找到最小元素 27，38 和 27 交换，已排序序列{13，27}，未排序序列{65，97，76，49*，38，49}。

以此类推，直到第八次排序结束。

3. 算法实现

```
public void selectSort() {
    //System.out.println("直接选择排序");
    RecordNode temp;              //辅助结点
    for (int i=0; i<this.curlen-1; i++) {      //n-1次排序
        //每次在从 r[i]开始的子序列中寻找最小元素
        int min=i;                //设第 i 条记录的关键字最小
        for (int j=i+1; j<this.curlen; j++) {//在子序列中选择关键字最小的记录
            if (r[j].getKey()<r[min].getKey()) {
                min=j;            //记住关键字最小记录的下标
            }
        }
        if (min !=i) {            //将本次关键字最小的记录与第 i 条记录交换
            temp=r[i];
            r[i]=r[min];
            r[min]=temp;
        }
        //System.out.print("第"+(i+1)+"次: ");
        //display();
    }
}
```

4. 算法的性能分析

平均时间复杂度 $T(n)=O(n^2)$，空间复杂度为 O(1)，非稳定排序。

5.4.2 堆排序

1. 堆的定义

小根堆：其中每个结点的关键字都不大于其孩子结点的关键字。

大根堆：其中每个结点的关键字都不小于其孩子结点的关键字。

例如，对于 n 个元素的序列$\{R_0, R_1, \cdots, R_n\}$当且仅当满足下列关系之一时，称为堆。

(1) $R_i \leqslant R_{2i+1}$ 且 $R_i \leqslant R_{2i+2}$（小根堆）。

(2) $R_i \geqslant R_{2i+1}$ 且 $R_i \geqslant R_{2i+2}$（大根堆）。

其中，$i=1,2,\cdots,n/2$ 向下取整。

若将该数列视作完全二叉树，则 R_{2i+1} 是 R_i 的左孩子；R_{2i+2} 是 R_i 的右孩子。

所以，堆的含义表明：完全二叉树中所有非终端结点的值均不大于(或不小于)其左、右孩子结点的值。

例如，{12，36，27，65，40，34，98，81，73，55，49}是小根堆。其用完全二叉树表示如图 5-5 所示。但是{12，36，27，65，40，14，98，81，73，55，49}不是堆。其用完全二叉树表示如图 5-6 所示。

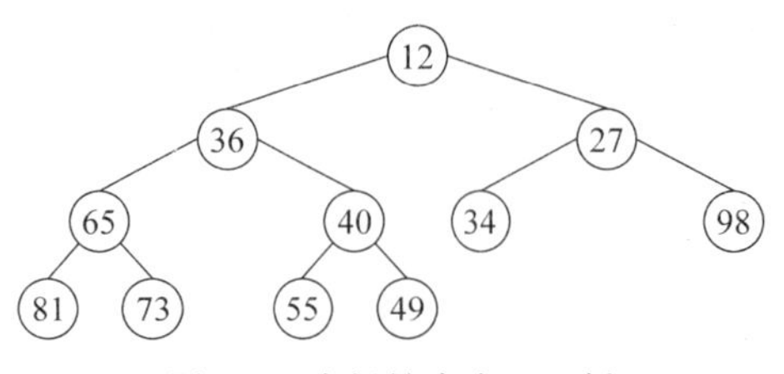

图 5-5　小根堆完全二叉树

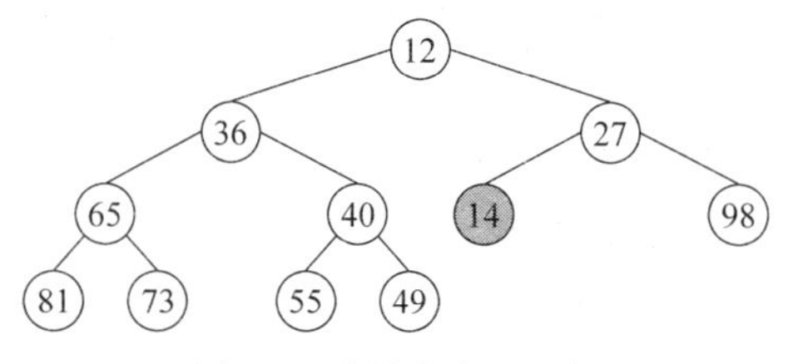

图 5-6　非堆完全二叉树

2. 算法步骤

以大根堆为例,算法步骤如下。

(1) 根据初始数组去构造初始堆(构建一个完全二叉树,保证所有的父结点都比它的孩子结点数值大)。

(2) 每次交换第一个和最后一个元素,输出最后一个元素(最大值),然后把剩下元素重新调整为大根堆。

当输出完最后一个元素后,这个数组已经是按照从小到大的顺序排列了。

【例 5-7】 对以下数据采用堆排序算法,写出排序过程。

原始数据的存储结构如图 5-7 所示。

(1) 按序号建完全二叉树,如图 5-8 所示为逻辑结构。

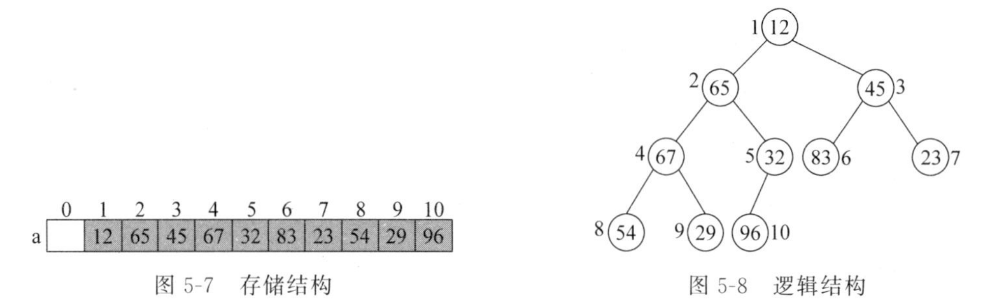

图 5-7　存储结构

图 5-8　逻辑结构

(2) 构造初始堆的过程,如图 5-9 所示。

(3) 交换第一个(96)和最后一个(32)元素,输出最后一个元素(96),然后把剩下元素重新调整为大根堆。

当输出完最后一个元素后,这个数组已经是按照从小到大的顺序排列了。

3. 算法实现

1) 将以筛选法调整堆算法

```
//将以 low 为根的子树调整成小顶堆,low、high 是序列下界和上界
public void sift(int low, int high) {
    int i=low;                //子树的根
    int j=2 * i+1;            //j 为 i 结点的左孩子
    RecordNode temp=r[i];
    while (j<high) {          //沿较小值孩子结点向下筛选
```

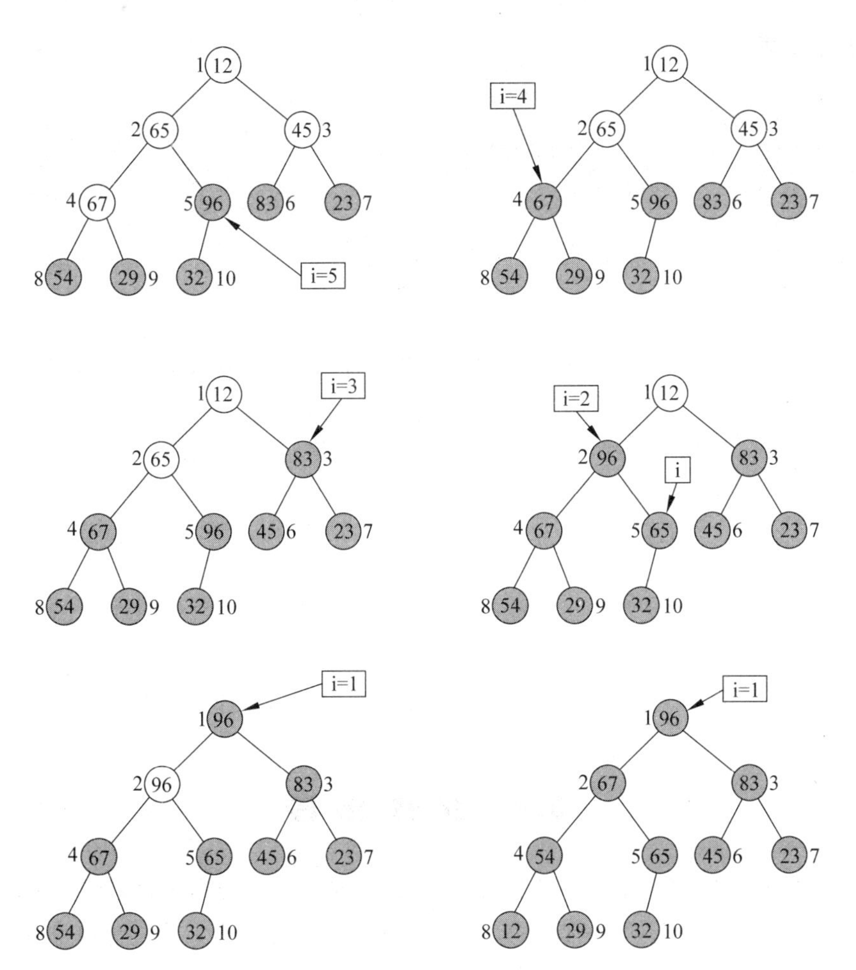

图 5-9　构造初始堆的过程

```
        if (j<high-1 && r[j].getKey()>r[j+1].getKey()) {
            j++;                                      //数组元素比较,j 为左右孩子的较小者
        }
        if (temp.getKey()>r[j].getKey()) {            //若父母结点值较大
            r[i]=r[j];                                //孩子结点中的较小值上移
            i=j;
            j=2 * i+1;
        } else {
            j=high+1;                                 //退出循环
        }
    }
    r[i]=temp;                                        //当前子树的原根值调整后的位置
    //System.out.print("sift  "+low+".."+high+"  ");
    //display();
}
```

2）堆排序算法

```
public void heapSort() {
    //System.out.println("堆排序");
    int n=this.curlen;
    RecordNode temp;
    for (int i=n / 2-1; i>=0; i--) {  //创建堆
        sift(i, n);
    }
    for (int i=n-1; i>0; i--) {        //每次将最小值交换到后面,再调整成堆
        temp=r[0];
        r[0]=r[i];
        r[i]=temp;
        sift(0, i);
    }
}
```

4. 算法的性能分析

平均时间复杂度 $T(n)=O(n\log n)$,空间复杂度为 O(1),非稳定排序。

5.5 合并排序

合并排序法是将两个(或两个以上)有序表合并成一个新的有序表,即把待排序序列分为若干个子序列,每个子序列是有序的。然后再把有序子序列合并为整体有序序列。

将已有序的子序列合并,得到完全有序的序列;即先使每个子序列有序,再使子序列段间有序。若将两个有序表合并成一个有序表,称为二路归并。合并排序也叫归并排序。

5.5.1 递归合并排序

1. 算法思想

以二路归并为例,先递归的把数组划分为两个子数组,一直递归到数组中只有一个元素,然后再调用函数把两个子数组排好序,因为该函数在递归划分数组时会被压入栈,所以这个函数真正的作用是对两个有序的子数组进行排序。

2. 算法步骤

以二路归并为例。

(1) 判断参数的有效性,也就是递归的出口。

(2) 首先什么都不管,直接把数组平分成两个子数组。

(3) 递归调用划分数组函数,最后划分到数组中只有一个元素,这也意味着数组是有序的。

(4) 然后调用排序函数,把两个有序的数组合并成一个有序的数组。

(5) 排序函数的步骤,让两个数组的元素进行比较,把大的/小的元素存放到临时数组

中，如果有一个数组的元素被取光了，那就直接把另一数组的元素放到临时数组中，然后把临时数组中的元素都复制到实际的数组中。

3. 算法的性能分析

平均时间复杂度 $T(n)=O(n\log n)$，空间复杂度为 $O(n+\log n)$，稳定排序。

【例 5-8】 写出递归合并排序的过程。

如图 5-10 所示，使用两个数组 a 和 b，多遍合并完成排序。第一遍，将数组 a 的长度为 1 的有序段，两两配对合并到数组 b。第二遍，将数组 b 的长度为 2 的有序段，两两配对合并到数组 a。第三遍，将数组 a 的长度为 4 的有序段，两两配对合并到数组 b。每合并一遍，有序段长度便增长一倍，经 $\log n$ 遍合并，排序完毕。

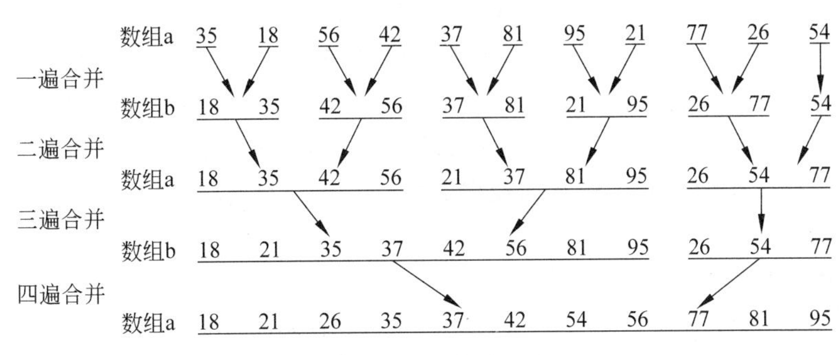

图 5-10 构造初始堆的过程

5.5.2 非递归合并排序

1. 算法思想

以二路归并为例，将待排序集合一分为二，直到待排序集合只剩下 1 个元素为止。然后不断合并 2 个排好序的数组段。用合并算法将它们排序，构成 $n/2$ 组长度为 2 的排好序的数组段，然后再将它们排序成长度为 4 的排好序的子数组段。如此继续，直到整个数组排好序。

2. 算法步骤

(1) 主控函数 MergeSort 控制合并方向，确定本遍的有序段标准长度 t 的值。

(2) 函数 MergePass 将一遍合并的有序段两两配对。

(3) 函数 Merge 将配好对的有序段合并。

3. 算法的性能分析

平均时间复杂度 $T(n)=O(n\log n)$，空间复杂度为 $O(n)$，稳定排序。

【例 5-9】 写出非递归排序算法的过程。

原始数据：8,4,5,7,1,3,6,2

第一次合并：{4,8}{5,7}{1,3}{2,6}

第二次合并：{4,5,7,8}{1,2,3,6}

第三次合并：{1,2,3,4,5,6,7,8}

5.6 基础知识检测

一、填空题

1. 若待排序的文件中存在多个关键字相同的记录，经过某种排序方法排序后，具有相同关键字的记录间的相对位置保持不变。则这种排序方法是________的排序方法。

2. 当增量为 1 时，该次希尔排序与________排序基本一致。

3. 最坏情况，在第 i 次直接插入排序中，要进行________次关键字的比较。

4. 两个序列如下：

L1＝{25,57,48,37,92,86,12,33}

L2＝{25,37,33,12,48,57,86,92}

用冒泡排序方法分别对序列 L1 和 L2 进行排序，交换次序较少的是序列________。

5. 在________堆中，所有双亲结点的关键字的值大于它们孩子结点的关键字的值。

6. 直接选择排序的总的关键字比较次数与________无关。

二、选择题

1. 内部排序和外部排序的区别不在于(　　)。

A. 待排序文件的大小　　B. 有无内外存的交换
C. 是否在内存中排序　　D. 可采用的排序策略

2. 评价排序算法好坏的标准主要是(　　)。

A. 执行时间　　B. 辅助空间
C. 算法本身的复杂度　　D. 执行时间和所需的辅助空间

3. “就地排序”是指排序中，需要的辅助空间为(　　)。

A. O(1)　　B. 0　　C. $O(n)$　　D. $O(n^2)$

4. 一个待排序文件的关键字如下：

265　301　751　129　937　863　742　694　076　438

经过(　　)次直接插入排序后可得到如下序列：

129　265　301　751　937　863　742　694　076　438

A. 1　　B. 2　　C. 3　　D. 4

5. 若用冒泡排序对关键字序列{18,16,14,12,10,8}进行从小到大的排序，所要进行的关键字比较总次数为(　　)。

A. 10　　B. 15　　C. 21　　D. 34

6. 用某种排序方法对线性表(25,84,21,47,15,27,68,35,20)进行排序时，结点序列的变化情况如下：

(1) 25　84　21　47　15　27　68　35　20
(2) 20　15　21　25　47　27　68　35　84
(3) 15　20　21　25　35　27　47　68　84
(4) 15　20　21　25　27　35　47　68　84

那么，所采用的排序方法是(　　)。

A. 直接插入排序　　B. 希尔排序　　C. 冒泡排序　　D. 快速排序

5.7 上机实验

【实验目的】

(1) 掌握各种插入排序算法、选择排序算法、交换排序和合并排序算法的基本思想;

(2) 掌握各种排序算法的实现。

5.7.1 实验 1:几种排序算法的实现

【实验要求】

编写程序,对直接插入排序、冒泡排序、快速排序、直接选择排序和堆排序进行测试。将运行结果截图,参考图 5-11。

```
请输入排序元素个数:
5
请输入5个元素(关键字与元素值用空格分割, 如: 12 aa):
87 aa
12 bb
98 cc
42 dd
29 ee
排序前:
 [87, aa] [12, bb] [98, cc] [42, dd] [29, ee]
================================
1-直接插入排序
2-希尔排序
3-冒泡排序
4-快速排序
5-直接选择排序
6-堆排序
0-退出
================================
作者: 张三        班级: 软工X班
请选择排序方法: 1
排序后:
 [12, bb] [29, ee] [42, dd] [87, aa] [98, cc]
```

图 5-11　排序结果参考

【Java 源代码】

(1) 顺序表记录结点类。

```
public class RecordNode {
    public int key;                       //关键字
    public Object element;                //数据元素值
    ...
}
```

(2) 顺序表类。

```
public class SeqList {
    public RecordNode[] r;                //顺序表记录结点数组
    public int curlen;                    //顺序表长度,即记录个数
    ...
}
```

(3) 测试类。

```
import java.util.Scanner;

public class TestSort {
    public static int maxSize=100;          //顺序表空间大小
    public static void menu() {
        System.out.println("=================================");
        System.out.println("1-直接插入排序");
        System.out.println("2-希尔排序");
        System.out.println("3-冒泡排序");
        System.out.println("4-快速排序");
        System.out.println("5-直接选择排序");
        System.out.println("6-堆排序");
        System.out.println("0-退出");
        System.out.println("=================================");
        System.out.println("作者：张三           班级：软工×班");
    }
    public static void main(String[] args) throws Exception {
        Scanner sc=new Scanner(System.in);
        System.out.println("请输入排序元素个数：");
        int len=sc.nextInt();
        int[] d=new int[len];
        String elem[]=new String[len];
        System.out.println("请输入"+len+"个元素(关键字与元素值用空格分割,如：12
        aa)：");
        for (int i=0; i<len; i++){
            d[i]=sc.nextInt();
            elem[i]=sc.nextLine();
        }
        int[] dlta={ 5, 3, 1 };                //希尔排序增量数组

        SqList L=new SqList(maxSize);          //建立顺序表
        for (int i=0; i<d.length; i++) {
            RecordNode r=new RecordNode(d[i],elem[i]);
            L.insert(L.length(), r);
        }
        System.out.println("排序前：");
        L.display();
        menu();
        System.out.print("请选择排序方法：");
        int op=sc.nextInt();
        switch (op) {
        case 1:
            L.insertSort();
            break;                             //直接插入排序
        case 2:
            L.shellSort(dlta);
            break;                             //希尔排序
```

```
        case 3:
            L.bubbleSort();
            break;                  //冒泡排序
        case 4:
            L.quickSort();
            break;                  //快速排序
        case 5:
            L.selectSort();
            break;                  //直接选择排序
        case 6:
            L.heapSort();           //堆排序
            break;
        }
        System.out.println("排序后：");
        L.display();
        sc.close();
    }
}
```

5.7.2　实验2：排序算法时间性能比较

【实验要求】

随机生成一个包含10000条数据的整型数组，采用不同的排序算法，编程比较时间性能，如图5-12所示。

```
直接插入排序所需时间：160毫秒
冒泡排序所需时间：500毫秒
快速排序所需时间：0毫秒
直接选择排序所需时间：240毫秒
堆排序所需时间：10毫秒
```

图5-12　排序算法时间性能比较

【Java源代码】

```
public class Exercise7_4_3 {
    static int maxSize=10000;                       //排序关键码个数
    public static void main(String[] args) throws Exception {
        int[] d=new int[maxSize];                   //顺序表空间大小
        for (int i=0; i<maxSize; i++) {             //随机生成maxSize个整数
            d[i]=(int) (Math.random() * 10000);
        }
        SeqList L;
        L=createList(d);                            //建立顺序表
        //输出直接插入排序所需时间
        System.out.println("直接插入排序所需时间："+testSortTime(L, 'i')+"毫秒");
        L=createList(d);
        //输出冒泡排序所需时间
        System.out.println("冒泡排序所需时间："+testSortTime(L, 'b')+"毫秒");
        L=createList(d);
```

```
        //输出快速排序所需时间
        System.out.println("快速排序所需时间: "+testSortTime(L, 'q')+"毫秒");
        L=createList(d);
        //输出直接选择排序所需时间
        System.out.println("直接选择排序所需时间: "+testSortTime(L, 's')+"毫秒");
        L=createList(d);
        //输出堆排序所需时间
        System.out.println("堆排序所需时间: "+testSortTime(L, 'h')+"毫秒");
    }
    //根据数组 d 建立顺序表
    private static SeqList createList(int[] d) throws Exception {
        SeqList L=new SeqList(maxSize);
        for (int i=0; i<d.length; i++) {
            RecordNode r=new RecordNode(d[i]);
            L.insert(L.length(), r);
        }
        return L;
    }
    //得到各排序算法所花费的时间(毫秒)
    public static long testSortTime(SeqList L, char sortmethod) {
        long startTime, endTime, testTime;
        //排序开始时间
        startTime=System.currentTimeMillis();
        switch (sortmethod) {
            case 'i':
                L.insertSort();                //直接插入排序
                break;
            case 's':
                L.selectSort();                //选择排序
                break;
            case 'b':
                L.bubbleSort();                //冒泡排序
                break;
            case 'q':
                L.quickSort();                 //快速排序
                break;
            case 'h':
                L.heapSort();                  //堆排序
                break;
        }
        //排序结束时间
        endTime=System.currentTimeMillis();
        testTime=endTime-startTime;            //时间差
        return testTime;
    }
}
```

5.7.3 实验拓展

将这些数据以链式存储的方法进行存储：53，44，23，56，12，76，47，63，36。问合并排序算法中可以用哪种算法对这些数据进行排序，并编写程序实现。

第 5 章主要算法的 C++ 代码

第6章

串与数组

【知识结构图】

第6章知识结构参见图6-1。

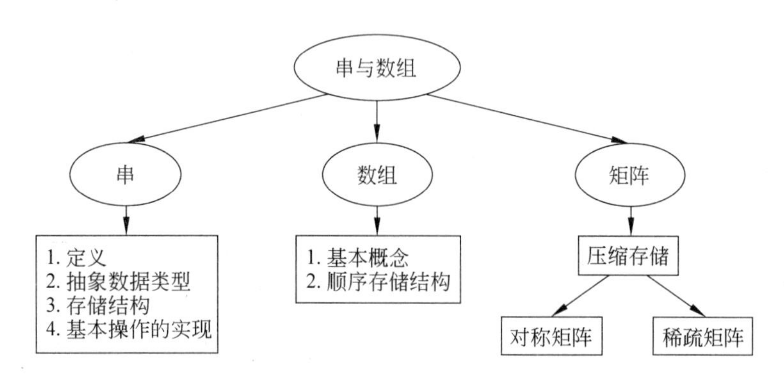

图6-1　知识结构图

【学习要点】

本章知识点包括三条主线：①串，包括串的定义、抽象数据类型、存储结构和基本操作的实现；②数组，包括数组的基本概念和顺序存储结构；③矩阵，主要是特殊矩阵（对称矩阵和稀疏矩阵）的压缩存储。

6.1　串

1. 串的基本概念

串（String）是由零个或多个字符组成的有限序列，也称字符串。

一般记为 s="$a_0 a_1 \cdots a_{n-1}$"，其中 s 为串名，双引号括起来的字符序列是串值。串也是一种特殊的线性表。

串中字符的个数称为串的长度，长度为0的串为空串，即不包含任何字符的串，表示为""。由一个或多个空白字符组成的串称为空白串，如"　　　　　　"。

注意：空串的长度为0，空白串的长度不为0。

串中任意个连续字符组成的子序列称为该串的子串。包含子串的串相应地称为主串。如 s1="cdababef"　s2="ab"，s1 称为主串，s2 称为 s1 的子串。

注意：空串是任意串的子串，任意串是其自身的子串。

如果两个串的长度相等，且对应位置的字符相等，则称这两个字符的串值相等。

2. 串的抽象数据类型

根据串的逻辑结构和基本操作，得到串的抽象数据类型，用Java接口描述如下：

```
public interface IString {
    public void clear();                    //将一个已经存在的串置成空串
    //判断当前串是否为空,为空则返回 true,否则返回 false
    public boolean isEmpty();
    public int length();                    //返回字符串的长度
    public char charAt(int index);          //返回串中序号为 index 的字符
    //返回串中字符序号从 begin 至 end-1 的子串
    public IString substring(int begin, int end);
    //在当前串的第 offset 个字符之前插入串 str
    public IString insert(int offset, IString str);
    //删除当前串中从序号 begin 开始到序号 end-1 为止的子串
    public IString delete(int begin, int end);
    public IString concat(IString str);     //添加指定串 str 到当前串尾
    //将当前串与目标串 str 进行比较,若当前串大于 str,则返回一个正整数
    //若当前串等于 str,则返回 0,若当前串小于 str,则返回一个负整数
    public int compareTo(IString str);
    //若当前串中存在和 str 相同的子串
    //则返回模式串 str 在主串中从第 start 字符开始的第一次出现位置,否则返回-1
    public int indexOf(IString str,int start);
}
```

3. 串的存储结构

1）串的顺序存储结构

串的顺序存储结构与线性表的顺序存储结构类似，可以采用一组地址连续的存储单元来存储串字符序列。顺序存储的串称为顺序串。

图6-2中，strvalue是一个字符数组，数组容量是11，该数组中存放字符串"I am a dog"，串的实际长度curlen的值是10。

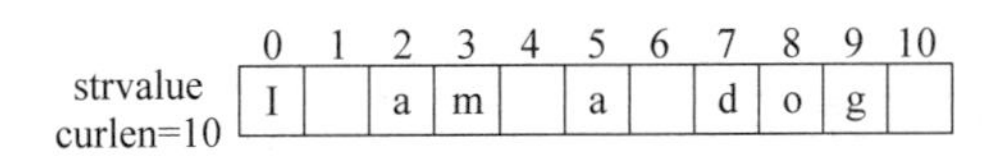

图6-2 串的顺序存储结构

2）串的链式存储结构

串的链式存储结构和线性表的链式存储结构类似，可以采用单向链表来存储串值，串的这种链式存储结构称为链串，如图6-3所示。

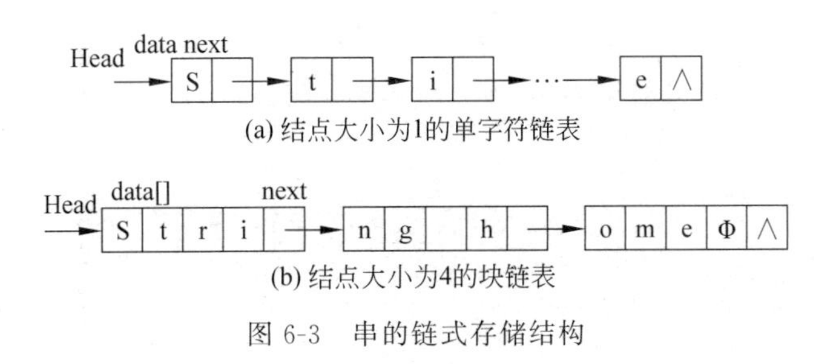

图6-3 串的链式存储结构

4. 顺序串的基本操作的实现

顺序串类的描述：

```
public class SeqString implements IString {
    private char[] strValue;
    private int curLen;
    ...
}
```

下面介绍主要的基本操作要求及算法步骤。

1）截子串操作 subString(begin,end)

(1) 操作要求

返回当前串中序号从 begin 至 end－1 的子串。起始下标 begin 的范围是 0≤begin≤length()－1；结束下标 end 的范围是 1≤end≤length()。

(2) 算法步骤

① 检测参数 begin 和 end 是否合法。

```
if (begin<0||end>curLen||begin>=end)
    抛出异常
```

② 若要截取整个串，则返回原串；否则返回截取从 begin 到 end－1 之间的子串。

```
if (begin==0 && end==curLen)
    return this;
else {
    char[] buffer=new char[end-begin];
    for (int i=0; i<buffer.length; i++)        //复制子串
        buffer[i]=this.strvalue[i+begin];
    return new SeqString(buffer);
}
```

2）串的插入操作 insert(offset,str)

(1) 操作要求

在当前串中第 offset 个字符之前插入串 str，并返回结果串对象。其中：参数 offset 的有效范围是 0≤offset≤length()。当 offset＝0，表示在当前串的开始处插入串 str；当 offset＝length()，表示在当前串的结尾处插入串 str。

(2) 算法步骤

① 检测参数 offset 是否合法。

```
if (offset<0||offset>curLen)
    抛出异常
```

② 判断空间是否足够：如果不足，则扩充空间，否则转第③步。

```
int len=str.length();                          //str 串的长度
int newcount=this.curLen+len;                  //插入后串的长度
if (newcount>strValue.length)
     allocate(newcount);
```

③ 后移：将 strValue 中从 offset 开始的所有字符向后移动 len 个位置(注意,要从后往前移动)。

```
for (int i=this.curLen-1; i>=offset; i--) {
            strValue[i+len]=strValue[i]; }
```

④ 插入：将串 str 插入指定的位置(用字符复制的方法)。

```
for (int i=0; i<len; i++){
            strValue[ offset+i]=str.charAt(i);
}
```

⑤ 修正串长。

```
this.curLen=newcount;
```

3) 串的删除操作 delete(begin,end)

(1) 操作要求

在当前串中删除从 begin 到 end－1 之间的子串,并返回当前串对象。其中 0≤begin≤length()－1,1≤end≤length()。

(2) 算法步骤

① 检测参数是否合法。

```
if (begin<0||end>curLen||begin>=end)
    抛出异常
```

② 前移：将 strValue 中从 end 开始到串尾的子串向前移动到从 begin 开始的位置。

```
for (int i=0; i<curlen-end; i++){
      strValue[ begin+i ]=strValue[ end+i ];
}
```

③ 修正串长。

```
this.curLen=curLen-(end-begin);
```

4) 串的比较操作 compareTo(str)

(1) 操作要求

将当前串与目标串 str 进行比较,若当前串＞str,则返回值＞0;若当前串＝str,则返回值＝0;若当前串＜str,则返回值＜0。

(2) 算法步骤

① 求当前串长度和 str 串长度的最小值并赋值给 n。

```
int len1=this.curlen;
int len2=str.curlen;
int n=Math.min(len1, len2);
```

② 从下标 0 到 $n-1$ 依次取出两个串中对应的字符进行比较，若不等，则返回第一个不相等的字符的数值差。

```
for (int i=0; i<n; i++){
      if (strValue[i]!=str.strValue[i])
           return  strValue[i]-str.strValue[i];
}
```

③ 若下标从 0 到 $n-1$ 对应的字符均相等，则返回两个串长度的差。

```
return len1-len2;
```

5）子串的定位操作 indexOf(str,begin)

(1）操作要求

在当前串中从 begin 位置开始去找与非空串 str 相等的子串，若查找成功则返回在当前串中的位置，否则返回-1，其中 $0\leqslant begin\leqslant length()-1$。

(2）算法步骤

可利用串比较、求串长和截子串等操作实现子串的定位操作，算法代码如下：

```
public int indexOf (IString Str, int begin) {
    if (begin>=0) {
        n=this.length();
        m=str.length();
        i=begin;
        while (i<=n-m) {
            if (compareTo(subString(i,i+m),str) !=0)
                ++i ;
            else return i ;
        }
    }
    return -1;            //S 中不存在与 T 相等的子串
}
```

5. 串的模式匹配

模式匹配是各种串处理系统中最重要的操作之一，设 s 和 t 是两个串，s="$s_0s_1\cdots s_{n-1}$"，t="$t_0t_1\cdots t_{m-1}$"($0\leqslant m\leqslant n$)在 s 串中寻找等于 t 的子串的过程称为模式匹配(即子串的定位操作)。其中，s 为主串，t 为模式串。

Bruce-Force 算法和 KMP 算法是常用的两种模式匹配算法。

1）Bruce-Force 算法

(1）算法思想

用 T 串字符依次与 S 串字符比较，分别引进变量 i 和 j 指示主串 s 和模式串 t 的初始字符：i=start；$j=0$。

① 若 S[i]=T[j]，则继续往下比较(即 i++；j++；)。

② 若 S[i]≠T[j]，则从主串的下一个字符起再重新和模式串 T 依次从头开始与 S 中字符依次比较(即重新置 $i=i-j+1$，$j=0$)。

③ 重复 a、b 直到 i>=S.length()或 j>=T.length()，若 j>=T.length()则匹配成功，函数返回 T 串在 S 串 start 位置之后首次出现的位序号值，否则匹配失败，函数返回−1。

(2) 算法步骤

算法实现代码如下：

```
int IndexOf(IString t, int start) {
    //返回子串 t 在主串(当前串 this)中第 start 个字符之后的位置
    //若不存在，则函数值为-1。其中，t 非空，0≤start≤S.Length()-1
    int i=start, j=0,slen=this.length(),tlen=t.length();
    while  (i<slen && j<tlen) {
      if (this.charAt[i]==t.charAt[i]
            {i++;   j++; }           //继续比较后继字符
      else {i=i-j+1; j=0;}           //指针后退重新开始匹配
    if (j>=tlen)  return i-tlen;
    else return -1;
}
```

2) KMP 算法

(1) 算法思想

KMP 算法(D.E.Knuth、J.H.Morris、V.R.Pratt)是模式匹配的一种改进算法。

模式串的 next[]函数的定义：模式串中，每一个 t_j 都有一个 k 值对应，这个 k 值仅与模式串本身有关，而与主串 s 无关。一般用 next[j]函数来表示 t_j 对应的 k 值。

$$\text{next}[j]=\begin{cases}1 & (\text{当 } j=0 \text{ 时})\\ \max\{k \mid 0<k<j\} \text{ 且 } 't_0 t_1 \cdots t_{k-1}'='t_{j-k} \cdots t_{j-1}' & (\text{集合非空时})\\ 0 & (\text{其他情况})\end{cases}$$

例如，模式串"abcabc" next[]函数如下：

j	0	1	2	3	4	5
模式串	a	b	c	a	b	c
next[j]	−1	0	0	0	1	2

(2) 算法步骤

算法实现代码如下：

```
public int index_KMP(IString T, int start) {
        //在当前主串中从 start 开始查找模式串 T
        //若找到，则返回模式串 T 在主串中的首次匹配位置，否则返回-1
        int[] next=getNext(T);          //计算模式串的 next[]函数值
        int i=start;                    //主串指针
        int j=0;                        //模式串指针
        //对两串从左到右逐个比较字符
        while (i<this.length() && j<T.length()) {
            //若对应字符匹配
            if (j==-1 || this.charAt(i)==T.charAt(j)) {   //j==-1 表示 S[i]!=T[0]
                i++;
                j++;                    //则转到下一对字符
            } else {                    //当 S[i]不等于 T[j]时
                j=next[j];              //模式串右移
            }
```

```
        }
        if (j<T.length()) {
            return -1;                                  //匹配失败
        } else {
            return (i-T.length());                      //匹配成功
        }
    }
    //计算模式串 T 的 next[]函数值
    protected int[] getNext(IString T) {
        int[] next=new int[T.length()];                 //next[]数组
        int j=1;                                        //主串指针
        int k=0;                                        //模式串指针
        next[0]=-1;
        if (T.length()>1) {
            next[1]=0;
        }
        while (j<T.length()-1) {
            if (T.charAt(j)==T.charAt(k)) {             //匹配
                next[j+1]=k+1;
                j++;
                k++;
            } else if (k==0) {                          //失配
                next[j+1]=0;
                j++;
            } else {
                k=next[k];
            }
        }
        return (next);
    }
    //计算模式串 T 的 nextval[]函数值
    protected int[] getNextVal(IString T) {
        int[] nextval=new int[T.length()];              //nextval[]数组
        int j=0;
        int k=-1;
        nextval[0]=-1;
        while (j<T.length()-1) {
            if (k==-1 || T.charAt(j)==T.charAt(k)) {
                j++;
                k++;
                if (T.charAt(j) !=T.charAt(k)) {
                    nextval[j]=k;
                } else {
                    nextval[j]=nextval[k];
                }
            } else {
                k=nextval[k];
            }
        }
        return (nextval);
    }
}
```

6.2 数　　组

1. 基本概念

数组是 $n(n\geqslant 1)$ 个具有相同类型的数据元素 $a_0,a_1,\cdots,a_{n-1}$ 构成的有限序列，并且这些数据元素占用一片地址连续的内存单元。其中，n 称为数组的长度。数组的每一个元素由值及下标所确定，元素类型一致。数组也是一种线性的数据结构，它可以看成线性表的一种扩充。

一维数组可以看成一个顺序存储结构的线性表。顺序表以及其他线性结构的顺序存储结构都可以用一维数组来描述。数组元素是一维数组的数组称为二维数组。

例如，一个 $n\times m$ 矩阵 A

$$\begin{pmatrix} a_{0,0} & a_{0,1} & \cdots & a_{0,j} & \cdots & a_{0,m-1} \\ a_{1,0} & a_{1,1} & \cdots & a_{1,j} & \cdots & a_{1,m-1} \\ \vdots & \vdots & & \vdots & & \vdots \\ a_{i,1} & a_{i,2} & \cdots & a_{i,j} & \cdots & a_{i,m-1} \\ \vdots & \vdots & & \vdots & & \vdots \\ a_{n-1,1} & a_{n-1,2} & \cdots & a_{n-1,j} & \cdots & a_{n-1,m-1} \end{pmatrix}$$

可以看成一个二维数组，也可以看成由以 n 个长度为 m 的线性表为数据元素所组成的线性表。

$$a=(a_0,a_1,\cdots,a_{n-1}),\quad a_i=(a_{i,0},a_{i,1},\cdots,a_{i,j},\cdots,a_{i,m-1})$$

2. 数组的顺序存储结构

数组是多维的结构，而存储空间是一个一维的结构。数组的顺序存储表示要解决的是一个“如何用一维的存储地址来表示多维的关系”的问题。

有两种顺序映象的方式：以行序为主序（行优先顺序）和以列序为主序（列优先顺序）。

例如，二维数组 a[3][3]={{1,2,3},{4,5,6},{7,8,9}}。

(1) 行优先存储结构为

1	2	3	4	5	6	7	8	9

二维数组 A[m][n]中任意元素 $a_{i,j}$ 的存储位置

$$LOC(i,j)=LOC(0,0)+(n\times i+j)\times L$$

LOC(0,0)为基地址，L 为一个存储单元的大小。

(2) 列优先存储结构为

1	4	7	2	5	8	3	6	9

二维数组 A[m][n]中任意元素 $a_{i,j}$ 的存储位置

$$LOC(i,j)=LOC(0,0)+(m\times j+i)\times L$$

6.3 特殊矩阵的压缩存储

如果在矩阵中有许多值相同的元素或者是零元素。为了节省存储空间,可以对这类矩阵进行压缩存储。所谓压缩存储,是指为多个值相同的元素只分配一个存储空间;对零元素不分配空间。

特殊矩阵是具有许多相同数据元素或零元素,且非零元素在矩阵中的分布有一定规则。如对称矩阵、对角矩阵和稀疏矩阵等。

1. 对称矩阵的压缩存储

若 n 阶矩阵 A 中的元素满足性质:$a_{ij}=a_{ji}$ 且 $0\leqslant i,j\leqslant n-1$ 则称为对称矩阵。

1) 空间分配

每一对对称元素仅分配一个存储,则可将 n^2 个元素压缩存储到 $n(n+1)/2$ 个元素空间中。

2) 地址公式

假设以一维数组 $S_{[n(n+1)/2]}$ 作为 n 阶对称矩阵 A 的存储结构,若 a_{ij} 存储到 $S[k]$ 中,则 k 与 i、j 对应关系为

$$K=\begin{cases} i(i+1)/2+j & (i\geqslant j) \\ j(j+1)/2+i & (i<j) \end{cases} \quad K=0,1,\cdots,n(n+1)/2-1 \quad 其中(0\leqslant i,j\leqslant n-1)$$

对于任意给定一对行列号(i,j),均可在 S 中找到矩阵的元素 a_{ij},反之,对于所有的 $k=0,1,\cdots,n(n+1)/2-1$,都能确定 $S[k]$ 中的元素在矩阵中的位置(i,j)。

2. 稀疏矩阵的压缩存储

有较多零元素且非零元素分布无规律的矩阵为稀疏矩阵。

假设 m 行 n 列的矩阵含 t 个非零元素,则称

$$\delta=\frac{t}{m\times n}$$

为稀疏因子。

通常认为 $\delta\leqslant 0.05$ 的矩阵为稀疏矩阵且零值元素分布是随机的。

以常规方法,即以二维数组表示高阶的稀疏矩阵时会产生以下两个问题。

(1) 零值元素占了很大空间。

(2) 计算中进行了很多和零值的运算,遇除法,还需判别除数是否为 0。即计算效率不高。

通常,可以采用三元组顺序表和行链表组来压缩存储稀疏矩阵。

(1) 三元组顺序表压缩存储稀疏矩阵。用一个一维数组存储矩阵的总行数、总列数、不为 0 的元素个数和三元组表的引用,三元组表中的结点包括行号、列号和值三个域。

(2) 行链表组压缩存储稀疏矩阵。将矩阵每一行中非零元素对应的结点构成一个链表,m 个行链表形成一个链表组。用一个指针数组 $ah[m]$ 作为各行链表的首指针,行链表的结点只含列号域、元素值域和链域,适用于按行读取元素。

【例 6-1】 如下稀疏矩阵 A。

$$A_{5\times6}=\begin{pmatrix}0&0&35&13&0&1.5\\31&0&0&0&17&0\\0&0&0.6&0&0&20\\0&21&0&0&0&0\\1.8&0&0&0.8&0&0\end{pmatrix}$$

其存储结构如图 6-4 所示为三元组表压缩存储结构，图 6-5 为行链表组压缩存储结构。

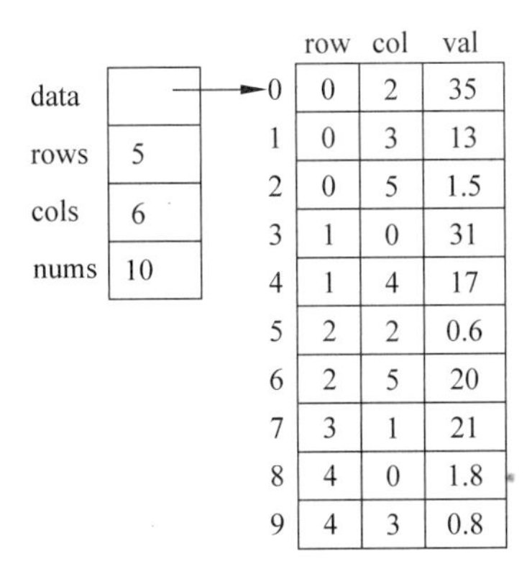

图 6-4 稀疏矩阵的三元组表压缩存储结构

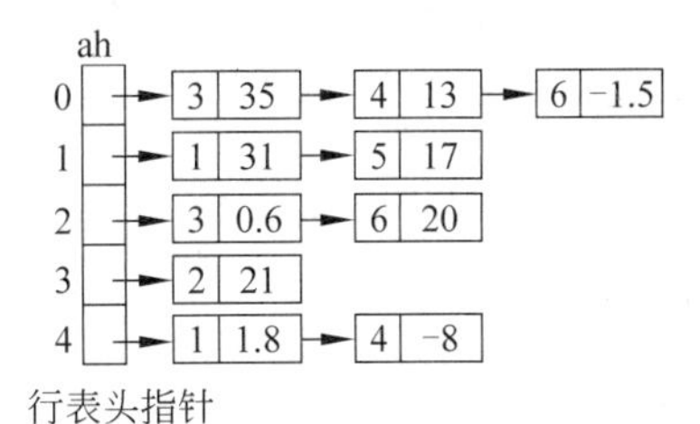

图 6-5 稀疏矩阵的行链表组压缩存储结构

6.4 本章小结

本章主要介绍以下特殊的线性表结构的含义及用法。

(1) 串：基本概念、抽象数据类型、串的顺序存储结构和链式存储结构、顺序串的基本操作的实现、模式匹配。

(2) 数组：基本概念、顺序存储结构。

(3) 矩阵：对称矩阵和稀疏矩阵的压缩存储。

6.5 基础知识检测

一、填空题

1. 串是指________。

2. 两个字符串相等的充要条件是________和________。

3. 设字符串 s1="abcdefg"，s2="pqrst"，则进行 concat(substring(s1,1,s2.length()),substring(s1,s2.length(),2))运算后串值为________。

4. 对与二维数组和多维数组，分为________和________两种存储方式。

二、选择题

1. 串是一种特殊的线性表，其特征体现在(　　)。

A. 可以顺序存储　　　　B. 数据元素是一个字符

C. 数据元素可以是多个字符　　　　D. 以上都不对

2. 稀疏矩阵一般的压缩存储方法有(　　)。

A. 二维数组和三维数组　　B. 三元组表和散列表

C. 三元组表和行链表组　　D. 散列表和十字链表

3. 一个 $n\times n$ 的对称矩阵,如果以按行存储方式压缩存储,其容量为(　　)。

A. n　　B. n^2　　C. $n+1$　　D. $n(n+1)/2$

6.6 上机实验

【实验目的】

(1) 了解串和矩阵的基本概念。

(2) 掌握串的基本操作的算法实现。

(3) 掌握稀疏矩阵的压缩存储方法和基本操作的实现。

6.6.1 实验 1:串的基本操作

【实验要求】

(1) 编写一个 SeqString 类的子类,新增 3 个方法。

① countDigital(),统计串中包含数字字符的个数。

② countAlpha(),统计串中包含英文字母的个数。

③ stringCount(SeqString str),统计子串 str 在串中出现的次数。

(2) 设计一个测试类,测试顺序串类的各成员方法的正确性。

【运行结果参考】

运行结果如图 6-6 所示。

【Java 源代码】

(1) 字符串抽象数据类型的接口定义。

(2) 顺序串类的实现。

```
public class SeqString implements IString {
    private char[] strvalue;                  //字符数组,存放串值
    private int curlen;                       //当前串的长度
    //构造方法 1,构造一个空串
    public SeqString () {
        strvalue=new char[0];
        curlen=0;
    }
    //构造方法 2,以字符串常量构造串对象
    public SeqString (String str) {
        if (str !=null) {
            char[] tempchararray=str.toCharArray();
            strvalue=tempchararray;
            curlen=tempchararray.length;
        }
    }
```

```
请输入源串:123abc123abc
---------顺序串的基本操作---------
操作选项菜单
1.串长度
2.判断是否为空串
3.取字符
4.取子串
5.串的插入
6.串的删除
7.统计串中包含英文字母数
8.统计串中包含数字字符数
9.统计串中包含子串数
10.显示串
----------------------------
作者: ×××        班级: 17软件工程×班
```

```
请输入操作代码(0-退出):1
顺序表的长度:12
请输入操作代码(0-退出):2
这不是空串。
请输入操作代码(0-退出):3
请输入要取的字符位置: 5
串中第5个字符是: c
请输入操作代码(0-退出):4
请输入要取的子串的起止位置: 0 5
要取的子串是: 123ab
请输入操作代码(0-退出):5
请输入要插入的位置和子串:1 love
插入子串成功!
请输入操作代码(0-退出):10
当前串为: 1love23abc123abc
请输入操作代码(0-退出):6
请输入删除的子串的起止位置: 5 8
删除子串成功!
请输入操作代码(0-退出):10
当前串为: 1lovebc123abc
请输入操作代码(0-退出):7
串中包含英文字母数: 9
请输入操作代码(0-退出):8
串中包含数字字符数: 4
请输入操作代码(0-退出):9
请输入子串:bc
串中包含子串数: 2
请输入操作代码(0-退出):0
```

图 6-6　运行结果

```
//构造方法 3,以字符数组构造串对象
public SeqString (char[] value) {
    this.strvalue=new char[value.length];
    for (int i=0; i<value.length; i++) {        //复制数组
        this.strvalue[i]=value[i];
    }
    curlen=value.length;
}
public char[] getStrvalue() {
    return strvalue;
}
public void setStrvalue(char[] strvalue) {
    this.strvalue=strvalue;
}
public int getCurlen() {
    return curlen;
}
```

```
    public void setCurlen(int curlen) {
        this.curlen=curlen;
    }
    //将一个已经存在的串置成空串
    public void clear() {
        this.curlen=0;
    }
    //判断当前串是否为空,为空则返回 true,否则返回 false
    public boolean isEmpty() {
        return curlen==0;
    }
    //返回字符串长度
    public int length() {
        return curlen;      //区别: strvalue.length 是数组容量
    }
    //返回字符串中序号为 index 的字符
    public char charAt(int index) {
        if ((index<0) || (index>=curlen)) {
            throw new StringIndexOutOfBoundsException(index);
        }
        return strvalue[index];
    }
    //将字符串中序号为 index 的字符设置为 ch
    public void setCharAt(int index, char ch) {
        if ((index<0) || (index>=curlen)) {
            throw new StringIndexOutOfBoundsException(index);
        }
        strvalue[index]=ch;
    }
    public void allocate(int newCapacity) {      //扩充容量,参数指定最小容量
        char[] temp=strvalue;                    //复制数组
        strvalue=new char[newCapacity];
        for (int i=0; i<temp.length; i++) {
            strvalue[i]=temp[i];
        }
    }
    //返回串中序号从 begin 至 end-1 的子串
    public IString substring(int begin, int end) {
        if (begin<0) {
            throw new StringIndexOutOfBoundsException("起始位置不能小于 0");
        }
        if (end>curlen) {
            throw new StringIndexOutOfBoundsException("结束位置不能大于串的当前
            长度:"+curlen);
        }
        if (begin>end) {
            throw new StringIndexOutOfBoundsException("开始位置不能大于结束位置");
        }
        if (begin==0 && end==curlen) {
```

```
            return this;
        } else {
            char[] buffer=new char[end-begin];
            for (int i=0; i<buffer.length; i++) {  //复制子串
                buffer[i]=this.strvalue[i+begin];
            }
            return new SeqString1(buffer);
        }
    }
    //在当前串的第 offset 个字符之前插入串 str,0<=offset<=curlen
    public IString insert(int offset, IString str) {
        if ((offset<0) || (offset>this.curlen)) {
          throw new StringIndexOutOfBoundsException("插入位置不合法");
        }
        int len=str.length();
        int newCount=this.curlen+len;
        if (newCount>strvalue.length) {
            allocate(newCount);                         //插入空间不足,需扩充容量
        }
        for (int i=this.curlen-1; i>=offset; i--) {
        //从 offset 开始向后移动 len 个字符
            strvalue[len+i]=strvalue[i];         }
        for (int i=0; i<len; i++){                      //复制字符串 str
            strvalue[offset+i]=str.charAt(i);
        }
        this.curlen=newCount;
        return this;
    }
    //删除从 begin 到 end-1 的子串，0≤begin≤length()-1,1≤end≤length()
    public IString delete(int begin, int end) {
        if (begin<0) {
            throw new StringIndexOutOfBoundsException("起始位置不能小于 0");
        }
        if (end>curlen) {
            throw new StringIndexOutOfBoundsException("结束位置不能大于串的当前
            长度:"+curlen);
        }
        if (begin>end) {
            throw new StringIndexOutOfBoundsException("开始位置不能大于结束位置");
        }
        for (int i=0; i<curlen-end; i++) {
    //从 end 开始至串尾的子串向前移动到从 begin 开始的位置
            strvalue[begin+i]=strvalue[end+i];
        }
        curlen=curlen-(end-begin);                      //当前串长度减去 end-begin
        return this;
    }
    //添加指定串 str 到当前串尾
    public IString concat(IString str) {
```

```
        return insert(curlen, str);
    }
    public int compareTo(IString str) {               //比较串
        return compareTo((SeqString) str);
    }
    public int compareTo(SeqString1 str) {            //比较串
        //若当前对象的串值大于 str 的串值,则函数返回一个正整数
        //若当前对象的串值等于 str 的串值,则函数返回 0
        //若当前对象的串值小于 str 的串值,则函数返回一个负整数
        int len1=curlen;
        int len2=str.curlen;
        int n=Math.min(len1, len2);
        for (int k=0; k<n; k++) {
            if (strvalue[k] !=str.strvalue[k]) {
                return (strvalue[k]-str.strvalue[k]);
            }
        }
        return len1-len2;                             //返回两个字符串长度的数值差
    }
    public String toString() {
        return new String(strvalue, 0, curlen);     //以字符数组构造串
    }
    /* 若当前串中存在和 str 相同的子串,则返回模式串 str 在主串中从第 start 字符开始的
       第一次出现位置,否则返回-1 */
    public int indexOf(IString t, int start) {
        return index_KMP(t, start);
    }
    //KMP 模式匹配算法
    public int index_KMP(IString T, int start) {
        ...
    }
    //计算模式串 T 的 next[]函数值
    protected int[] getNext(IString T) {
        ...
    }
    //计算模式串 T 的 nextval[]函数值
    protected int[] getNextVal(IString T) {
        ...
    }
}
```

（3）子类代码。

```
public class MyString extends SeqString {
    public MyString(String str) {
        super(str);
    }
    public int countDigital() {           //数字字符个数
        int dcount=0;
```

```
        char a;
        for (int i=0; i<this.length(); i++) {
            a=charAt(i);
            if ((int)a>='0' &&(int)a<='9' ) {  //当前字符是字母
            dcount++;
            }
        }
        return dcount;
    }
    public int countAlpha() {                         //字母个数
        int dcount=0 ;
        char a;
        for (int i=0; i<this.length(); i++) {
        a=charAt(i);
        //当前字符是字母
        if (a>='a' && a<='z' ||  a>='A' && a<='Z') {
            dcount++;
        }
        }
        return dcount;
    }
    public int countString(SeqString str){
         SeqString source=this;
         int count=0,begin=0;
         int index;
         while((index=source.indexOf(str, begin))!=-1){
             count++;
             begin=index+str.length();
         }
         return count;
     }
}
```

（4）测试类代码。

```
import java.util.Scanner;
public class TestMyString {
    public static void menu() {
        ...
    }
    public static void main(String[] args) {
        Scanner sc=new Scanner(System.in);
        System.out.print("请输入源串:");
        String str=sc.next();
        MyString mString=new MyString(str);
        menu();
        int op;
        do {
            System.out.print("请输入操作代码(0-退出):");
```

```
        op=sc.nextInt();
        switch (op) {
        case 1:
            System.out.println("顺序表的长度:"+mString.length());
            break;
        case 2:
            if(mString.isEmpty())
                System.out.println("这是空串。");
            else
                System.out.println("这不是空串。");
            break;
        case 3:
            System.out.print("请输入要取的字符位置: ");
            int loc=sc.nextInt();
            char c=mString.charAt(loc);
            System.out.println("串中第"+loc+"个字符是: "+c);
            break;
        case 4:
            System.out.print("请输入要取的子串的起止位置: ");
            int begin=sc.nextInt();
            int end=sc.nextInt();
            System.out.println("要取的子串是: "+mString.substring(begin, end));
            break;
        case 5:
            System.out.print("请输入要插入的位置和子串:");
            loc=sc.nextInt();
            IString string=new MyString(sc.next());
            mString.insert(loc, string);
            System.out.println("插入子串成功!");
            break;
        case 6:
            System.out.print("请输入删除的子串的起止位置: ");
            begin=sc.nextInt();
            end=sc.nextInt();
            mString.delete(begin, end);
            System.out.println("删除子串成功!");
            break;
        case 7:
            int n1=mString.countAlpha();
            System.out.println("串中包含英文字母数: "+n1);
            break;
        case 8:
            int n2=mString.countDigital();
            System.out.println("串中包含数字字符数: "+n2);
            break;
        case 9:
            System.out.print("请输入子串:");
            MyString s=new MyString(sc.next());
            int n3=mString.countString(s);
            System.out.println("串中包含子串数: "+n3);
```

```
                break;
            case 10:
                System.out.println("当前串为: "+mString.toString());
                break;
            default:
                System.out.print("输入操作代码有误,请重新选择!");
            }
        } while (op !=0);
        sc.close();
    }
}
```

6.6.2 实验 2：稀疏矩阵基本操作

【实验要求】

设计一个稀疏矩阵的操作测试程序。

【运行结果参考】

运行结果如图 6-7 所示。

```
1 创建稀疏矩阵
2 稀疏矩阵的转置
3 打印稀疏矩阵
4 打印转置后的稀疏矩阵
0 退出
=============================
作者: XXX          班级: 17软件工程X班
请输入操作代码(0-退出):1
请输入稀疏矩阵:
0 0 8 0 0 0
0 0 0 0 0 0
5 0 0 0 16 0
0 0 18 0 0 0
0 0 0 9 0 0
稀疏矩阵创建完成
请输入操作代码(0-退出):2
转置成功!
请输入操作代码(0-退出):3
稀疏矩阵:
稀疏矩阵的三元组存储结构:
行数: 5, 列数: 6, 非零元素个数: 5
行下标 列下标 元素值
0       2       8
2       0       5
2       4       16
3       2       18
4       3       9
请输入操作代码(0-退出):4
转置后的稀疏矩阵:
稀疏矩阵的三元组存储结构:
行数: 6, 列数: 5, 非零元素个数: 5
行下标 列下标 元素值
0       2       5
2       0       8
2       3       18
3       4       9
4       2       16
请输入操作代码(0-退出):0
程序结束!
```

图 6-7 运行结果

【Java 源代码】

(1) 定义三元组结点类。

```
public class TripleNode {           //三元组结点类
    public int row;                 //行号
    public int column;              //列号
    public int value;               //元素值
    ...                             //getter()和 setter()方法
    public TripleNode(int row, int column, int value) {     //有参构造方法
        this.row=row;
        this.column=column;
        this.value=value;
    }
    public TripleNode() {           //无参构造方法
        this(0, 0, 0);
    }
    public String toString(){       //三元组描述字符串
        return "("+row+","+column+","+value+")";
    }
}
```

(2) 定义稀疏矩阵顺序表类。

```
import java.util.Scanner;
public class SparseMatrix {                         //三元组顺序表类
    public TripleNode data[];                       //三元组表
    public int rows;                                //行数
    public int cols;                                //列数
    public int nums;                                //非零元素个数
    public SparseMatrix(int maxSize) {              //构造方法
        data=new TripleNode[maxSize];               //为顺序表分配 maxSize 个存储单元
        for (int i=0; i<data.length; i++) {
            data[i]=new TripleNode();
        }
        rows=0;
        cols=0;
        nums=0;
    }
    //构造方法,从一个矩阵创建三元组表,mat 为稀疏矩阵
    public SparseMatrix(int mat[][]) {
        int i, j, k=0, count=0;
        rows=mat.length;                            //行数
        cols=mat[0].length;                         //列数
        for (i=0; i<mat.length; i++) {              //统计非零元素的个数
            for (j=0; j<mat[i].length; j++) {
                if (mat[i][j] !=0) {
                    count++;
                }
            }
        }
```

```
        nums=count;                                   //非零元素的个数
        data=new TripleNode[nums];                    //申请三元组结点空间
        for (i=0; i<mat.length; i++) {
            for (j=0; j<mat[i].length; j++) {
                if (mat[i][j] !=0) {
                    data[k]=new TripleNode(i, j, mat[i][j]);
                    k++;
                }
            }
        }
    }
    public SparseMatrix() {                           //构造方法,输入三元组
        System.out.print("请输入稀疏矩阵行数、列数和非零元素个数: ");
        Scanner sc=new Scanner(System.in);
        int rows=sc.nextInt();
        int cols=sc.nextInt();
        int nums=sc.nextInt();
        data=new TripleNode[nums];
        System.out.println("请输入非零元素(行 列 值): ");
        for (int i=0; i<data.length; i++) {
            int r=sc.nextInt();
            int c=sc.nextInt();
            int value=sc.nextInt();
            data[i]=new TripleNode(r,c,value);
        }
        this.rows=rows;
        this.cols=cols;
        this.nums=nums;
    }
    //矩阵转置
    public SparseMatrix transpose() {
        SparseMatrix tm=new SparseMatrix(nums);       //创建矩阵对象
        tm.cols=rows;                                 //行数变为列数
        tm.rows=cols;                                 //列数变为行数
        tm.nums=nums;                                 //非零元素个数不变
        int q=0;
        for (int col=0; col<cols; col++) {
            for (int p=0; p<nums; p++) {
                if (data[p].column==col) {
                    tm.data[q].row=data[p].column;
                    tm.data[q].column=data[p].row;
                    tm.data[q].value=data[p].value;
                    q++;
                }
            }
        }
        return tm;
    }
    //快速矩阵转置
    public SparseMatrix fasttranspose() {
```

```
        SparseMatrix tm=new SparseMatrix(nums);  //创建矩阵对象
        tm.cols=rows;                             //行数变为列数
        tm.rows=cols;                             //列数变为行数
        tm.nums=nums;                             //非零元素个数不变
        int i, j=0, k=0;
        int[] num, cpot;
        if (nums>0) {
            num=new int[cols ];
            cpot=new int[cols ];
            for (i=0; i<cols; i++) {              //每列非零元素个数数组 num 初始化
                num[i]=0;
            }
            for (i=0; i<nums; i++) {              //计算每列非零元素个数
                j=data[i].column;
                num[j]++;
            }
            cpot[0]=0;
                //计算每列第 1 个非零元素在 tm 中的位置
            for (i=1; i<cols; i++){
                cpot[i]=cpot[i-1]+num[i-1];
            }
            //执行转置操作
            for (i=0; i<nums; i++) {              //扫描整个三元组顺序表
                j=data[i].column;
                k=cpot[j];                        //该元素在 tm 中的位置
                tm.data[k].row=data[i].column;    //转置
                tm.data[k].column=data[i].row;
                tm.data[k].value=data[i].value;
                cpot[j]++;                        //该列下一个非零元素的存放位置
            }
        }
        return tm;
    }
    //输出稀疏矩阵(三元组形式)
    public void printMatrix() {
        int i;
        System.out.println("稀疏矩阵的三元组存储结构:");
        System.out.println("行数: "+rows+", 列数: "+cols+", 非零元素个数:
        "+nums);
        System.out.println("行下标    列下标    元素值");
        for (i=0; i<nums; i++) {
            System.out.println(data[i].row+"\t"+data[i].column+"\t"+data[i].
            value);
        }
    }
    public void printMatrix1() {                  //输出稀疏矩阵(矩阵形式)
        int k=0;
        for(int p=0;p<rows;p++) {
            for(int q=0;q<cols;q++)   {
```

```
            if(k<nums&&data[k].row==p && data[k].column==q){
                System.out.printf("%5d ",data[k].value);
                k++;    }
             else  System.out.printf("%5d ",0);
          }
          System.out.println();
       }
    }
}
```

(3) 定义测试类(创建稀疏矩阵时输入二维数组元素)。

```
import java.util.Scanner;
public class TestSM {
    public static void menu() {
        ...
    }
    public static void main(String args[]) {
        Scanner sc=new Scanner(System.in);
        menu();
        int op;
        SparseMatrix sm=null, tm=null;
        do {
            System.out.print("请输入操作代码(0-退出):");
            op=sc.nextInt();
            switch (op) {
            case 1:
                int a[][]=new int[5][6];
                System.out.println("请输入稀疏矩阵:");
                for(int i=0;i<5;i++)
                    for(int j=0;j<6;j++)
                        a[i][j]=sc.nextInt();
                sm=new SparseMatrix(a);
                System.out.println("稀疏矩阵创建完成");
                break;
            case 2:
                if (sm !=null) {
                    tm=sm.fasttranspose();
                    System.out.println("转置成功!");
                }
                else System.out.println("稀疏矩阵为空!");
                break;
            case 3:
                if (sm !=null) {
                System.out.println("稀疏矩阵:");
                sm.printMatrix();}
                else System.out.println("稀疏矩阵为空!");
                break;
```

```
            case 4:
                if (tm !=null) {
                System.out.println("转置后的稀疏矩阵: ");
                tm.printMatrix();}
                else System.out.println("请先对稀疏矩阵进行转置操作!");
                break;
            case 0:
                System.out.print("程序结束!");
                return;
            default:
                System.out.print("输入操作代码有误,请重新选择!");
            }
        } while (op !=0);
        sc.close();
    }
}
```

6.6.3 实验拓展

(1) 写出算法,确定模式串 p[n]在正文串 a[m]中一共出现多少次。

(2) 假设二维数组 $B_{6\times8}$,每个元素用相邻的 6 个字节存储,存储器按字节编址,B 的起始地址为 1000,计算:

① 数组 B 的存储量;

② 数组 B 的最后一个元素的起始地址;

③ 按行存储时,元素 B_{14} 的起始地址;

④ 按列存储时,元素 B_{47} 的起始地址。

第 6 章主要算法的 C++ 代码

第7章

课程设计概述

7.1 课程设计教学大纲

1. 课程设计的性质、目的和任务

“数据结构与算法”课程设计是计算机专业的程序设计技能训练实践性课程。旨在把学习过的各种类型的数据结构应用到现实中，培养学生运用相关知识解决实际问题的能力。课程设计的目的是进一步培养学生对 C++ 或 Java 语言要素的理解，针对数据结构中的重点和难点内容进行训练，在数据结构的逻辑特性和存储表示、数据结构的选择和应用、算法设计及其实现等方面加深理解，独立完成具有一定工作量的程序设计任务，训练复杂程序的设计能力。

本课程设计的目的和任务如下。

(1) 了解并掌握数据结构与算法的设计方法。

(2) 具备初步的独立分析与设计能力。

(3) 初步掌握软件开发过程的问题分析、数据结构的设计、程序编码、程序测试等基本方法和技能。

(4) 提高综合运用所学的理论知识和方法独立分析与解决问题的能力。

2. 课程设计的基本要求

本课程设计的基本要求是使学生了解数据结构如何工作以及学会如何应用它们，并且能够熟练地根据问题选择最佳数据结构和算法。本课程设计包含基于线性和非线性数据结构的程序设计任务各一个，包括基本数据结构及其应用实例的实现。通过本课程设计的训练，学生将能够开发基于典型数据结构的程序，为今后从事软件开发打下扎实基础。

1) 基本要求

(1) 课程设计由小组成员合作完成。课程设计报告不少于 5000 字，以 Word 文档形式提交给教师，同时打印一份提交给指导教师。

(2) 课程设计报告封面应有题目、班级、姓名、学号、完成日期、指导教师等的说明。

(3) 课程设计报告正文一般要求包含以下几个方面的内容。

① 需求分析和任务定义。

② 数据结构的选择，包括逻辑结构与存储结构。

③ 算法设计与实现，包括设计的思路、算法的描述、算法的实现及算法分析等。

④ 调试分析，在算法实现过程中进行测试用例的设计及调试，对调试过程中出现的问题进行分析，并有运行结果。

⑤ 最后以整个课程设计进行总结，写出自己的收获及存在的问题。

⑥ 附录或参考资料。

2）实验设备要求

（1）计算机及操作系统：PC、Windows XP。

（2）程序设计语言：Visual C++ 或 JDK、MyEclipse。

3. 课程设计内容及进度安排

（1）对各个任务进行功能需求分析。

（2）设计逻辑结构与存储结构。

（3）进行算法的设计并实现算法，最后进行算法的分析。在算法设计部分，要求使用自然语言或流程图进行描述，算法分析要求写出该算法的时间复杂度，算法实现要求有完整的程序代码及注释说明。

（4）进行算法的调试，调试过程要求写出在调试过程中出现的问题及解决方法。

（5）总结收获及问题。

4. 课程设计选题

（1）题目 1：基于约瑟夫环的数字游戏数据结构设计。

（2）题目 2：图书管理系统的设计。

（3）题目 3：迷宫问题。

（4）题目 4：表达式的转换及计算。

（5）题目 5：停车场管理方案的数据结构设计。

（6）题目 6：排队就餐管理方案设计。

（7）题目 7：哈夫曼编译码器。

（8）题目 8：英文文本比对器。

（9）题目 9：校园地图设计及其应用。

（10）题目 10：校园超市选址方案设计。

5. 建议教材与参考书

1）C++ 版数据结构教材与参考书

（1）陈卫卫，王庆瑞. 数据结构与算法(C 语言版)[M]. 北京：清华大学出版社，2010.

（2）严蔚敏，吴伟民. 数据结构题集(C 语言版)[M]. 北京：清华大学出版社，2011.

2）Java 版数据结构教材与参考书

（1）朱战立. 数据结构——Java 语言描述[M]. 2 版. 北京：清华大学出版社，2016.

（2）刘小晶，杜选，朱蓉，等. 数据结构——Java 语言描述[M]. 2 版. 北京：清华大学出版社，2015.

6. 课程设计成果(论文)要求

课程设计结束后，学生应提交的文档包括纸质文档和电子文档。

（1）纸质文档装入“课程设计资料袋”上交。纸质文档包括以下内容。

- “课程设计任务书”1 份。
- “课程设计报告”1 份(用塑料拉杆夹装订好)。

（2）电子文档包括以下文件，将这些电子文档制作成一个压缩文件，文件名为：第×组-课程设计名，每组上交一份，每班统一制作 1 张光盘。

- 课程设计报告。
- 课程设计任务书。
- 源程序。

最终提交课程设计报告和光盘。

7. 课程考核方式与成绩评定办法

课程设计成绩按以下方式计算。

课程设计报告(40%)+可执行程序(40%)+出勤率(20%)

(1) 根据题目的难度、完成的程序功能是否完善和报告的质量评定成绩。

(2) 只完成基本内容者,成绩至高为“良”或者70~80分。

(3) 如果有下列情况,则视情节严重程度,成绩下降若干档次,直至不及格。

- 文件含有病毒或者内容不能正确读出。
- 抄袭、复制别人程序或文档。
- 未能按时提交报告和光盘。

7.2 课程设计撰写规范

为了统一规范课程设计的格式,保证课程设计的质量,便于信息系统的收集、存储、处理、加工、检索、利用、交流和传播,根据国家标准局批准颁发的《科学技术报告、课程设计和学术论文的编写格式》(GB 7713—1987),特制定撰写规范要求如下。

1. 课程设计(论文)用纸、页眉、页边距、字间距及行间距

(1) 课程设计(论文)用纸一律为A4,单面打印。

(2) 页眉、页码从正文开始到最后,在每一页的最上方,用5号宋体,居中排列,页眉之下画一条0.75磅线,页眉用论文的名称。

(3) 页边距、字间距和行间距:页边距(上、下):2.54cm;页边距(左、右):3.17cm;字间距:标准;小四号字;行间距:1.5倍行距。

(4) 课程设计(论文)一律使用简化汉字,全部打印清楚,少量中、英文无法打印的文字符号可允许手写,但须清晰整洁。

2. 课程设计(论文)顺序及规范

课程设计(论文)顺序依次为封面、中文摘要、英文摘要、目录、主要符号表、正文、参考文献、附录、致谢。主要符号表和附录可按需列入。

1) 封面及规范

课程设计(论文)封面内容:学校代码、学号、学校名称、院系名称、课程设计题目、专业(二级学科名称)、本人姓名、指导教师(姓名、职称)、完成年月。

注意: 论文封面学院统一制作。论文题目字数一般应在25字以内。

论文书脊上写明:论文题目、姓名、课程设计(论文)年份(用中文)。

2) 中文摘要及规范

中文摘要为200~400字。论文摘要一般包括:论文的目的和重要性;完成了哪些工作;获得的主要结论。论文应突出理论与实践的结合点,用句应精练概括,并有本论文的关键词3~5个,关键词应从《汉语主题词表》中摘选,当《汉语主题词表》的词不足以反映主题,

可由作者设计关键词。中、外文文摘要将关键词分置于两页。

3）英文摘要及规范

英文摘要撰写要求如下。

(1) 用词应准确，使用本学科通用的词汇。

(2) 摘要中主语（作者）常常省略，因而一般使用被动语态，应使用正确的时态并要注意主语和谓语的一致性。必要的冠词不能省略。

(3) 关键词(key words)按相应专业的标准术语写出。

(4) 英文文摘要与中文文摘的内容一致。

4）目录及规范

(1) 目录中章、节号均使用阿拉伯数字，如第 1 章则为 1，其余为 1.1 及 1.1.1 等几个层次，其中“.”用半角。

(2) 目录中应有页号，页号从正文开始直到全文结束。

(3) 目录页号另编。

(4) 页号在页下方中间排列。

5）主要符号表及规范

(1) 全文中常用的符号及意义在主要符号表中列出。

(2) 符号排列顺序按英文及其他相关文字顺序排出。

(3) 主要符号表的页码另编。

6）课程设计(论文)正文及规范

正文是一个逻辑严密、论述准确、结构合理、内容充实的整体，一般应包括研究背景、主体研究内容及过程、结论等部分。作者可视具体研究内容分为若干章。全文应与参考文献紧密结合，重点论述作者本人的独立研究工作和创造性见解。参考或引用他人的学术成果或学术观点，必须给出参考文献，严禁抄袭、占有他人的成果。

(1) 研究背景及意义。

论文的研究背景是整个论文的基础，研究背景及意义的内容和要求如下。

- 清楚、严谨地论述国内外关于本领域的研究现状、水平及存在的问题。
- 阐述本研究与现实的联系。
- 明确论述本研究的目的及其意义。
- 阐述本论文的研究思路和主要内容。
- 课程设计(论文)的主体研究内容。

(2) 论文的主体研究内容及规范由各专业根据专业特点确定。

(3) 插图、表格、公式。

① 插图

- 所有插图按章编号，如第 1 章的第 1 张插图为“图 1-1”，所有插图均需有图注(图的说明)，图号及图注应在图的下方居中标出。
- 一幅图如有若干幅分图，均应编分图号，用(a)，(b)，(c)…按顺序编排。
- 插图须紧跟文述，在正文中，一般应先见图号及图的内容后再见图，一般情况下不能提前见图，特殊情况需延后的插图不应跨节。
- 图形符号及各种线型画法须按照现行的国家标准。

- 坐标图中坐标上须注明标度值，并标明坐标轴所表示的物理量名称及量纲，均应按国际标准（SI）标注，例如，kW、m/s、N、m 等，但对一些示意图例外。
- 图应具有“自明性”，即只看图、图题和图例，不阅读正文，就可理解图意。
- 图中用字最小为小五号字。
- 使用他人插图须在图题正下方注明出处。

② 表格

- 表格应按章编号，如“表 2-1”，并需有表题。
- 表号表题置于表格上方并与表左对齐排列。
- 表格的设计应紧跟文述，如为大表或作为工具使用的表格，可作为附表在附录中给出。
- 表中各物理量及量纲均按国际标准（SI）及国家规定的法定符号和法定计量单位标注。
- 使用他人表格须在表格上方注明出处。

③ 公式

- 公式均需有公式序号。
- 公式号按章编排，如式(2-3)。
- 公式中各物理量及量纲均按国际标准（SI）及国家规定的法定符号和法定计量单位标注，禁止使用已废弃的符号和计量单位。
- 公式中用字、符号、字体要符合学科规范。

（4）结论。

结论要求简明扼要地概括全部论文所得到的若干重要结果，着重介绍本人的独立研究和创造性成果及其在本学科领域中的地位和作用。用词要准确、精练、实事求是。

7）参考文献及规范

（1）参考文献一般应是作者亲自考察过的对课程设计有参考价值的文献，除特殊情况外，一般不应间接使用参考文献。

（2）参考文献应具有权威性，要注意引用最新的文献。

（3）引用他人的学术观点或学术成果，必须列在参考文献中。

（4）参考文献在整个论文中按出现次序依次列出，并在引用处右上角标注，标注符号为[×]。

（5）参考文献的数量：课程设计参考文献一般不低于 20 篇，以近期文献为主；引用的文献必须有外文文献（不含中文译本），外语专业必须有本专业语种以外的外文文献。

（6）参考文献的书写顺序按照论文中出现的先后排列，参照以下格式按顺序列出。

① 期刊的著录格式：序号 作者. 题名. 刊名（外文刊名可缩写，缩写后的首字母应大写），出版年，卷号（期号）：页码（起始页）

② 专著的著录格式：序号 作者. 书名. 版次（第一版不标注）. 出版地：出版者，出版年. 页码

③ 论文集的著录格式：序号 作者. 题名. 见（In）：论文集主编，编（eds）. 论文集名. 出版地：出版社，出版年. 页码

④ 课程设计的著录格式：序号 作者. 题名：[课程设计]. 学位授予单位所在地：学位

授予单位,学位授予年

⑤ 专利的著录格式：序号 专利申请者. 专利题名. 专利国别,专利文献种类,专利号. 出版日期

⑥ 技术标准的著录格式：序号 技术标准发布单位. 技术标准代号. 技术标准名称. 出版地：出版者,出版年

8）课程设计(论文)的附录及规范

附录的内容包括以下方面。

(1) 正文中过长的公式推导与证明过程可以附录中依次给出。

(2) 与本文紧密相关的非作者自己的分析,证明及工具用表格等。

(3) 在正文中无法列出的实验数据。

9）致谢及规范

致谢中主要感谢导师和对论文工作直接有贡献及帮助的人士和单位。致谢词要谦虚诚恳,实事求是。

第 8 章

线性表的应用

8.1 基于约瑟夫环的数字游戏数据结构设计

1. 问题描述

有 n 个人一起玩游戏，编号分别为 1，2，…，n，并按顺时针方向围坐一圈，每人持有一个密码（正整数）。一开始任选一个正整数作为报数的上限值 m，从第一个人开始按顺时针方向自 1 开始顺序报数，报到 m 时停止报数，报 m 的人出列，将他的密码作为新的 m 值，从他的顺时针方向上的下一个人开始重新从 1 报数，如此下去，直至所有人全部出列为止，最后一个出列的人为最终胜利者。设计一个程序求出出列顺序，得出游戏最终胜利者的编号。

2. 基本要求

请用 C/C++ 或 Java 语言编写程序，利用单向循环链表作为存储结构模拟此过程；键盘输入总人数、初始报数上限值 m 及各人的密码；按照出列顺序输出各人的编号并得出游戏最终胜利者的编号。

具体要求如下。

(1) 画出逻辑结构图。

(2) 画出物理结构图。

(3) 给出算法设计、实现及时间效率分析。

3. 测试数据

假设有 3 个人在一起玩游戏（即 $n=3$），按顺时针坐的依次是编号 1、2、3，其对应的密码 m 分别为 3、5、9，并设置初始密码 m 为 8。

游戏开始，顺序如图 8-1 所示。

(1) 分析第一个出列，报数：1、2、3、4、5、6、7、8。所以，2 号出列，剩下 1 号、3 号，密码 m 重新设置为 2 号的密码 5（见图 8-2）。

图 8-1　游戏开始　　　　图 8-2　游戏第 1 步

(2) 分析第二个出列，报数：1、2、3、4、5。所以，3 号出列；剩下 1 号，密码 m 重新设置为3 号的密码 9（见图 8-3）。

(3) 分析第三个出列：1、2、3、4、5、6、7、8、9（见图 8-4）。

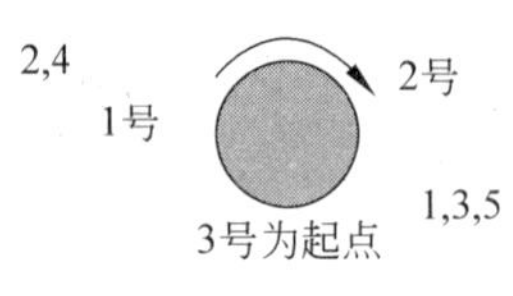

图 8-3　游戏第 2 步

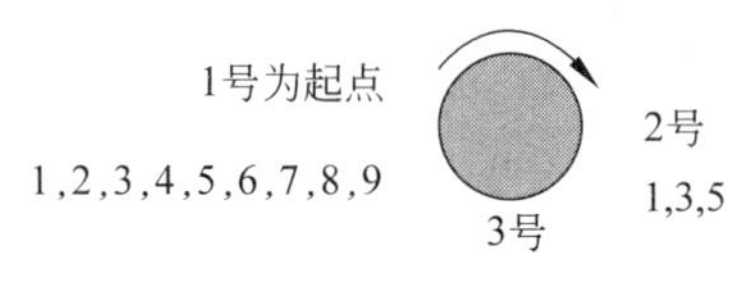

图 8-4　游戏第 3 步

因此，出列顺序为：2—3—1，1 号为此次游戏的最终胜利者。

4. 实现提示

采用单向循环链表实现。

8.1.1　任务分析

约瑟夫环是一个经典的数学应用问题，是基于线性表的典型问题。任务分析如下。

(1) 构造约瑟夫环，每个结点进行编号，存储信息。

(2) 各个结点按顺时针方向出列，根据结点所对应的密码，找到相匹配的结点，打印其结点编号，将结点的密码作为新的密码，随后释放结点，形成一个新的约瑟夫环。

以此类推继续进行新的密码匹配，直到所有人全部出列为止，最后一个出列的人为最终胜利者。

例如，第一步，1 号为第一个玩家，他的密码 $m=3$，则从他开始报数。第二步，3 号报到 3，该玩家出列，此时 3 号的密码作为新的 m 值，即 $m=4$，他的下一位 4 号开始报数(此时剩下 1，2，4，5，6，7，8，9，10，11，12)。第三步，7 号报到 4，该玩家出列，此时 7 号的密码作为新的 m 值，即 $m=5$，他的下一位 8 号开始报数(此时剩 1，2，4，5，6，8，9，10，11，12)。重复以上步骤，直到剩下最后一个玩家。游戏流程如图 8-5 所示。

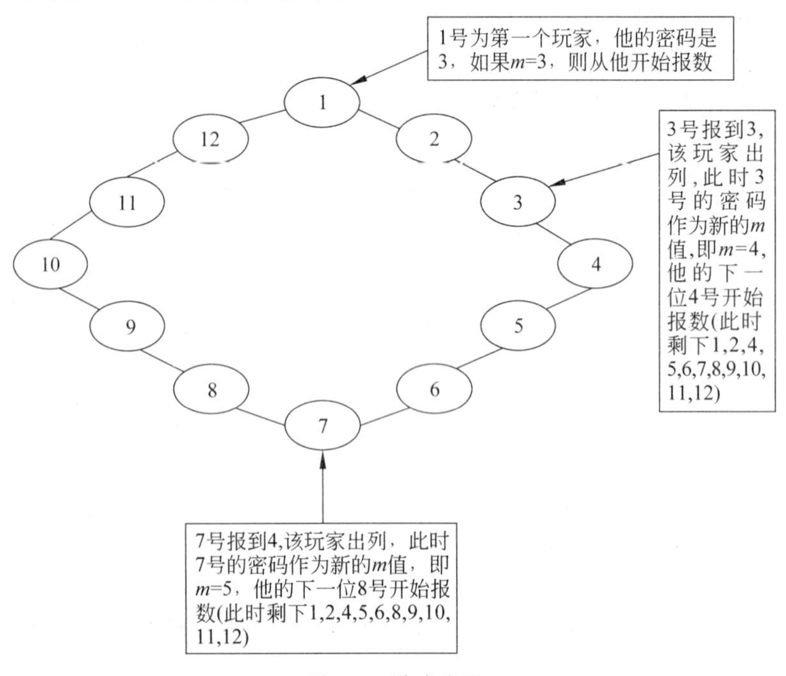

图 8-5　游戏流程

8.1.2 数据结构选择

1. 逻辑结构

本次课程设计使用的逻辑结构是线性结构，线性结构是最基本、最简单，也是最常用的一种数据结构。线性表是数据结构的一种，一个线性表是 n 个具有相同特性的数据元素的有限序列。线性表结构用来表示结点之间某种先后次序关系(属于线性关系)，一个结点只有一个前驱和一个后继，但首结点没有前驱，尾结点没有后继。通常认为，表结构描述的是“一对一”关系。

在本次课程设计的结点数据域共5个，name 用来存放对应编号的人名，data[0]用来存放密码值，data[1]用来存放当前结点的序号，count 标记结点数目，插入一个结点则自加1，指针域设计为 Link，存放指向下一结点的指针(见表8-1)。

表8-1　约瑟夫环结点各字段定义

name	data[0]	data[1]	Link	count

2. 物理结构

约瑟夫环问题本身具有循环性质，所以采用单向循环链表来实现这个问题。单向循环链表是另一种形式的链式存储结构，如图8-6所示。它的特点是表中最后一个结点的指针域指向头结点，整个链表形成一个环，这是无须增加存储量，仅对表的链接方式稍做改变，即可使表处理更加方便灵活。涉及遍历操作时，其终止条件就不再是像非循环链表那样判别 p 或 p－>next 是否为空，而是判别它们是否等于某一指定指针，如头指针或尾指针等。在单向链表中，从一已知结点出发，只能访问到该结点及其后续结点，无法找到该结点之前的其他结点。而在单向循环链表中，从任一结点出发都可访问到表中所有结点，这一优点使某些运算在单向循环链表上易于实现。

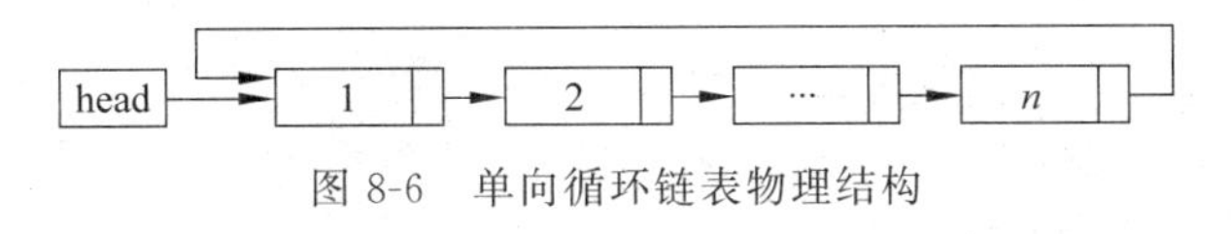

图8-6　单向循环链表物理结构

8.1.3 算法设计与实现

1. 算法设计

算法详细流程图如图8-7所示。

可将参与游戏的 n 个人的顺序简单编号，从1到 n，构造一个单向循环链表，从而可以解决首位相连的问题；输入第一个开始游戏的人的编号，根据该人手中所对应的密码；开始从1报数，报到 m 的人出局(删除此结点)，并释放此结点；直到人数只有一个人(此时线性表只有一个结点)时，退出循环，输出获胜者。

2. 算法实现

算法实现部分以 Java 描述了部分核心函数，以供广大读者分析、思考和学习，部分函数参考如下。

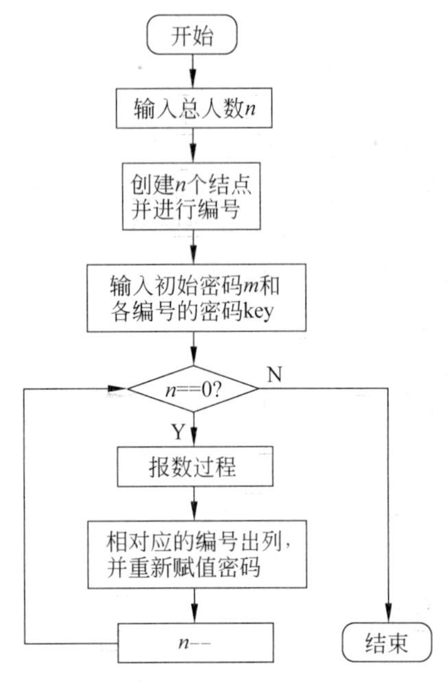

图 8-7　算法出列详细流程图

1）结点类 Node

在本类中，设计了三个成员属性，data[0]记录人员的编号和 data[1]记录人员对应的密码值，name 记录对应编号的人名，link 为指向下一结点的指针，count 标记编码。还构造了一个构造方法，该方法可实现构造一个数据域值为指定参数值；也构造了成员属性的 get()和 set()方法。

```
//定义链表抽象数据类型——Node 类
public class Node{
    private int data[]=new int[2];
    private Node link;
    private String name;
    private static int count=-1;
    public Node(int data,String name){
        this.data[0]=data;
        this.data[1]=++count;
        this.name=name;
        link=null;
    }
    //getter 与 setter
    ...
}
```

2）链表类 LinkList

本实验采用的是单向循环链表，在本类中设计一个 head 和 last，用来标记头结点和尾结点；设计 append()方法用来添加结点，设计 removeNode()方法来实现结点的删除操作，并且在本类中实现单向循环链表的创建。

```
public class LinkList{
    public Node head;
        public Node last;
    //链表的构造方法,初始化 head
    public LinkList (int data) {  ...  }
    //删除结点的操作方法
    public boolean removeNode(Node node)  {      //去掉 node 的下一个结点
    ...
    }
    //添加结点的操作方法
    public void append(int data){
        ...
    }
    //遍历所有结点的操作方法
    public String vistAllNode(){                    //遍历结点
        ...
    }
    //输入人数的值的异常方法
    public void judgeInCount(int inCount)throws Exception{...}
    //输入初始密码值的异常方法
    public void judgeM(int m)throws Exception{...}
    //输入每个人的密码值的异常方法
    public void judgePassWord(int password)throws Exception{...}
}
```

3）测试类 JoSePhUSRound

声明 LinkList 的对象 list 存储约瑟夫环,并且设计两个成员属性,inCount 标记游戏的总人数,resultInCount 标记输入密码的个数;在 main()方法中设计各种值的键盘输入,约瑟夫环的实现主要使用 for 循环语句来实现,得到输入结果,完成实验。

```
public class JoSePhusRound {
    private static LinkList list=new LinkList(0);
    //声明一个 LinkList 的对象
    private static int inCount;                    //标记游戏总人数
    private static int resultInCount;              //记录输入密码的个数
    ...
}
```

8.1.4 算法运行界面示例

假设有 5 个人在一起玩游戏(即 $n=5$),按顺时针坐的依次是编号 1、2、3、4、5,其对应的密码 m 分别为 1、5、8、3、4,并设置初始密码 m 为 9。游戏现在开始。

以下运行界面仅供参考,不要求作为最后实现要求(见图 8-8)。

(1) 分析第一个出列：1、2、3、4、5、1、2、3、4。

所以,4 号出列,剩下 1 号、2 号、3 号、5 号,报数密码 m 重新设置为 4 号的密码 3。

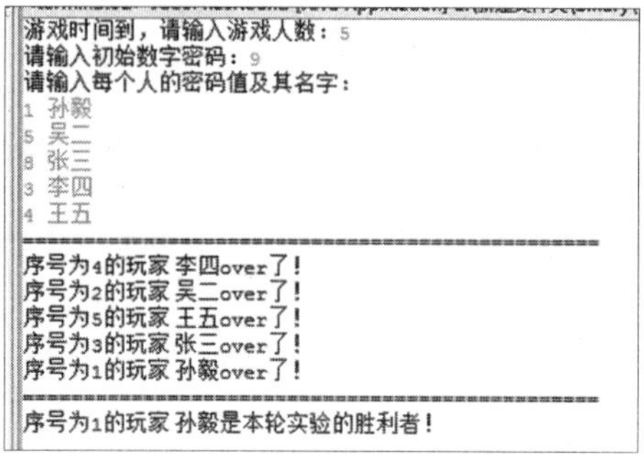

```
游戏时间到，请输入游戏人数：5
请输入初始数字密码：9
请输入每个人的密码值及其名字：
1 孙毅
5 吴二
8 张三
3 李四
4 王五
==========================================
序号为4的玩家 李四over了！
序号为2的玩家 吴二over了！
序号为5的玩家 王五over了！
序号为3的玩家 张三over了！
序号为1的玩家 孙毅over了！
==========================================
序号为1的玩家 孙毅是本轮实验的胜利者！
```

图 8-8 约瑟夫环游戏运行界面

(2) 分析第二个出列：5、1、2。

所以，2 号出列；剩下 1 号、3 号、5 号，报数密码 m 重新设置为 2 号的密码 5。

(3) 分析第三个出列：3、5、1、3、5、1、3、5。

所以，5 号出列，剩下 1 号、3 号，报数密码 m 重新设置为 5 号的密码 4。

(4) 分析第四个出列：1、3、1、3。

所以，3 号出列，剩下 1 号，报数密码 m 重新设置为 3 号的密码 8。

(5) 分析第五个出列：1。

因此，出列顺序为：4、2、5、3、1，1 号为此次游戏的最终胜利者。

8.2 图书管理系统的设计

1. 问题描述

通过该系统的自动化管理，能够大大提高读者的用户体验感，并减少图书管理人员的工作任务，从而降低管理开销和成本及更好地发展图书馆。为方便学生与教师在图书馆借阅书刊、还书刊、查阅书刊信息等，可对图书馆进行对应的应用软件开发。

2. 基本要求

请用 C/C++ 或 Java 语言编写程序，根据系统界面提供的信息对图书馆的图书信息进行查询等操作。

具体要求如下。

(1) 用户类型包括管理员、普通用户。

(2) 普通用户的操作有：登录、查询、借书、还书、借书期限等。

(3) 管理员的权限有：登录、查询、删除、增加读者信息、插入新书信息、删除下架书信息等。

(4) 图书信息：ID 类别，书名，作者，出版社，单价，现存量等。

3. 方法提示

对书号建立索引表(线性表)提高查找效率。

8.2.1 任务分析

如何在偌大的图书馆中对成千上万本图书进行科学有效的管理，这不仅仅关系到读者的体验，而且关系到图书馆的发展和知识的传播。因此，图书管理系统应运而生，作为高度集成的图书信息处理系统，它能对图书馆的功能进行整合，从而达到显示检索信息，提高工作效率，降低管理成本等目的。本课程设计要求运用C/C++或Java语言设计系统，根据界面提供的信息对图书馆的图书信息进行查询等操作。

具体任务如下。

(1) 每本书登记在册，包括书号、书名、著作者、现存量和库存量；对书号建立索引表提高查找效率。

(2) 用户登录：学生用户凭借学号和密码登录图书管理系统。

(3) 图书查询：学生用户搜索书名、作者或索引号查找图书所在位置。

(4) 书本借阅：对借阅人和被借阅书籍进行登记。

(5) 书籍归还：登记书籍归还日期，被借阅时长。

8.2.2 数据结构选择

1. 逻辑结构

线性表是具有相同数据类型的$n(n \geqslant 0)$个数据元素的有限序列，通常记为：$(a_1, a_2, \cdots, a_{i-1}, a_i, a_{i+1}, \cdots, a_n)$。线性结构的特点是数据元素之间是一种线性关系，数据元素"一个接一个的排列"。在一个线性表中数据元素的类型是相同的，或者说线性表是由同一类型的数据元素构成的线性结构。在实际问题中线性表的例子是很多的，如学生情况信息表是一个线性表：表中数据元素的类型为学生类型；一个字符串也是一个线性表：表中数据元素的类型为字符型，等等。

该图书管理系统存储的图书记录都是同样的类型，具备相同的字段和含义，所以可以考虑使线性表作为其逻辑结构。

(1) 读者信息包括学生学号、姓名、性别、密码、已借阅图书(见图8-9)。

学号	姓名	性别	密码	已借阅图书	
1712402705046	吴晓棠	男	1712402705046	Book	Time
1712402705029	李伟源	男	1712402705029	Book	Time
1712402705023	江俊明	男	1712402705023	Book	Time

图8-9 学生信息逻辑结构

(2) 图书信息包括图书ID、图书名称、图书作者、图书出版社、图书单价、图书馆馆藏量(见图8-10)。

图书ID	图书名称	图书作者	图书出版社	图书单价	图书馆馆藏量
6721131	梦的化石	今敏	北京联合出版公司	58元	10本
1273145	冬泳	班宇	上海三联书店	39.2元	12本
9387487	奥古斯都	威廉斯	上海人民出版社	44.8元	3本

图8-10 图书信息逻辑结构

(3) 管理员信息包括管理员账号、管理员密码、管理员姓名、性别(见图8-11)。

管理员账号	管理员密码	管理员姓名	性别
1712402705099	xiaoming1234	小明	男
1712402705082	xiaohong1998	小红	女
1712402705013	lihua171240	李华	男

图 8-11　管理员信息逻辑结构

2. 物理结构

该图书管理系统采用顺序存储结构实现。

顺序存储结构的主要优点是节省存储空间，因为分配给数据的存储单元全用于存放结点的数据（不考虑编程语言中数组需指定大小的情况），结点之间的逻辑关系没有占用额外的存储空间。采用这种方法时，可实现对结点的随机存取，即每一个结点对应一个序号，由该序号可以直接计算出结点的存储地址。但顺序存储方法的主要缺点是不便于修改，对结点进行插入、删除操作时，可能要移动一系列的结点。

1）管理员信息存储结构表

采用线性表来存储管理员的相应属性。建立一个一维数组（T[] listArray）里面存储的变量是类类型（MMessage）变量；且数组 listArray 里面的每个元素都会指向一个唯一的存储地址；里面存有管理员的用户账号（ID）、管理员名字（Name）、管理员性别（Sex）和登录密码（Code），如图 8-12 所示。

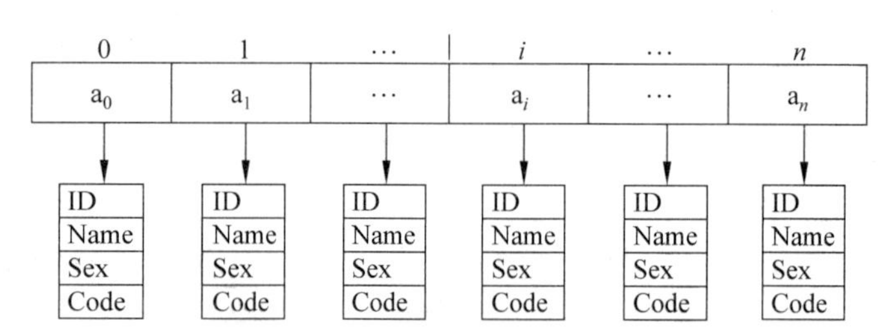

图 8-12　管理员信息存储结构

2）图书信息的存储结构图

采用线性表来存储图书的相应属性。建立一个一维数组（T[] listArray）里面存储的变量是类类型（Books）变量；且数组 listArray 里面的每个元素都会指向一个唯一的存储地址；里面存有图书的编号（ID）、图书名称（Name）、图书作者（Author）、图书出版社（Publisher）、图书价格（Price）和图书在书库里的现存量（Number），如图 8-13 所示。

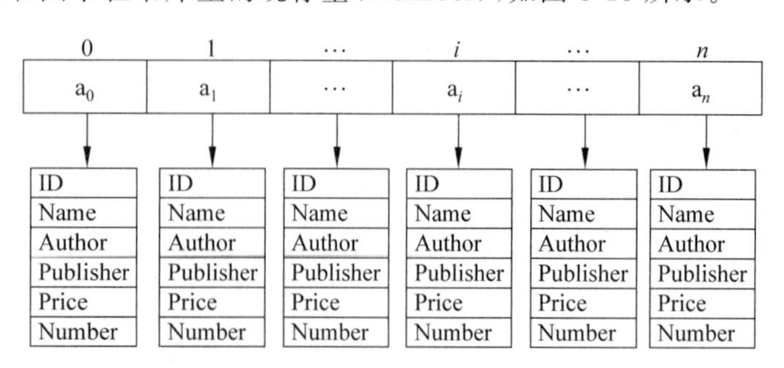

图 8-13　图书信息存储结构

3）普通用户信息存储结构图

与管理员信息存储结构相同，普通用户信息的存储结构也采用线性表来存储相应的属性。建立一个一维数组（T[] listArray）里面存的也是类类型（Students）变量；且数组 listArray 里面的每个元素都会指向一个唯一的存储地址；该地址里面存有用户账号（ID）、用户名字（Name）、用户性别（Sex）和登录密码（Code）；登录成功后在用户个人中心中可以查到自己已借的图书（Book）和归还日期（Time），如图 8-14 所示。

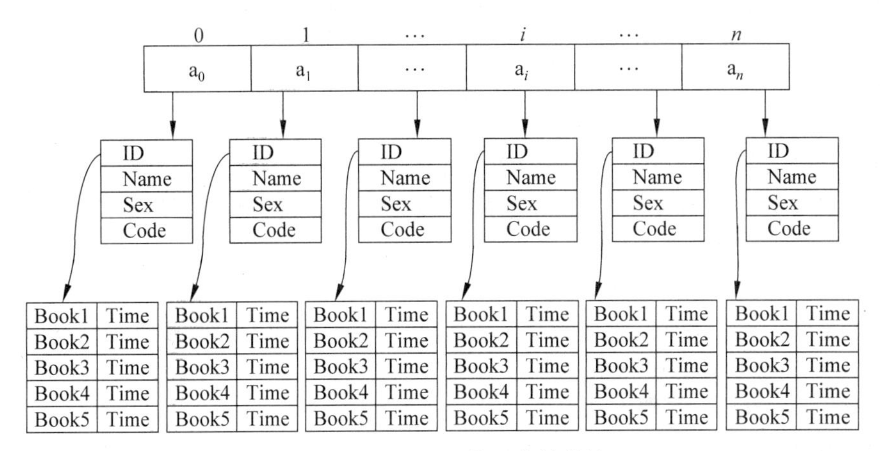

图 8-14　普通用户信息存储结构

8.2.3　算法设计与实现

1. 算法设计

在进行图书管理系统的关键构思时，将整个程序划分成五个模块，分别定义为五个函数来实现管理系统的功能，除此之外再对程序的界面设计上加入了返回上一级功能。因为普通用户、管理员对图书以及管理员对普通用户查找的功能用得多，所以在数据结构上都采用顺序表的结构方式，这样在查找图书或者普通用户的信息时能够节省时间。

设计主菜单时，用 while 和 switch 来实现功能的选择以及运行一项功能后返回主菜单。

在整个程序中，统一采用了在菜单栏里以输入 0 的方式返回或退出，并在模块中需要由键盘输入地方加入了防止输入错误的功能，输入错误将导致程序错误运行，此功能采用判断输入值，若输入错误，则显示输入的操作码错误，并重新输入。

（1）添加图书模块：首先判断图书是否存在，如存在则添加图书数量，如不存在则输入图书的详细信息并添加到图书馆书库（顺序表），也就是输入图书的具体数据，成功则提示“成功添加”，如存储失败则提示“添加失败”。添加成功后自动返回上一级显示管理员的菜单功能。

（2）删除图书模块：进入删除图书模块，提示输入要删除的书号，输入图书的编号，若图书存在，则删除图书即下架图书，删除成功后就提示图书下架成功，若不存在则提示图书馆未存入该书。完成后再选择其他操作。

（3）修改图书库存模块：此操作管理员才能拥有权限，输入图书的编号以及要修改的数量，如果书的编号存在，则可以修改，减少图书时，图书存储量不可为负数。

（4）查询图书模块：本模块分为两个子模块：以书名的方式查询、以书的编号的方式查询。前两个查询功能只要找到符合要求的图书就提示图书的详细信息，如果未找到则提示“该图书未入图书馆”，最后返回子功能模块，直到输入 0 返回上一级。

(5) 借出、还书模块：这两个功能的思路差不多，借书还书的模块都调用了修改图书馆书库的藏书量功能，是对藏书量的运算。该功能为普通用户账号登录者所拥有。普通用户借书时，若图书馆有该书则可以借书，同时，图书馆藏有该书的量减少一本，该普通用户的借书增加一本(存储普通用户借的书用二维数组来存储，第一列存储图书的书名，第二列存储图书的借书期限，即借书的起始日期和截止日期)。普通用户还书时，则先用书的编号查找是否属于学校图书馆，若不是则提示该书不是图书馆的，若是则还书成功。完成一条操作后，提示进行下一条操作，输入 0 时返回上一级菜单。

2. 算法实现

该图书管理系统以线性表为结构主体，通过调用指针和数组，构建类和函数实现图书管理的基本功能。算法实现部分以 Java 描述了核心部分算法，以供广大读者分析、思考和学习，所建立的类名及功能参考如下。

- IList.java：定义线性表接口。
- Function.java：实现线性表接口 IList(包括增加、删除、查询、修改等基本操作)。
- Student.java：普通用户结点类。
- MMessage.java：管理员结点类。
- ManagerOP.java：以 Function 和 MMessage 为基础构建管理员操作类。
- StudentOP.java：以 Function 和 Student 为基础构建普通用户操作类。
- Books.java：图书结点类。
- BookInterface.java：定义书库的基本操作接口(包括图书增加、删除、查询、修改等)。
- BookInterfaceImpl.java：实现书库接口 BookInterface，结合 Function 和 Books 在 BookInterface 的接口上创建书库(包括增加、删除、查询、修改等基本操作)。
- Manage_L_R.java：管理员操作界面类，包括注册和登录及管理图书和管理用户类。
- Menu.java：从 menu_1 到 menu_9，共有 9 个不同的菜单提示，包括主界面 1 个，普通用户 3 个菜单(修改用户、图书操作选择、用户登录)，管理员用户 3 个不同显示菜单(管理员登录、图书管理、管理员操作选择、用户管理、管理员属性修改)。
- Main.java：系统主界面类。

(1) 基本数据类型的定义：定义线性表抽象数据类型——IList 接口，实现接口的顺序表类 Function。

```
//定义线性表抽象数据类型——IList 接口
public interface IList<T>{  ...  }
//定义实现接口的顺序表类 Function
public class Function<T>implements IList<T>{ ... }
```

(2) 普通用户结点类。

```
public class Student {
    private String studentId;                    //用户 ID
    private String studentName;                  //用户姓名
    private String studentSex;                   //性别
    private String studentpassword;              //密码
```

```
    public String [][] Books=new String[5][2];
    //初始化用户所借的书为 5 本,当超过 5 本时自动更新容量
    public int bookNum=0;
    public Student(){   }
    //初始化用户的属性
     public Student (String studentId, String studentName, String studentSex,
String studentpassword){
        this.studentId=studentId;
        this.studentName=studentName;
        this.studentpassword=studentpassword;
        this.studentSex=studentSex;
    }
    //getter()/setter()方法
    ...
    //借书
    public void borrowBook(String bookName,String time){...}
    //展示所借的图书
    public void showAllbooks(){...}
    //重写 toString()方法
    public String toString(){
        return (String.format("%-15s%-10s%-15s%-10s\n%-15s%-10s%-17s%-10s",
"ID","姓名","密码","性别",studentId,studentName,studentpassword,studentSex));
    }
}
```

(3) 普通用户操作类。

```
public class iamStudent {
    public static Function<Student>studentlist=new Function<Student>();
    public String studentId;
    Student student=null;
    Scanner sc=new Scanner(System.in);
    //初始化两个用户信息
    static {
        studentlist.add(new Student(...));
        studentlist.add(new Student(...));
    }
    Student stu=null;
    //通过 ID 找到该用户
    public boolean findstudentId(String id){...}
    //用户登录
    public void main_3(){
        do{
            menu.menu_5();
            ...
            switch (op){...}
        }while(op!=0);
```

```
    }
    bookInterfaceImpl books=new bookInterfaceImpl();
    //根据操作代码进行相应的操作
    public void showLoginMenu(){
        do{
            menu.menu_7();
            ...
            switch (select){ ... }
        }while(select!=0);
    }
    //用户登录
    public boolean studentLogin(String studentid,String studentpassword){...}
    //借书期限
    public final int deadline=60;
    //获得还书日期
    public String getReturnDate(){  ...  }
    //修改普通用户的密码
    public void changeUser(String ID,String code){
        findstudentId(ID);
        ...
    }
}
```

(4) 管理员用户结点类。

```
public class MMessage {
    private String MID;                    //管理员 ID
    private String Mcode;                  //密码
    private String Mname;                  //姓名
    private String Msex;                   //性别
    public MMessage() {
        this(null, null, null, null);
    }
    public MMessage(String MID) {
        this.MID=MID;
    }
    //初始化管理员的属性
    public MMessage(String MID, String Mcode, String Mname, String Msex) {  ...
    }
    ...
    //getter 与 setter
    //重写 String()方法
    public String toString() {
        return getMID()+" "+getMcode()+" "+getMname()+" "+getMsex();
    }
}
```

(5) 管理员操作类。

```
public class ManagerOP{
    Scanner sc=new Scanner(System.in);
    String CODE="1";
    MMessage manager=null;
    public static Function<MMessage>M=new Function<MMessage>();
    //初始化管理员信息
    static {
        M.add(new MMessage(...));
        M.add(new MMessage(...));
    }
    //通过 ID 找到管理员
     public boolean messageID(String administratorId){ ... }
    //管理员登录
    public boolean Login(String ID){ ... }
    //修改密码
    public boolean changeCode(String ID){   ...   }
    //管理员个人中心
    public void Myselft(String ID){
      if(messageID(ID)){
          System.out.println("用户账号: "+manager.getMID());
          System.out.println("姓名: "+manager.getMname());
          System.out.println("性别: "+manager.getMsex());
          System.out.println("密码: "+manager.getMcode());
      }
    }
}
```

(6) 管理员操作界面类。

```
public class Manage_L_R {
    Scanner sc=new Scanner(System.in);
    ManagerOP F=new ManagerOP();
    iamStudent s=new iamStudent();
    private String CODE="1";
    //管理员登录
    public void main_1() {
        int op;
        do {
            Menu.menu_1();        //管理员界面
            System.out.println("请输入操作数");
            op=sc.nextInt();
            switch (op) {...}
        } while (op !=0);
    }
    //管理员的登录是否成功,成功就进入管理员操作界面
    public void Login() {...}
}
```

（7）图书信息类。

```
public class Books {
    private String bookID;
    private String bookName;
    private String bookAuthor;
    private String bookPublisher;
    private double bookprice;
    private int standingCrop;          //图书的现存量
    public Books (){   }
    public Books(String bookID,String bookName,String bookAuthor,String
bookPublisher,double bookprice,int standingCrop){  ...  }
    ... //getter 与 setter
    public String toString(){
    return(String.format("%-7s%-8s%-9s%-12s%-9s%-9s\n%-10s%-10s%-10s%-10s%-
10s%-10s","图书编号","图书名称","作者","出版社","单价","图书馆藏该书量",bookID,
bookName,bookAuthor,bookPublisher,bookprice,standingCrop));
    }
}
```

（8）图书操作接口。

```
public interface BookInterface {
    boolean addbook(String bookID,String bookName,String bookAuthor,String
bookPublisher,double bookprice,int standingCrop);         //新增图书
    boolean deletebook(String bookId);                       //删除图书
    boolean updatebook(String bookId,int bookcount);         //修改图书数量
    String findBookByName(String bookName);
    String findBookByID(String bookId);
}
```

（9）实现接口的图书操作类。

```
public class BookInterfaceImpl implements BookInterface {
    public static Function<Books>booklist=new Function<Books>(); //用来存储图书
    //初始化书库
    static {
        Books book1=new Books(...);
        ...
        booklist.add(book1,booklist.size());
        ...
    }
    Books book=null;
    int bookindex=0;
    //根据 ID 查找图书
    public boolean findbook(String ID){ ... }
    ...//实现接口的方法
}
```

(10) 测试类的定义：用户通过 main()进入系统，根据数字，实现以下不同分枝的调用："1.管理员界面，2.学生用户界面，0.程序结束"。

8.2.4 算法运行界面示例

以下运行界面仅供参考，不要求作为最后实现要求。

1. 主界面

主界面如图 8-15 所示。

2. 普通用户操作

(1) 在主界面中输入操作数 2，进入普通用户登录界面，如图 8-16 所示。

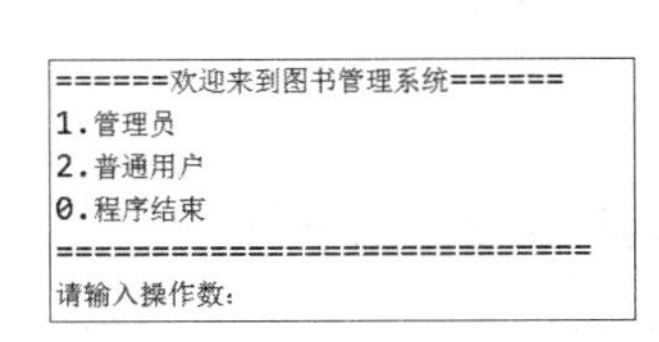

图 8-15　主界面

请输入操作数:
2
======普通用户界面======
1.登录
0.返回上一级
======================
请输入操作数:

图 8-16　普通用户登录界面

(2) 在图 8-16 中输入操作数 1 进行登录，输入正确的用户名和密码后，提示登录成功，并显示用户操作界面，如图 8-17 所示。

(3) 用户根据图书的编号或者图书名称查找该图书；查找完成后返回用户操作界面(见图 8-18)。

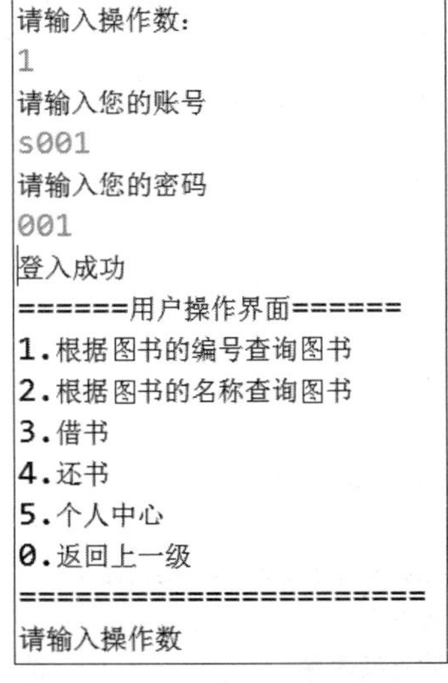

图 8-17　普通用户登录成功界面

图 8-18　图书查询界面

(4) 输入操作数 3 进行借书操作，借书成功时自动提示归还图书的时间；也可以提前归还，如图 8-19 所示。

(5) 用户可以在用户操作界面输入 4 进行还书操作，如图 8-20 所示。

```
请输入操作数
3
请输入您要借的书名
冬泳
借书成功
图书编号  图书名称  作者   出版社    单价   图书馆藏该书量
B1273189 冬泳    班宇   上海三联书店  39.2   12
请在2019-06-12至 2019-08-11时间内还书
=================用户操作界面=================
1.根据图书的编号查询图书
2.根据图书的名称查询图书
3.借书
4.还书
5.个人中心
0.返回上一级
============================================
请输入操作数
5
个人中心
用户账号: 123123123123
用户姓名: 小明
用户性别: 男
用户密码: 123123123123
已借的书和归还日期期限如下:
书名    借书期限
冬泳   2019-06-12至 2019-08-11
```

图 8-19 借书界面

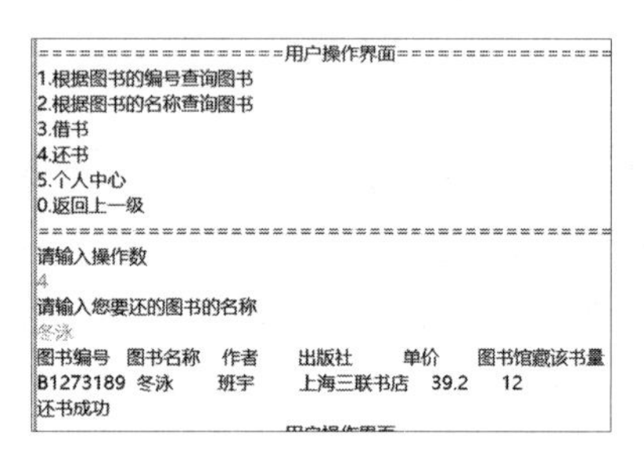

图 8-20 还书界面

3. 管理员操作

(1) 在主界面中输入操作数 1,进入管理员登录界面,如图 8-21 所示。

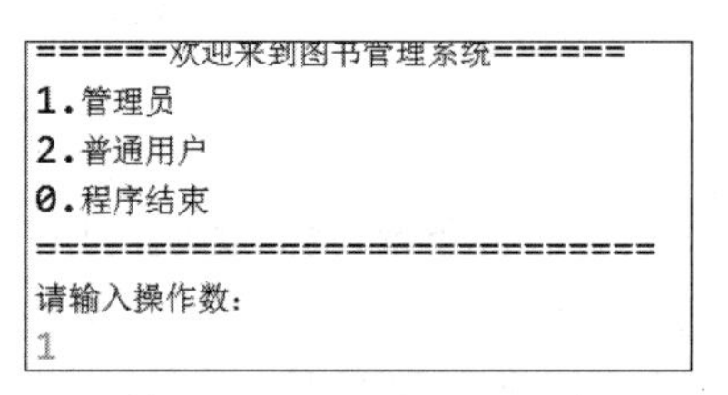

图 8-21 管理员登录界面

(2) 在图 8-21 中输入操作数 1 进行登录,输入正确的用户名和密码后,提示登录成功,并显示管理员操作界面,如图 8-22 所示。

(3) 在图 8-22 中输入操作数 1,进入图书管理界面,如图 8-23 所示。

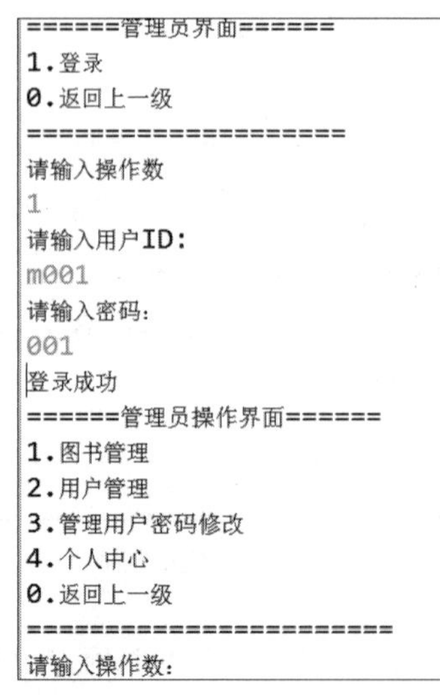

图 8-22 管理员登录成功界面

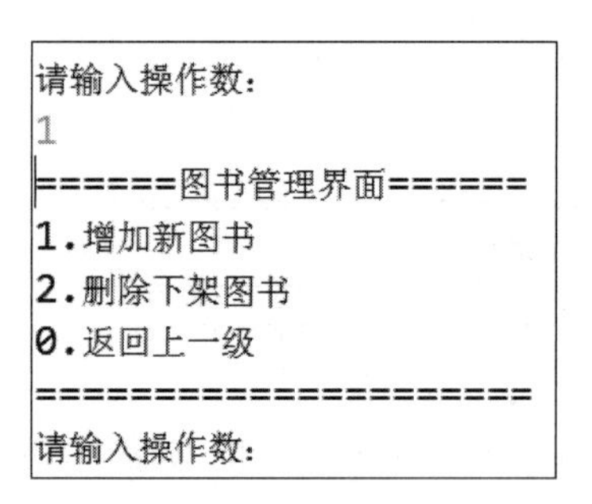

图 8-23 图书管理界面

(4) 图书入库界面,如图 8-24 所示。

(5) 图书删除下架界面,如图 8-25 所示。

```
======图书管理界面======
1.增加新图书
2.删除下架图书
0.返回上一级
=====================
请输入操作数:
1
请输入图书名称，查看书库是否有该图书:
我的祖国
书库里没有改图书，请完善该图书的编号、作者、出版社、价格和存量:
B20200228001 小鱼 清华大学出版社 56 100
图书编号  图书名称  作者    出版社      单价    图书馆藏该书量
B20200228001我的祖国    小鱼     清华大学出版社  56.0          100
已经成功加入书库！！！
```

图 8-24 图书入库界面

```
======图书管理界面======
1.增加新图书
2.删除下架图书
0.返回上一级
=====================
请输入操作数:
2
请输入要下架的图书编号:
A6721190
删除成功
该图书删除成功！！！
```

图 8-25 图书删除下架界面

(6) 查找用户界面,如图 8-26 所示。

(7) 个人中心界面,如图 8-27 所示。

```
======管理员操作界面======
1.图书管理
2.用户管理
3.管理用户密码修改
4.个人中心
0.返回上一级
========================
请输入操作数:
2
======用户管理界面======
1.查找用户信息
2.修改用户信息
3.删除用户信息
0.返回上一级
=====================
请输入操作数:
1
请输入要查找用户的账号:
s003
用户不存在！！！
```

图 8-26 查找用户界面

```
======管理员操作界面======
1.图书管理
2.用户管理
3.管理用户密码修改
4.个人中心
0.返回上一级
========================
请输入操作数:
4
用 户 账 号: m001
姓     名: 李源
性     别: 男
密     码: 001
```

图 8-27 个人中心界面

第9章

栈和队列的应用

9.1 迷宫问题

1. 问题描述

以一个 $m \times n$ 的方阵表示迷宫，0 和 1 分别表示迷宫中的通路和障碍。设计一个程序，对任意设定的迷宫，求出一条从入口到出口的通路，或得出没有通路的结论。

2. 基本要求

(1) 先实现一个以链表作存储结构的栈类型，然后编写一个求解迷宫的非递归程序。求得的通路以三元组(i,j,d)的形式输出。其中，(i,j)指示迷宫中的一个坐标，d 表示走到下一坐标的方向。如对于下列数据的迷宫，输出一条通路为：(1,1,1)，(1,2,2)，(2,2,2)，(3,2,3)，(3,1,2)，…。

(2) 编写递归形式的算法，求得迷宫中所有可能的通路。

(3) 以方阵形式输出迷宫及其通路。

3. 测试数据

(1) 对数据进行预处理。

(2) 按照右手法则(优先方向)探索，找到一条路径。

(3) 根据一条路径回退找到其他通路，找到一条路径模拟图。

4. 实现提示

走迷宫程序就是按照在某个位置，判断四周方向选择可通方向进行探索直到到达终点。在这次试验过程中，主要知识点是利用栈的特性(FIFO)实现迷宫算法。程序采用面向对象的思路：将整个程序分为三个部分：栈类、地图类、迷宫类。其中地图类中的是每个结点具有的属性(见图 9-1)。

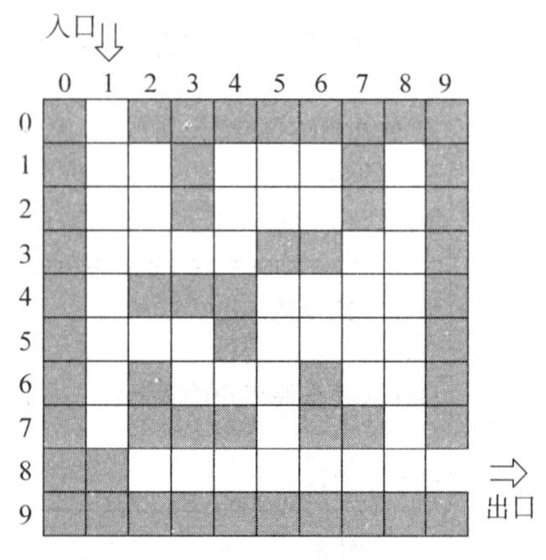

图 9-1 迷宫游戏图

9.1.1 任务分析

迷宫问题在我们的生活中常常遇到，例如我们顺着某一方向向前进行探索，遇到岔口，则要选择某一路口继续前进，这样会出现两种情况：若能走通，继续前进，直到出口；否则沿原路退回，选择另一方向继续探索，直到所有通路都探索到为止。

本次课程设计需要设计一个程序，对任意设定的 $m \times n$ 迷宫，求出一条从入口到出口的通路，或得出没有通路的结论。要完成的关键任务有如下几项。

(1) 建立迷宫，0 和 1 分别表示迷宫中的通路和障碍。

(2) 要求使用链栈非递归的形式求解迷宫问题，并用递归的方式求解全部可能的路径。

(3) 需要写好链栈的相关操作，如初始化、判空、入栈、出栈等。并且熟练使用栈的相关操作。

(4) 对于迷宫问题，需要使用非递归的方式，就需要将朴素的递归搜索方式，借助链栈转换成非递归的方式。

(5) 对于求出全部可能路径，可以使用类似图的深度优先搜索的方式，依次求解出路径。

9.1.2 数据结构选择

1. 逻辑结构

栈(stack)又称堆栈，它是运算受限的线性表。其限制是仅允许在表的一端进行插入和删除操作，不允许在其他任何位置进行插入、查找、删除等操作。表中进行插入、删除操作的一端称为栈顶(top)，栈顶保存的元素称为栈顶元素。相对地，表的另一端称为栈底(bottom)，当栈中没有数据元素时称为空栈；向一个栈插入元素又称为进栈或入栈；从一个栈中删除元素又称为出栈或退栈。由于栈的插入和删除操作仅在栈顶进行，后进栈的元素必定先出栈，所以又把堆栈称为"后进先出表"。

通过对迷宫游戏的思路进行分析，与堆栈的入栈和出栈进行对应。

(1) 以入口为起点，寻找出口(除了起点以外的点)。

(2) 判定当前点坐标是否可以走(坐标合法且不为 1)。

(3) 如果合法则将当前点标记成走过的并入栈(维护一个栈可以记录走过的路径，栈的长度就是路径的长度)。

(4) 判断当前点是否是出口，是出口就 return(该迷宫不存在别的出口)，如果不是出口，以顺时针的方向(上、右、下、左)探测临界点是否可以走(不为 1 且不为已经走过的点)，并以递归形式重复步骤(2)～步骤(4)(其中 0 表示可通；1 表示障碍)。

(5) 当一个点的 3 个方向都已经探测过，就返回上一层栈。

(6) 当栈中只有一个点，且是入口，则程序结束，无通路。

(7) 当栈顶元素是终点时，查找结束，输出路径。

2. 物理结构

本案例采用链栈实现迷宫的设计。链栈即采用链式结构作为存储结构实现栈，当采用双向链表存储线性表后，根据双向链表的操作特性选择双向链表的头部作为栈顶，方便在迷宫路径查找过程中进行往下查找入栈，和路径不通时回溯出栈。

1) 链栈的结点

每个结点有 4 个域。

```
private int row;          //当前点行号
private int col;          //当前点列号
```

```
    private node next;                      //当前结点的下一个
    private node Upnext;                    //当前结点的上一个
```

2) 链栈

本链栈中定义 node top,指向栈顶结点,方便遍历操作和入栈出栈操作。

如 p 结点的入栈操作,在 top 之前插入,然后 top 移到 p:

```
p.setnext(top);                             //入栈
top.setUpnext (p);
    p.setUpnext (null);
top=p;
```

如出栈操作,用 p 结点记录栈顶元素,top 往下移:

```
p=top;
top=top.getnext();                          //出栈
```

9.1.3 算法设计与实现

1. 算法设计

迷宫问题运用到的算法是深度优先搜索和递归。

深度优先遍历可定义如下:首先访问出发点 v,并将其标记为已访问过;然后依次从 v 出发搜索 v 的每个邻接点 w。若 w 未曾访问过,则以 w 为新的出发点继续进行深度优先遍历,直至图中所有和源点 v 有路径相通的顶点(又称为从源点可达的顶点)均已被访问为止。若此时图中仍有未访问的顶点,则另选一个尚未访问的顶点作为新的源点重复上述过程,直至图中所有顶点均已被访问止。深度优先就是,从初始点出发,不断向前走,如果遇到死路了,就往回走一步,尝试另一条路,直到发现了目标位置。这种方法,即使成功也不一定能找到一条好路,但是需要记住的位置比较少。

深度优先搜索的算法基本原则:按照某种条件往前试探搜索,如果前进中遭到失败,则退回头另选通路继续搜索,直到找到符合条件的目标为止。而要实现这一算法,就要用到编程的最大利器——递归。“递归”是一个很抽象的概念,换成计算机语言就是 A 调用 B,而 B 又调用 A,这样间接的,A 就调用了 A 的本身,这实现了一个重复的功能。

求迷宫中从入口到出口的路径是一个经典的程序设计问题,即从入口出发,顺着某一方向向前探索,若能走通,则继续往前走;否则沿原路退回,换一个方向再继续探索,直至找到通路为止。现在就以一个矩阵来表示一座迷宫,假设迷宫如图 9-2 所示。

```
1  1  1  1  1  1
1  0  1  0  0  1
1  0  0  0  1  1
1  1  0  0  1  1
1  0  0  0  0  1
1  1  1  1  1  1
```

图 9-2 迷宫矩阵图

一个 6×6 的矩阵图代表迷宫,0 表示可通,1 表示障碍,最外面为一堵墙。而墙是为了防止寻找通路时遇到障碍直接出来。在迷宫中为了保证在任何位置上都能沿原路退回,显然需要用一个先进后出的结构来保存从入口到当前位置的路径。因此,在求迷宫通路的算法中应用了“栈”的性质来实现,并且需要用到深度优先的检测方法和递归算法。

走出迷宫就需要判断每走一个点，这个点的四个方向是否有障碍，所以可以采用堆栈的方式来实行。假设“当前位置”是指“在搜索过程中某一时刻所在图中某个方块位置”，则求迷宫中一条路径的算法的基本思想如下。

(1) 若当前位置“可通”，则入栈纳入“当前路径”，并继续朝“下一位置”探索，即切换“下一位置”为“当前位置”，如此重复直至到达出口。

(2) 若当前位置“不可通”，则应顺着“来向”退回到“前一通道块”，然后朝着除“来向”之外的其他方向继续探索。

(3) 若该通道块的四周四个方块均“不可通”，则应从“当前路径”上删除该通道块(出栈)。所谓“下一位置”，是指“当前位置”四周四个方向(上、下、左、右)上相邻的方块。

假设以一个栈 S 记录“当前路径”，则当前栈顶中存放的是“当前路径上最后一个通道块”。由此，“纳入路径”的操作即为“当前位置”是“入栈”；“从当前路径上删除前通道块”的操作即为“出栈”。

把递归思想运用到上面的迷宫中，记下现在所在的位置是(x,y)，那它现在有前、后、左、右 4 个方向可以走：往右$(x+1,y)$，往左$(x-1,y)$，往下$(x,y+1)$，往上 $(x,y-1)$，其中一个方向是来时的路，先不考虑。分别尝试其他三个方向，如果某个方向是路而不是墙，就向那个方向迈出一步。在新的位置上，又可以重复前面的步骤。走到了死胡同又该怎么办？就是除了来时的路，其他 3 个方向都是墙，这时这条路就走到了尽头，无法再向深一层发展，就应该沿来时的路回去，尝试另外的方向。

迷宫游戏的流程如图 9-3 所示。

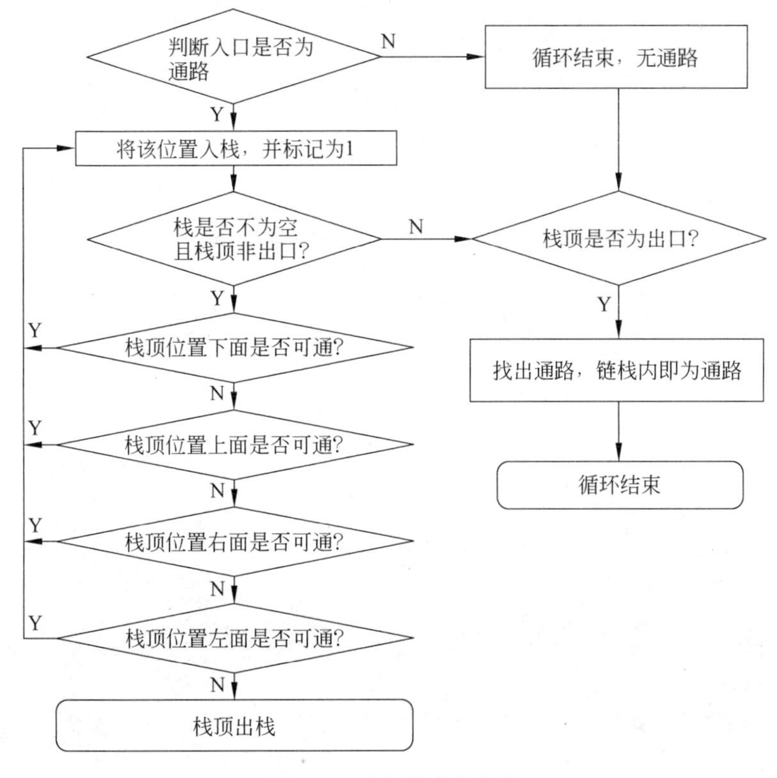

图 9-3 迷宫游戏的流程

2. 算法实现

算法参考如下。

1）顶点类

```
public class node {
    private int row;                    //行
    int col;                            //列
    private node next;                  //当前结点的下一个
    private node Upnext;                //当前结点的上一个
        public node(int i,int j,node next,node Upnext){
            this.row=i;
            this.col=j;
            this.next=next;
            this.Upnext=Upnext;
    }
    ...
}
```

2）迷宫类

此类关键函数是寻找迷宫通路函数 Mazepath()，利用栈先进后出的性质对栈内的数据进行处理，判断是否能找到通路。当没有找到通路时就跳出循环结束程序；当找到可通路径时就一直循环，直到找到出口才跳出循环结束程序。

```
public class Migong {
    private static final int M=10;
    private static final int N=10;
    node top;                                     //定义一个链栈,top 指向栈顶
    private int[][] backup;                       //备份数组
    private int backups[][];
        /****************建立迷宫矩阵**************************/
      public Migong() {                           //初始化
        this.top=new node();
        this.backup=new int[M+2][N+2];
        this.backups=new int[M+2][N+2];
    }
    public int[][] create(int maze[][])   {      //maze[M+2][N+2]存储迷宫矩阵
      ...
    }
    /*********************打印迷宫*************/
    void prin(int maze[][])      {...}
    /*******建立链栈结构,查找入口到出口的路径********/
    public int Mazepath(int maze[][ ],int x1,int x2,int y1,int y2){
        ...
    }
    /****************输出坐标通路****************/
    public void printonglu1(){...}
    /****************输出图形通路*****************/
```

```
    //0—□,1—■,2时输出↑,3时输出←,4时输出→,5时输出↓,6时输出㊣
    void printonglu2(){  ...  }
}
```

3）测试类

下面主要介绍 main()函数的设计思路和主要功能，部分代码文字描述如下：

```
public class testMigong {
    private static final int M=10;
    private static final int N=10;
    public static void main(String[] args) throws Exception{...}
}
```

9.1.4 算法运行界面示例

以下运行界面仅供参考，不要求作为最后实现要求。

（1）主菜单。迷宫建立分为手动建立和自动建立，如图 9-4 所示。

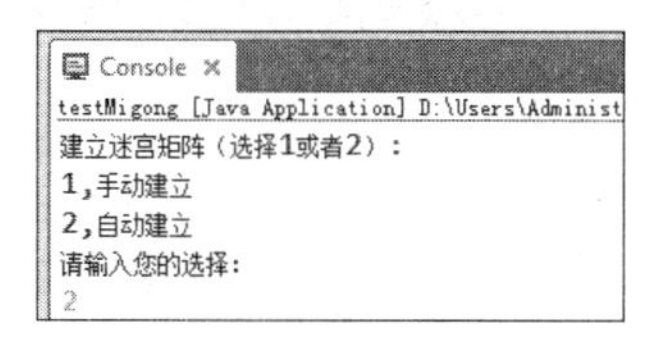

图 9-4　主菜单图

（2）输入 2 选择自动建立迷宫，生成迷宫矩阵和迷宫图，如图 9-5 所示。

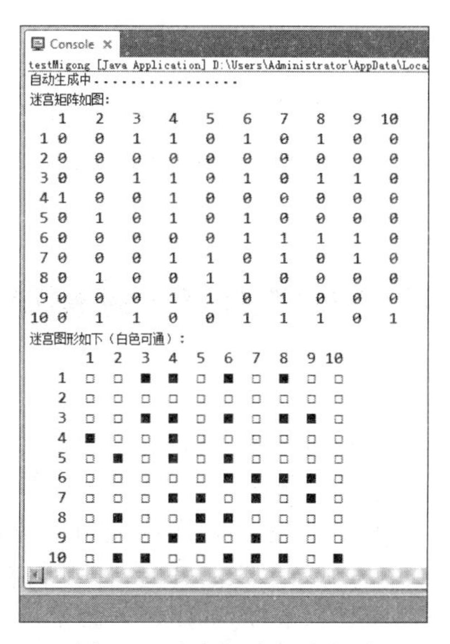

图 9-5　迷宫矩阵与迷宫图

（3）生成迷宫矩阵和迷宫图后，输入入口坐标和出口坐标，如果有通路则打印出通路，并且输出通道的相应坐标，如图 9-6 所示。如果无通路则输出无通路，如图 9-7 所示。

```
Console ×
testMigong [Java Application] D:\Users\Administrator\AppData\Local\MyEclipse Professional 2014\binary\com.sun.java.jdk7.win32.x8
输入迷宫入口:
2 1
输入迷宫出口:
10 9
其中的一条通道为:
入口→(3,1, →) → (3,2, →) → (3,3, →) → (3,4, →) → (3,5, ↓) → (4,5, →) → (4,6, →) →
(4,7, ↓) → (5,7, →) → (5,8, →) → (5,9, ↓) → (6,9, →) → (6,10, ↓) → (7,10, ←) → (
7,9, ←) → (7,8, ←) → (7,7, ←) → (7,6, ↓) → (8,6, →) → (8,7, ↓) → (9,7, →) → (9,8
, →) → (9,9, ↓) → 出口
图形通路如下:
   1 2 3 4 5 6 7 8 9 10
1  ■ □ ■ □ □ □ ■ □ ■ ■
2  ↓ ■ □ □ ■ □ □ □ □ □
3  → → → → ↓ ■ □ □ □ ■
4  ■ ■ ■ □ → → ↓ ■ ■ ■
5  □ □ □ □ □ □ → → ↓ ■
6  □ ■ ■ ■ □ ■ ■ □ → ↓
7  □ ■ □ □ □ ↓ ← ← ← ←
8  □ □ ■ □ ■ → ↓ ■ □ ■
9  □ □ ■ □ ■ ■ → → ↓ □
10 □ ■ □ □ □ □ ■ □ ㊣ ■
输入-1结束:
```

图 9-6　有通路

```
Console ×
testMigong [Java Application] D:\Users\Administrator\AppData\Local\
迷宫图形如下（白色可通）:
     1  2  3  4  5  6  7  8  9  10
 1   ■  □  ■  □  □  □  ■  □  ■  ■
 2   □  ■  □  □  ■  □  □  □  □  □
 3   □  □  □  □  □  ■  □  □  □  ■
 4   ■  ■  ■  □  □  □  □  ■  ■  ■
 5   □  □  □  □  □  □  □  □  □  ■
 6   □  ■  ■  ■  □  ■  ■  □  □  □
 7   □  ■  □  □  □  □  □  □  □  □
 8   □  □  ■  □  ■  □  □  ■  □  ■
 9   □  □  ■  □  ■  ■  □  □  □  □
10   □  ■  □  □  □  □  ■  □  □  ■
输入迷宫入口:
2 1
输入迷宫出口:
4 10
无通路!
输入-1结束:
```

图 9-7　无通路

9.2　停车场管理方案的数据结构设计

1. 问题描述

某停车场是一条可以停放 n 辆车的狭窄车道，并且只有一个大门是车的出入口。汽车停放按照到达时间的先后顺序依次由东向西排列（大门在最西端，最先到达的第一辆车停在最东端），若停车场已经停满了 n 辆车，后来的汽车在便道上等候，一旦有车开走，排在便道上的第一辆车可以开入；当停车场的某辆车要离开时，停在它后面的车要先后退为它让路，等它开出后其他车再按照原先次序开入车场，每辆停在停车场的车要按时间长短缴费。

2. 基本要求

请用 C/C++ 或 Java 语言编写程序实现该停车场的管理过程。

(1) 根据车辆到达停车场到车辆离开停车场时所停留的时间进行计时收费。

（2）根据车牌号查到该车辆在停车场或者便道中的位置。

（3）当有车辆从停车场离开时，等待的车辆按顺序进入停车场停放。

3. 测试数据

要求使用全部合法数据、整体非法数据和局部非法数据进行程序测试，以保证程序的稳定性。测试数据及其测试结果请在上交的资料文档中写明。

4. 实现提示

用栈模拟停车场（后进先出），用队列模拟车场外的便道。按照从终端输入的数据进行模拟管理。数据结构应该包括三个数据项：汽车车牌号码，汽车“到达”或者“离开”信息，汽车到达或者离开的时刻。

9.2.1 任务分析

此停车场管理系统的功能是在一个只有一个大门可以供车辆进出，并且要实现停车场内某辆车要离开时，在它之后进入停车场的车都必须先退出停车场为它让路，待其开出停车场后，这些车再按原来的次序进场。可以设计两个堆栈，其中一个堆栈用来模拟停车场，另一个堆栈用来模拟临时停车场，该临时停车场用来存放当有车辆离开时，原来停车场内为其让路的车辆。至于当停车场已满时，需要停放车辆的通道可以用一个队列来实现。当停车场内开走一辆车时，通道上便有一辆车进入停车场，此时只需要改变通道上车辆结点的连接方式即可，使通道上第一辆车进入停车场这个堆栈，并且使通道上原来的第二辆车成为通道上的第一辆车，此时只需将模拟通道的队列的头结点连到原来的第二辆车上就可以了。

这个程序的关键是车辆的进站和出站操作，以及车场和通道之间的相互关系。由于停车场是一个只有一个门口的车道，先进后出，类似数据结构中的栈结构，故停车场用栈这种数据结构来描述。外面的狭长的通道，先进先出，故可以用队列结构来描述。该系统主要实现以下几个功能。

（1）根据车辆到达停车场到车辆离开停车场时所停留的时间进行计时收费。

（2）根据车牌号查到该车辆在停车场或者便道中的位置。

（3）当有车辆从停车场离开时，离开时间和费用的计算，等待的车辆按顺序进入停车场停放。

9.2.2 数据结构选择

1. 逻辑结构

本程序中车辆之间的数据结构存在“一对一”的关系，属于线性结构，逻辑结构通过栈和队列来实现。

栈是一种操作受限制的线性表，是只允许在同一个端点处进行插入、删除的表结构，该端点通常称为栈顶（top）。栈的特点是先进后出。

队列也是一种特殊的线性表，特点是先进先出。队列只允许在表的前端（front）进行删除操作，而在表的后端（rear）进行插入操作。进行插入操作的端称为队尾，进行删除操作的端称为队头。队列中没有元素时，称为空队列。

本任务首先要通过栈生成一个停车场，然后用入栈实现车辆进入停车场且自动获取系统时间，当停车场车满时，通过队列实现一个候车场，然后让车辆通过入队进入候车场等候，当车辆离开停车场时,进行出栈操作,让需要离开的车辆离开且系统自动获取时间,然后候车场的车辆通过出队离开候车场,通过入栈进入停车场且获取系统时间,形成完整的停车场管理系统。

当车辆 1 开入停车场,车辆 1 的车辆信息(车牌号、状态、进入时间、离开时间)被保存,如表 9-1 所示。

表 9-1　车辆信息表

序号	车辆信息			
	车牌号	状态	进入时间	离开时间
车辆 1	粤 H058FR	arrive	2019-06-12 17:36	null
车辆 2	粤 HAI01A	arrive	2019-06-12 18:50	null
车辆 3	粤 H88888	arrive	2019-06-12 19:06	null
车辆 4	粤 H13737	leave	2019-06-12 17:36	2019-06-12 20:20

2. 物理结构

本停车场管理方案的物理结构用顺序栈和链队列实现,车辆首先进入顺序栈结构的停车场,若停车场已满则进入链队列结构的便道。

1) 顺序栈

顺序栈用下标为 0 的一端作为栈底,因为首元素都存在栈底,变化比较小。定义一个 top 变量来指示栈顶元素在数组中的位置。若现在有一个栈,StackSize 为 5,栈的进栈结构如图 9-8 所示,当栈没有满时就可以进行进栈操作,top 指针指向下一个地址,当里面为空时就可以放入元素,称为进栈。

当 top 等于 0 时就代表栈已经空了,没有元素可以退栈,只要栈中还有元素就可以进行退栈操作。图 9-9 中是元素 e 进行退栈,top 指向地址为 4 的位置,当 e 元素退出来之后,top 自动指向地址为 3 的位置,top 永远指向最后。栈的退栈结构如图 9-9 所示。

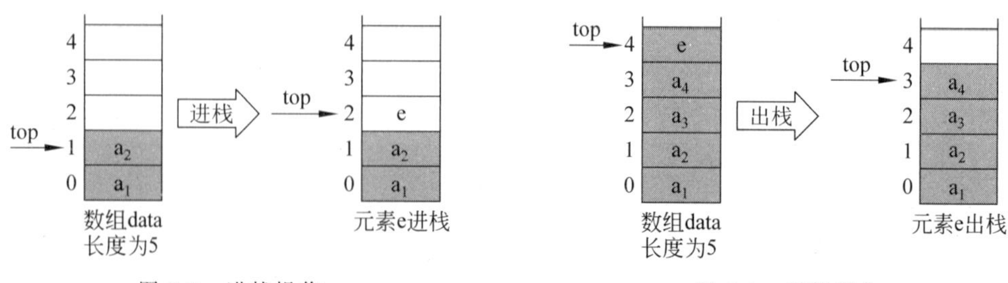

图 9-8　进栈操作

图 9-9　退栈操作

需要说明的是,算法中的进栈函数和退栈函数是配套使用的。因为程序运行时,可能不定期、交替地调用进栈函数和退栈函数。

2) 链式队列

队列的数据元素又称为队列元素,在队列中插入一个队列元素称为入队,从队列中删除一个队列元素称为出队。因为队列只允许在一端插入,在另一端删除,所以只有最早进入队列的元素才能最先从队列中删除,故队列又被称为先进先出(first in first out,FIFO)线性表。

本任务利用链队列存放便道上的车辆信息，队列的链式存储结构用不带头结点的单向链表来实现。为了便于实现入队和出队操作，需要引进两个指针 front 和 rear 来分别指向队首元素和队尾元素的结点。

如图 9-10 所示为车辆 $a_0, a_1, a_2, \cdots, a_n$ 在链式队列中的存储结构图。

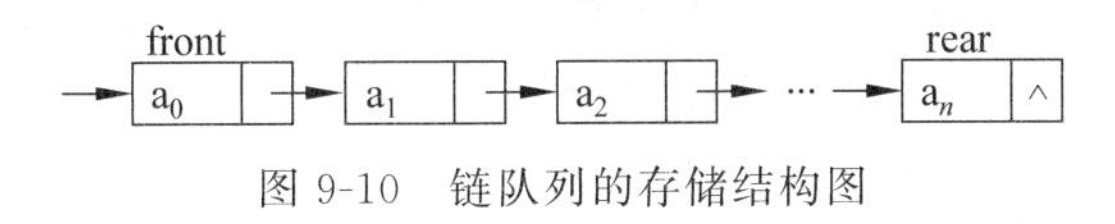

图 9-10　链队列的存储结构图

9.2.3　算法设计与实现

1. 算法设计

根据预设的停车场容量 n，创建长度为 n 的栈（停车场），便道上的车辆用链队存放。系统流程设计如图 9-11 所示。

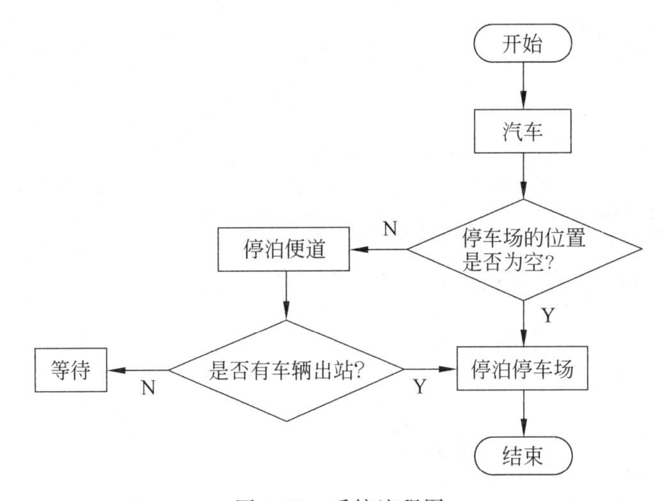

图 9-11　系统流程图

1）插入（车辆停入）

根据提示往栈中插入元素（车辆信息），即使车辆停在停车场中。首先检查停车场是否已满，若不满，则车辆停放在停车场中，记录车辆到达时间，并把此时间作为开始计费时间。若插入的元素个数超过停车场的容量，则此后的车辆停在便道上——用队列表示，即元素储存在队列中。

2）删除（车辆离开）

根据提示删除栈中的元素（车辆信息），即使车辆离开停车场，同时停在便道上的车辆停入停车场中。当车辆离开时，首先寻找要离开的车辆的车牌号，若车辆从停车场离开，则在它之后进入的车辆必须先退出（进入临时栈）为它让路，待该车辆开出大门外，其他车辆再按原次序进入停车场，并将停放在便道上第一位置的车开进停车场，离开的车辆按其在停车场内停留的时间缴费，并把离开车辆的离开时间作为便道上第一位置的车进入停车场的进入时间和开始计费时间。

3）显示

根据提示操作，显示当前停车场和便道使用情况。

4）退出

释放停车场和便道(栈和队列)上的车辆信息等，退出当前运行程序。

2. 算法实现

算法实现部分以 Java 描述核心部分的关键算法，以供广大读者分析、思考和学习，算法参考代码如下。

(1) 定义单向链表结点：Node 类。

```
public class Node {
    public Object data;
    public Node next;
    public Node(){
        this.data=null;
        this.next=null;
    }
    public Node(Object data) {
        this.data=data;
        this.next=null;
    }
    public Node(Object data,Node next){
        this.data=data;
        this.next=next;
    }
}
```

(2) 定义各类接口：停车场——栈 IStack 接口，候车场——队列 IQueue 接口。

```
//队列
public interface IQueue {...}
//栈
public interface IStack {...}
```

(3) 实现各类接口：利用 SqStack 实现停车场栈 IStack 接口，利用 LinkQueue 实现候车场队列 IQueue 接口。

```
//SqStack 顺序栈
public class SqList implements IList{  ...  }
//LinkQueue 链式队列
public class LinkQueue implements IQueue{  ...  }
```

(4) 汽车类 Car：包含汽车停车的到达、离开时间等。

```
public class Car{
    private static final int HH=0;
    public int state;
    public GregorianCalendar arrTime;
    public GregorianCalendar depTime;
```

```
    public String license;
    ...
    public String toString(){
        return state+"  "+arrTime+"  "+depTime+"  "+license;
    }
}
```

(5) 停车场类 Park。

findcar(String id)函数：根据 id 查找车；menu()函数：显示菜单；park(String license, String action)函数：停车入场、出场管理；main()：主函数。

```
public class Park {
    private static SqStack S=new SqStack(5);
    private static LinkQueue Q=new LinkQueue();
    private double fee=2;
    public final static int DEPARTURE=0;
    public final static int ARRIVAL=1;
    public void park(String license,String action) throws Exception{
        //action=2 车辆达到,action=3 车辆离开
        ...
    }
    public void findcar(String id){  ...  }
    private static void menu() { ... }
        /* main 函数的定义:通过 switch...case...语句输入对应号码的操作,然后执行对应
的需求操作(到达、离开等操作 */
    public static void main(String[] args) throws Exception{ ... }
}
```

9.2.4 算法运行界面示例

以下运行界面仅供参考,不要求作为最后实现要求。

设定停入车辆并通过车辆车牌号查询停车情况。

(1) 主界面。

有五个选项,分别为:"1.显示,2.查找,3.停车,4.离开,0.结束",用户根据需要输入数字,分别调用不同函数执行后续操作(见图 9-12)。

(2) 停车界面:输入 3 后,输入车牌号,将停到空位置并且自动获取系统时间,系统显示停车场位置和入场时间(见图 9-13)。

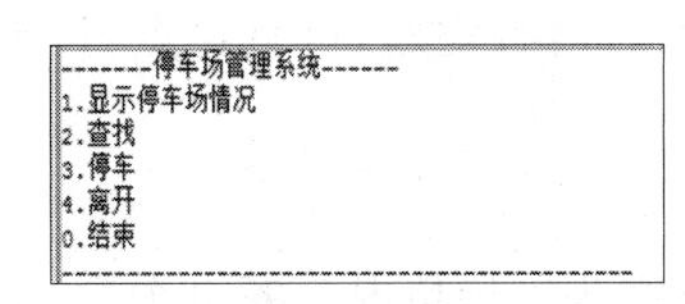

图 9-12　主界面

```
请输入操作码!(0-退出)
3
输入车牌号
1
1停放在停车场的第1个位置!
2019年5月11日16:1:27
1停车成功
```

图 9-13　停车界面

(3) 车辆查找界面：输入 2 后，查找对应车牌所停的车位号(见图 9-14)。

(4) 离开界面：输入 4 后，输入要离开车的车牌号，输出离开系统时间，并进行计费(见图 9-15)。

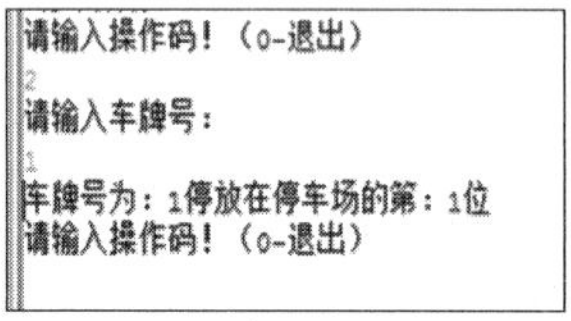

```
请输入操作码！（0-退出）
2
请输入车牌号：
1
车牌号为：1停放在停车场的第：1位
请输入操作码！（0-退出）
```

图 9-14　车辆查找界面

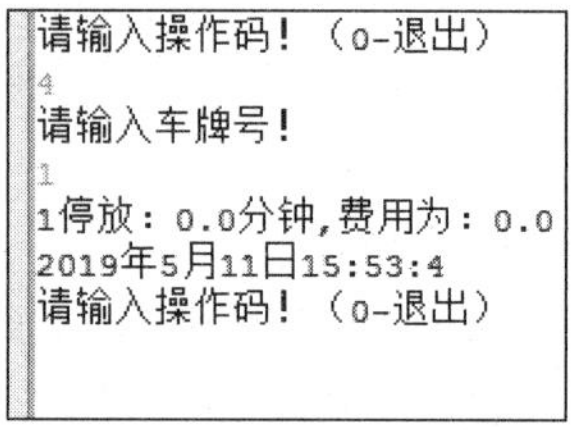

```
请输入操作码！（0-退出）
4
请输入车牌号！
1
1停放：0.0分钟,费用为：0.0
2019年5月11日15:53:4
请输入操作码！（0-退出）
```

图 9-15　车辆离开

(5) 显示候车场界面：停车场车位已满，后续车辆停入便道等待停车(见图 9-16)。

```
1停放在停车场的第1个位置！
2019年5月11日22:1:8
1停车成功
请输入操作码！（0-退出）
3
输入车牌号
2
2停放在停车场的第2个位置！
2019年5月11日22:1:10
2停车成功
请输入操作码！（0-退出）
3
输入车牌号
3
3停放在停车场的第3个位置！
2019年5月11日22:1:11
3停车成功
请输入操作码！（0-退出）
3
输入车牌号
4
4停放在停车场的第4个位置！
2019年5月11日22:1:14
4停车成功
请输入操作码！（0-退出）
3
输入车牌号
5
5停放在停车场的第5个位置！
2019年5月11日22:1:16
5停车成功
请输入操作码！（0-退出）
3
输入车牌号
6
6停放在便道的第1个位置！
2019年5月11日22:1:19
6停车成功
请输入操作码！（0-退出）
```

图 9-16　显示候车场界面

9.3　排队就餐管理方案设计

1. 问题描述

顾客到饭店就餐通常遇到排队等待情况，如果店内有空座，可直接点餐，否则需要排队等待。要求根据顾客的排队情况，及时安排点餐。

2. 基本要求

请用 C/C++ 或 Java 语言编写程序，模拟顾客排队等待情况。餐桌个数、就餐人数由读者自己设计，存储结构和实现算法由读者自己选定并实现，要求如下。

(1) 饭店内餐桌个数为 n 个。

(2) 顾客到达饭店如果有空座可立即坐下点餐，否则需要依次排队等候。

(3) 一旦有顾客离去，排在队头的顾客便可开始进店点餐。

(4) 如果有 VIP 顾客，可直接插入队头。

程序包含的基本功能说明如下。

(1) 排队：输入排队顾客的编号，加入队列。

(2) 就餐：排在队列头的顾客进店点餐，并将其从排队队列中删除。

(3) 查看排队：从队头到队尾输出所有等待的顾客编号。

(4) VIP 顾客：直接插入队头。

(5) 下班：退出运行，提醒顾客营业结束。

3. 测试数据

确定餐桌个数(至少 8 桌)，输入排队顾客编号(不少于 10 人)，以较为直观的方式显示出排队等待的顾客编号及就餐顾客编号。

4. 实现提示

采用队列算法实现。

9.3.1 任务分析

所有经营得好的餐馆，都会面临着一个极其重要的问题：就餐人数多。在吃饭的时间，仅仅靠店员是不足够的，工人成本高，效率低，因此就必须应用计算机程序来进行操作，同时完成各项任务，减少成本，提高工作效率。在最后营业结束时，能够快速地通过程序在店门的显示屏以及店内的显示屏显示出打烊的语句，通知顾客营业结束。所以，根据这种状况，使用 C++ 和 Java 编写一个程序来简单地解决餐馆普遍拥有的问题。

根据需求分析，总结了以下所需要完成的任务。

(1) 在有空位时，顾客能够及时知道并且进行点餐。

(2) 在没有空位的情况下，就需要排队等待，一旦出现空位能够及时通知顾客。

(3) 如果持有 VIP 证明，可以优先坐上空出的位置。

(4) 营业时间结束，提醒顾客营业结束，并给出抱歉等相关语句。

(5) 查看排队：从队头到队尾输出所有等待的顾客编号。

(6) 店员能够及时查出目前排队人数。

9.3.2 数据结构选择

1. 逻辑结构

根据需求分析，及结合顾客先来后到的排队机制，采取的线性结构中的队列作为逻辑结构。队列是一种特殊的线性表，它只允许在表的前端(front)进行删除操作，而在表的后端(rear)进行插入操作。进行插入操作的端称为队尾，进行删除操作端称为队头。队列中没有元素时，称为空队列。队尾(rear)——允许插入的一端，队头(front)——允许删除的一端。队列的特点：先进先出。

线性结构的特点是有且只有一个开始结点和一个终端结点，并且所有结点都最多只有一个直接前驱和一个直接后继，因此在排队时，能够方便地去除头结点和加入尾结点，每个结点都有唯一的前驱和唯一的后继，也就是所谓的一对一的关系。

2. 物理结构

根据需要，采取的是顺序循环队列存储。为什么要选择顺序循环队列存储？顺序存储队列的特点：可以重复使用已退队元素所占存储单元。顺序存储结构的空间利用率高，有空间限制，刚好和餐厅的有限环境相符合。根据排队顾客的号码，一一加入队列，排在队列头的顾客进店就餐，并将其从排队队列中删除（见图 9-17）。

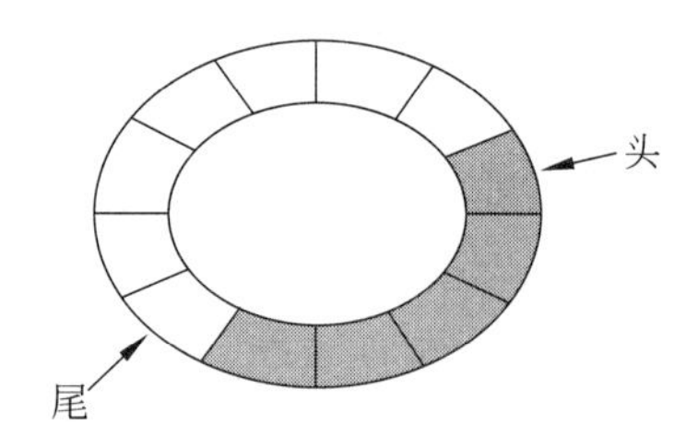

图 9-17　顺序循环队列结构图

9.3.3　算法设计与实现

1. 算法设计

本任务设计三个队列，分别为就餐、VIP、普通队列。

设一个变量 n 代表用户取号的号码（n 初始值为 1），输出 n 变量的数值。

（1）判断就餐队列是否为空队列。如果是空队列，就用入队操作把 n 放到就餐队列中。

（2）判断就餐队列是否有空位（不满）。如果有空位，则判断 VIP 队列是否为空队列。如果是，就用入队操作把普通队列的表头元素放到就餐队列中；否则就用入队操作把 VIP 队列的表头元素放到就餐队列中。

（3）如果就餐队列没有空位，则判断是否为 VIP。如果是，就用入队操作方法把 n 放到 VIP 队列中；否则就用入队操作方法把 n 放到普通队列中。

（4）判断是否下班。是则关闭程序；不是则程序继续，变量 $n+1$ 并且返回到输出 n 这个变量的数值这一步（见图 9-18）。

2. 算法实现

算法实现部分以 Java 描述核心部分算法，以供广大读者分析、思考和学习，算法参考如下。

（1）定义队列抽象数据类型——IQueue 接口。

```
public interface IQueue {...}
```

（2）实现接口的顺序循环队列类 CircleSqQueue。

```
public class CircleSqQueue implements IQueue {...}
```

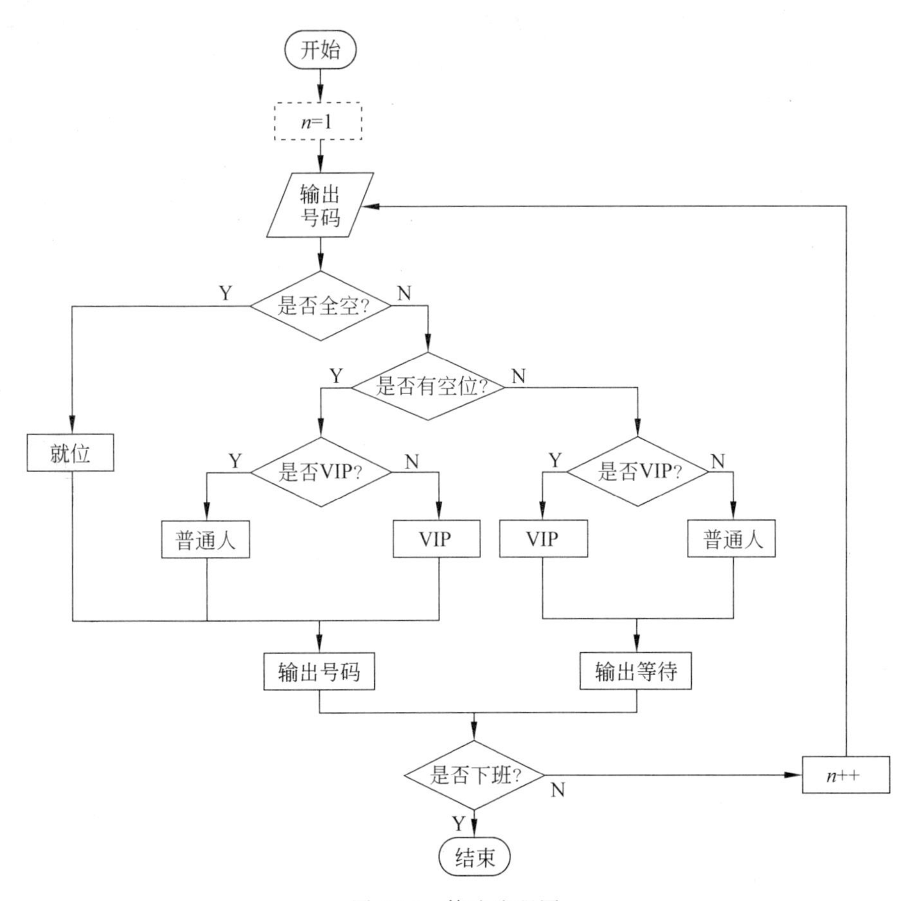

图 9-18　算法流程图

(3) 测试类的定义。

```
public class Test {
    CircleSqQueue JiuCan=new CircleSqQueue(10);
    CircleSqQueue Vip=new CircleSqQueue(30);
    CircleSqQueue PuTong=new CircleSqQueue(50);
    int i=0;
    public int Next() {
        for(;i<JiuCan.length()+Vip.length()+PuTong.length();) {
            i++;
        }
        return i;
    }
    public void menu() {
        System.out.println("操作选项菜单");
        System.out.println("1.直接用餐");
        System.out.println("2.取号");
        System.out.println("3.等待用餐");
        System.out.println("4.查询");
```

```
            System.out.println("0.退出系统");
        }
        public void ChengXu() throws Exception {
            int op;
            Scanner sc=new Scanner(System.in);
            do {
                System.out.print("请输入操作代码(0-退出):");
                op=sc.nextInt();
                    switch (op) {  ...  }
            } while (op!=0);
            sc.close();
        }
        public static void main(String[] args) throws Exception {
            Test T=new Test();
            T.menu();
            T.ChengXu();
        }
    }
```

9.3.4 算法运行界面示例

以下运行界面仅供参考,不要求作为最后实现要求。

假设有 9 位客人来吃饭,后又有 2 名 VIP 客人和 1 名普通客人来吃饭,餐桌数量不够,剩余的人需取号排队用餐。前 9 名客人在就餐队列中,后 3 名需要排队取号等待用餐,队列如图 9-19 所示。

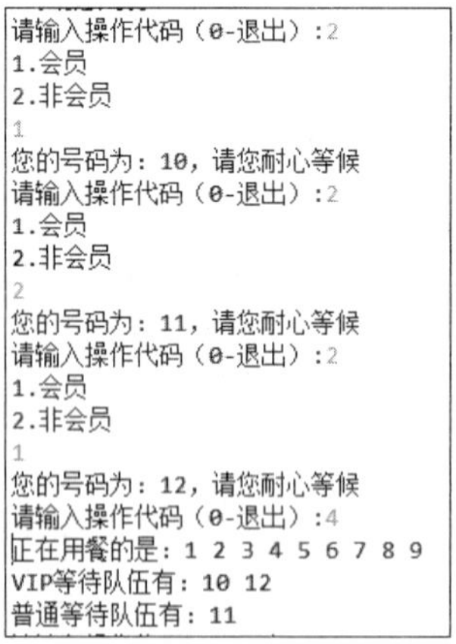

```
请输入操作代码（0-退出）:2
1.会员
2.非会员
1
您的号码为：10，请您耐心等候
请输入操作代码（0-退出）:2
1.会员
2.非会员
2
您的号码为：11，请您耐心等候
请输入操作代码（0-退出）:2
1.会员
2.非会员
1
您的号码为：12，请您耐心等候
请输入操作代码（0-退出）:4
正在用餐的是：1 2 3 4 5 6 7 8 9
VIP等待队伍有：10 12
普通等待队伍有：11
```

图 9-19　点餐运行图

第10章

树的应用

10.1 哈夫曼编/译码器

1. 问题描述

利用哈夫曼编码进行信息通信可以大大提高信道利用率，缩短信息传输时间，降低传输成本。但是，这要求在发送端通过一个编码系统对待传数据预先编码，在接收端将传来的数据进行译码(复原)。对于双工信道(即可以双向传输信息的信道)，每端都需要一个完整的编/译码系统。试为这样的信息收发站写一个哈夫曼编/译码系统。

2. 基本要求

一个完整的系统应具有以下功能。

(1) I：初始化(initialization)。从终端读入字符集大小 n，以及 n 个字符和 n 个权值，建立哈夫曼树，并将它存在文件 hfmTree.txt 中。

(2) E：编码(encoding)。利用已建好的哈夫曼树(如不在内存，则从文件 hfmTree.txt 中读入)，对文件中的正文进行编码，然后将结果存入文件 CodeFile.txt 中。

(3) D：译码(decoding)。利用已建好的哈夫曼树将文件 CodeFile.txt 中的代码进行译码，结果存入文件 TextFile.txt 中。

(4) P：打印代码文件(print)。将文件 CodeFile.txt 以紧凑格式显示在终端上。

(5) T：打印哈夫曼树(tree printing)。将已在内存中的哈夫曼树以直观的方式(树或凹入表形式)显示在终端上。

3. 测试数据

(1) 数据一：用表 10-1 给出的字符集和频度的实际统计数据建立哈夫曼树，并实现以下报文的编码和译码：THIS PROGRAM IS MY FAVORITE。

表 10-1 字符集和频度列表

字符	空格	A	B	C	D	E	F	G	H	I	J	K	L	M
频度	186	64	13	22	32	103	21	15	47	57	1	5	32	20
字符	N	O	P	Q	R	S	T	U	V	W	X	Y	Z	
频度	57	63	15	1	48	51	80	23	8	18	1	16	1	

(2) 数据二：已知某系统在通信联络中只可能出现 8 种字符，其概率分别为 0.05，0.29，0.07，0.08，0.14，0.23，0.03，0.11，以此设计哈夫曼编码。利用此数据对程序进行调试。

10.1.1 任务分析

哈夫曼编码是一种应用广泛的编码方式,它的通信方式在通信技术、计算机网络、电子信息等方面有着广泛的应用。学习和掌握好哈夫曼编码与译码技术对于计算机专业的学生来说有着很大的应用价值。本设计是通过对给定字符及其使用频度构造哈夫曼树,再根据哈夫曼树进行哈夫曼编码。在此之前,首先要理解哈夫曼树、哈夫曼算法、哈夫曼编/译码的概念和原理,再尝试去编写该哈夫曼编/译码系统。

10.1.2 数据结构选择

1. 逻辑结构

树结构是一种在实际应用中被广泛使用的数据结构。它是由同一类型的记录构成的集合。哈夫曼树是树的一种子类型,又称为最优树,是一类带权路径最短的树,利用哈夫曼树可以得到合适的字符编码,这样既可以对数据加密,也可以实现高效地存储信息,因此哈夫曼编码是一种常用的编码形式。

本案例按照权重构造哈夫曼树结构如图 10-1 所示。

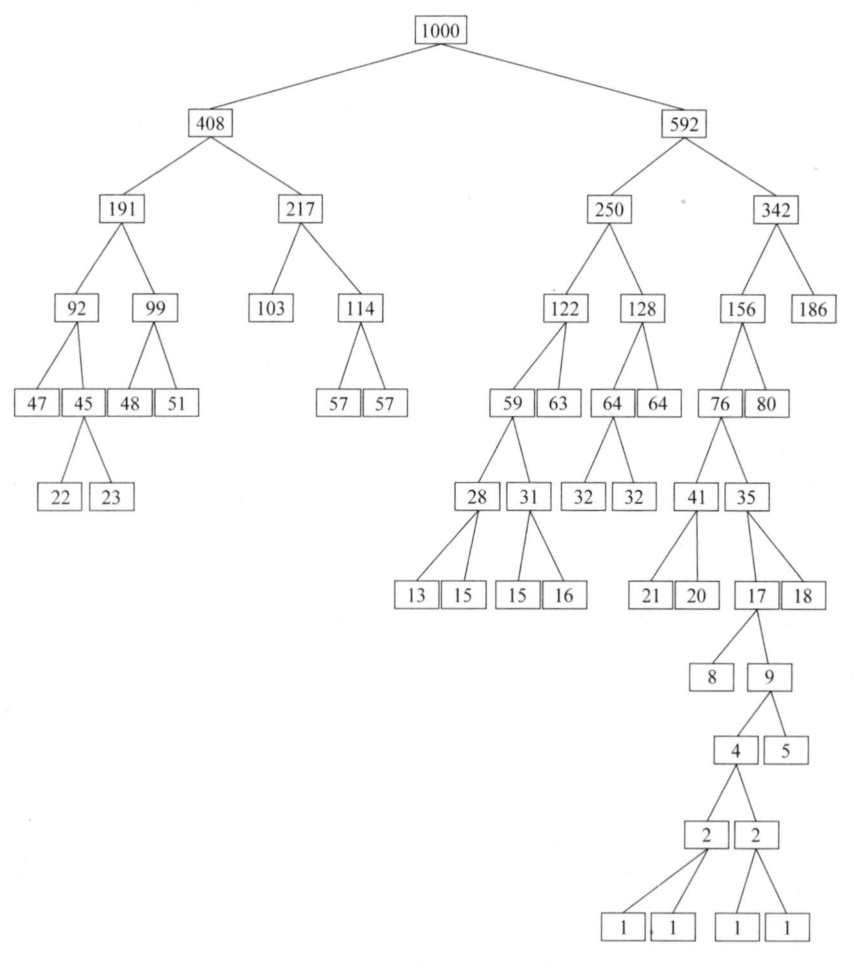

图 10-1 哈夫曼树逻辑结构图

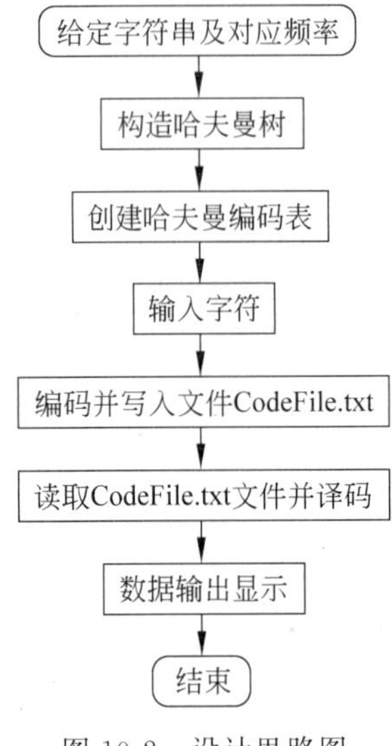

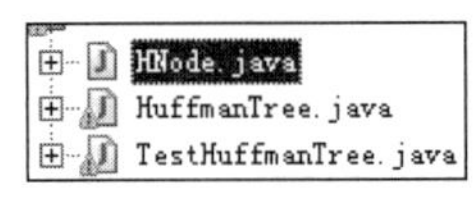

2. 物理结构

1) 哈夫曼树的存储结构

为了实现通过哈夫曼算法建立哈夫曼树，首先要定义哈夫曼树的存储结构。由于构造哈夫曼树之后，编码时要从叶结点出发，走一条从叶结点到根的路径；而译码时要从根结点出发，走一条从根到叶结点的路径。对于每个结点而言，既需知道双亲的信息，又需知道孩子的信息。因此，可以使用带双亲的孩子链表作为结点的存储结构。由哈夫曼算法可知，如果哈夫曼有 n 个叶结点，则最终生成的哈夫曼树共有 $2n-1$ 个结点。因此，可以用一个长度为 $2n$ 的一维数组存放哈夫曼树的所有结点。详细定义见表 10-2。

表 10-2　结点各字段定义

name	weight	lchild	rchild	parent	code

其中，name 表示结点数据的名称（即字符名称），weight 表示结点的权值（即字符使用频度），lchild、rchild 分别是结点的左、右孩子在数组中的下标值，叶结点的左右孩子的下标值均为－1，parent 表示父结点在数组中的位置。

parent 的主要作用有两点：①区分根结点和非根结点；②使查找某个结点的双亲变得更为简单。若 parent＝－1，则该结点是树的根结点，否则为非根结点。把森林中的两棵二叉树合并成一棵二叉树时，必须从森林的所有结点中选取两个根结点的权值为最小的结点，此时根据 parent 来区分根与非根结点的。

2) 哈夫曼编码表的存储结构

利用哈夫曼树对字符进行哈夫曼编码，实际上就是求出从根结点到叶结点的路径。由于采用带双亲的孩子链表作为存储结构，因此，对于输入的每个字符，可以从哈夫曼树的叶结点出发，沿结点的双亲链回溯到根结点，在这个过程中，每回溯一步都会经过哈夫曼树的一个分枝，从而得到一个哈夫曼编码。

10.1.3　算法设计与实现

1. 算法设计

要编程实现该系统，可以按以下步骤逐步实现，具体流程如图 10-2 所示。

(1) 哈夫曼树的建立，即根据所给字符及对应频度构造哈夫曼树，哈夫曼树构造函数包括对哈夫曼树的初始化、赋值和建立。

(2) 哈夫曼编码表的建立，即编写程序实现对所给字符进行哈夫曼编码，将每个字符的哈夫曼编码存储到一个位串数组中。

(3) 打印输出哈夫曼树和哈夫曼编码表，在终端上显示出哈夫曼树的结构和各字符名称及对应的哈夫曼编码。

(4) 编码，对输入的字符串进行哈夫曼编码，将结果写入文件。

(5) 译码，将文件中的哈夫曼编码按照编码表翻译成对应字符串并显示到终端上。

2. 算法实现

算法实现部分以 Java 描述核心部分算法，以供广大读者分析、思考和学习，主要构建了如下三个类文件，算法参考如图 10-3 所示。

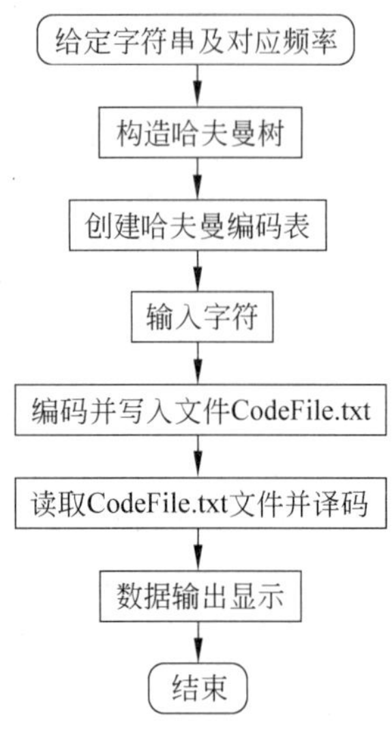

图 10-2　设计思路图

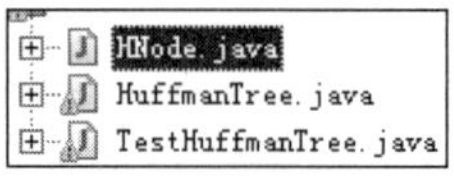

HNode.java
HuffmanTree.java
TestHuffmanTree.java

图 10-3　三个类文件

（1）HNode 哈夫曼结点类。

```
public class HNode {
    private int weight;                    //结点权值
    private int lchild;                    //左孩子结点
    private int rchild;                    //右孩子结点
    private int parent;                    //父结点
    private String name;                   //结点数据,存放字符名称
    private String code;                   //存放叶子结点的字符编码
    public HNode(String name, int w){  ...  }
    ...
}
```

（2）HuffmanTree 哈夫曼树类。

HuffmanTree 哈夫曼树类中所包含的主要函数及功能如下。

- 构造哈夫曼树：create()函数。
- 报文编码：encode()函数。
- 报文解码：decode()函数。
- 打印编码文件：printcode()函数。
- 输出哈夫曼树结构：printtree()函数。首先对 26 个英文大写字母及空格进行了哈夫曼编码,通过键盘输入字母名称和对应频度建立哈夫曼树。
- 字符集：空格 ABCDEFGHIJKLMNOPQRSTUVWXYZ。
- 对应频率：186 64 13 22 32 103 21 15 47 57 1 5 32 20 57 63 15 1 48 51 80 23 8 18 1 16 1。

相关主要函数的部分代码定义如下。

```
public class HuffmanTree {
    private HNode[] data;                //结点数组
    private int leafNum;                 //叶子结点数目
    //构造哈夫曼树
    public void create() {...}
    //输出哈夫曼树结构
    public void printtree() {...}
    //前序遍历,输出所有叶子结点的编码
    private void preorder(HNode root,String code) {...}
    //采用后序遍历,进行报文解码
    public String decode(String codes){...}
    //层次遍历
    public void traverse() {...}
    //编码
    public void encode() {...}
    //输出代码文件
    public void printcode() {...}
    ...
}
```

(3) TestHuffmanTree 测试类。

主函数执行时,输出功能提示字符串,再根据用户输入的数字,进入功能执行部分。

10.1.4 算法运行界面示例

图 10-4 所示运行界面仅供参考,不要求作为最后实现要求。

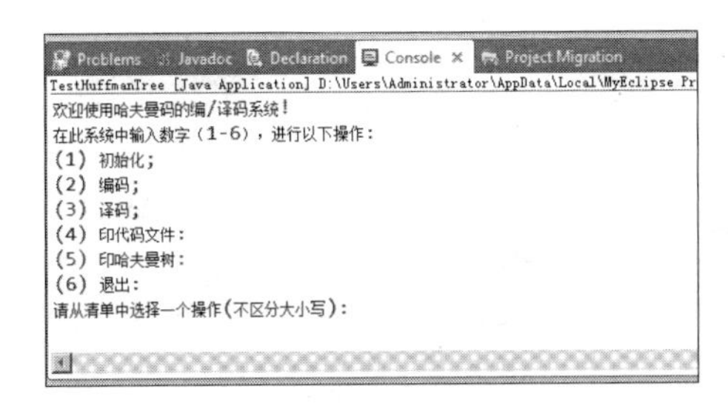

图 10-4　主界面

主界面包含如下 6 个功能,输入数字 1～6,进入对应分枝进行操作。

1. 建立哈夫曼树

按照字符列表输入字符集及权值,初始化哈夫曼树,并将建树字符写入记事本文件 hfmTree.txt,如图 10-5 所示。

```
请从清单中选择一个操作(不区分大小写):
1
请输入要建树的字符集:
 ABCDEFGHIJKLMOPQRSTUVWXYZ
请输入要对应的权值:
186 64 13 22 32 103 21 15 47 57 1 5 32 20 57 63 15 1 48 51 80 23 8 18 1 16 1
成功将建树字符写入记事本!
```

图 10-5　建立哈夫曼树

2. 编码

输入测试用例：THIS PROGRAM IS MY FAVORITE,并进行字符编码及输出,如图 10-6和图 10-7 所示。

图 10-6　哈夫曼编码(1)

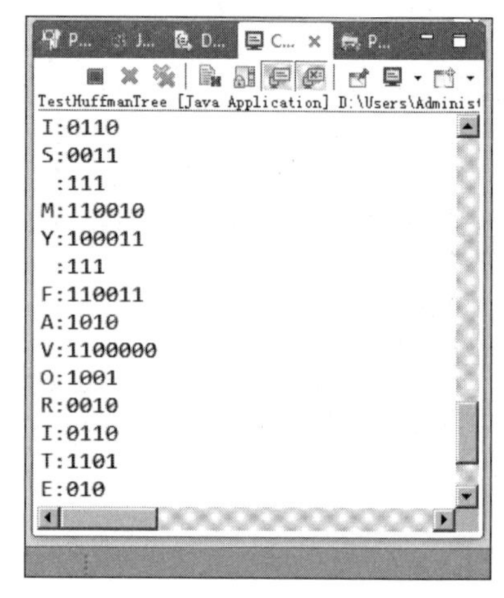

图 10-7　哈夫曼编码(2)

3. 译码

输入需要译码的字符：11010001011000111111100010001010011000010010101011001011101100011111110010100011111110011101011000001001001001101101010,进行译码输出,如图 10-8 所示。

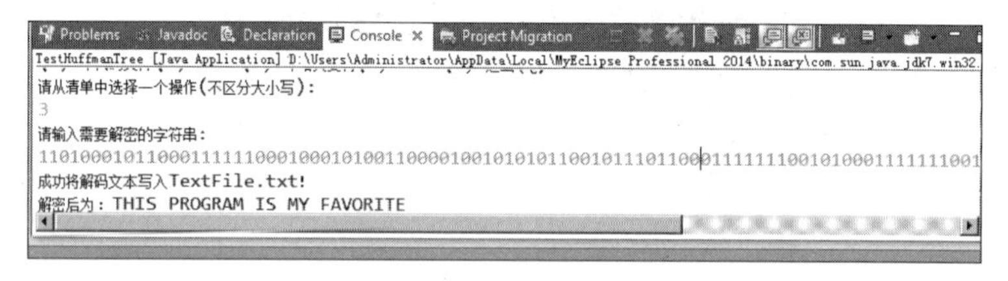

图 10-8　哈夫曼译码

4. 输出代码文件

输出哈夫曼编码,如图 10-9 所示。

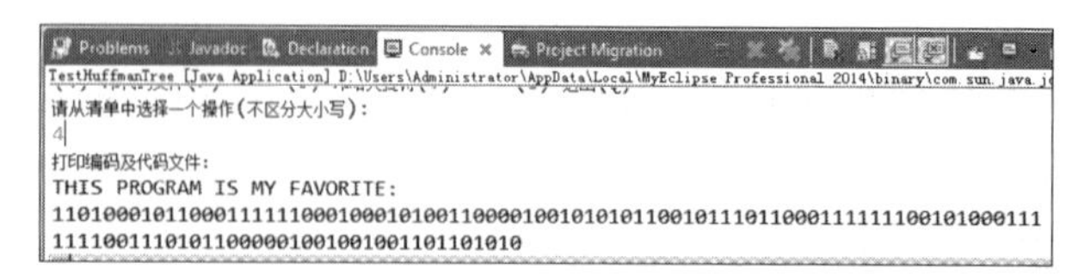

图 10-9　输出哈夫曼编码

5. 哈夫曼树输出

根据 27 个字符及频度,建立哈夫曼树结构并输出,如图 10-10 和图 10-11 所示。

```
public class HuffmanTree {
    private HNode[] data;              //结点数组
    private int leafNum;               //叶子结点数目
    //构造哈夫曼树
    public void create() {...}
    //输出哈夫曼树结构
    public void printtree() {...}
    //前序遍历,输出所有叶子结点的编码
    private void preorder(HNode root,String code) {...}
    //采用后序遍历,进行报文解码
    public String decode(String codes) {...}
    //层次遍历
    public void traverse() {...}
    //编码
    public void encode() {...}
    //输出代码文件
    public void printcode() {...}
    ...
}
```

(3) TestHuffmanTree 测试类。

主函数执行时,输出功能提示字符串,再根据用户输入的数字,进入功能执行部分。

10.1.4 算法运行界面示例

图 10-4 所示运行界面仅供参考,不要求作为最后实现要求。

图 10-4 主界面

主界面包含如下 6 个功能,输入数字 1~6,进入对应分枝进行操作。

1. 建立哈夫曼树

按照字符列表输入字符集及权值,初始化哈夫曼树,并将建树字符写入记事本文件 hfmTree.txt,如图 10-5 所示。

```
请从清单中选择一个操作(不区分大小写):
1
请输入要建树的字符集:
 ABCDEFGHIJKLMOPQRSTUVWXYZ
请输入要对应的权值:
186 64 13 22 32 103 21 15 47 57 1 5 32 20 57 63 15 1 48 51 80 23 8 18 1 16 1
成功将建树字符写入记事本!
```

图 10-5 建立哈夫曼树

2. 编码

输入测试用例：THIS PROGRAM IS MY FAVORITE,并进行字符编码及输出,如图 10-6和图 10-7 所示。

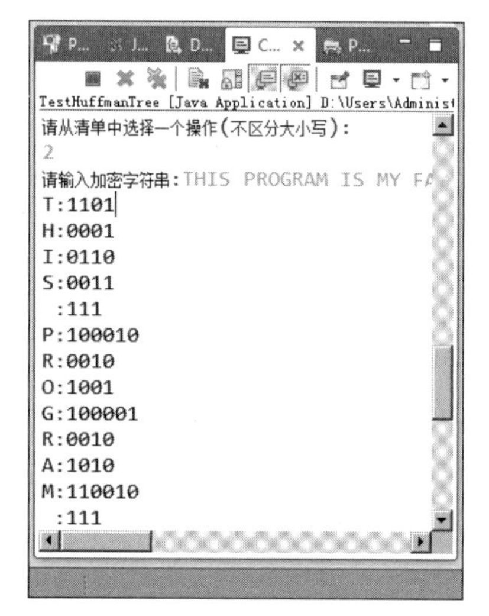

图 10-6　哈夫曼编码(1)

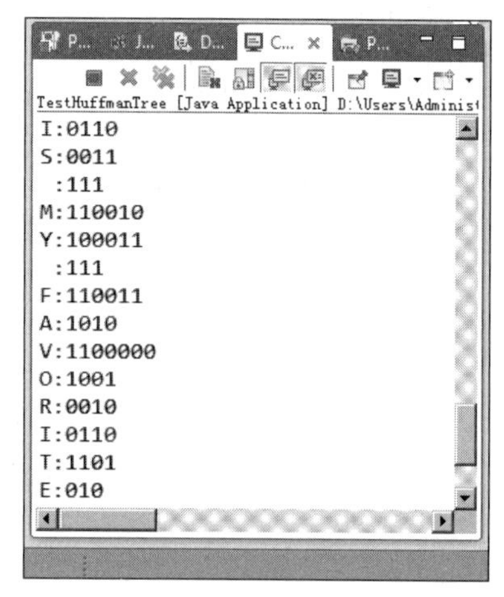

图 10-7　哈夫曼编码(2)

3. 译码

输入需要译码的字符：11010001011000111111000100010100110000100101010110010 11101100011111110010100011111110011101011000001001001001101101010,进行译码输出,如图 10-8 所示。

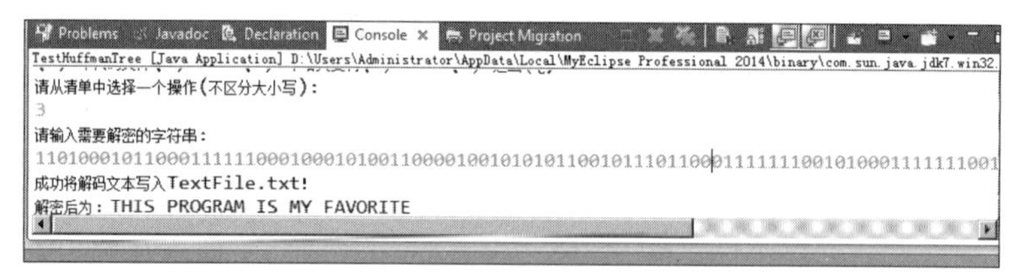

图 10-8　哈夫曼译码

4. 输出代码文件

输出哈夫曼编码,如图 10-9 所示。

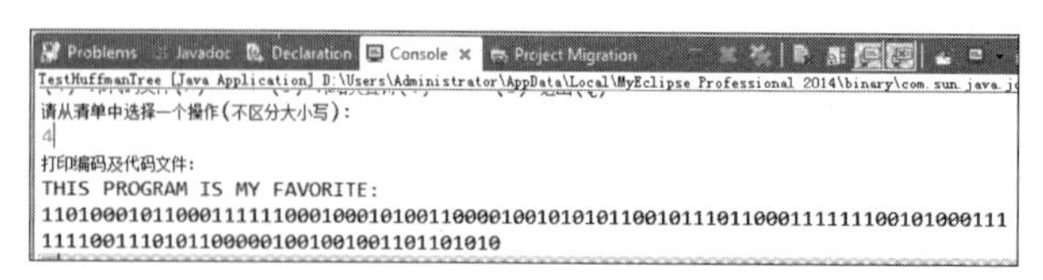

图 10-9　输出哈夫曼编码

5. 哈夫曼树输出

根据 27 个字符及频度,建立哈夫曼树结构并输出,如图 10-10 和图 10-11 所示。

请从清单中选择一个操作(不区分大小写):
5

位置	字符	权值	父结点	左孩子结点	右孩子结
0		186	49	-1	-1
1	A	64	44	-1	-1
2	B	13	32	-1	-1
3	C	22	36	-1	-1
4	D	32	38	-1	-1
5	E	103	47	-1	-1
6	F	21	35	-1	-1
7	G	15	32	-1	-1
8	H	47	40	-1	-1
9	I	57	42	-1	-1
10	J	1	27	-1	-1
11	K	5	30	-1	-1
12	L	32	38	-1	-1
13	M	20	35	-1	-1
14	N	57	42	-1	-1
15	O	63	43	-1	-1
16	P	15	33	-1	-1
17	Q	1	27	-1	-1
18	R	48	41	-1	-1
19	S	51	41	-1	-1
20	T	80	45	-1	-1
21	U	23	36	-1	-1
22	V	8	31	-1	-1
23	W	18	34	-1	-1
24	X	1	28	-1	-1

图 10-10　哈夫曼树输出(1)

25	Y	16	33	-1	-1
26	Z	1	28	-1	-1
27	null	2	29	10	17
28	null	2	29	24	26
29	null	4	30	27	28
30	null	9	31	29	11
31	null	17	34	22	30
32	null	28	37	2	7
33	null	31	37	16	25
34	null	35	39	31	23
35	null	41	39	13	6
36	null	45	40	3	21
37	null	59	43	32	33
38	null	64	44	4	12
39	null	76	45	34	35
40	null	92	46	36	8
41	null	99	46	18	19
42	null	114	47	9	14
43	null	122	48	37	15
44	null	128	48	1	38
45	null	156	49	39	20
46	null	191	50	40	41
47	null	217	50	5	42
48	null	250	51	43	44
49	null	342	51	45	0
50	null	408	52	46	47
51	null	592	52	48	49
52	null	1000	-1	50	51

图 10-11　哈夫曼树输出(2)

10.2　英文文本比对器

1. 问题描述

现需设计一个英文文本比对器,即查找两篇文章中不同的单词,先将一篇文章作为原文,将其所有单词构造成一棵二叉检索树,再将另一篇文章作为目标文档,将其中的单词与构造好的检索树进行比对,查找出原文中没有的单词,原文中不存在的单词可判别为错词,并将其输出,提示有误。

2. 基本要求

请用 C/C++ 或 Java 语言编写程序,要求加载任意两个文档都可以进行比对,原文文档和对比文档的内容可以自己设计。

具体要求如下。

(1) 画出逻辑结构图。

(2) 画出物理结构图。

(3) 给出算法设计、实现及时间效率分析。

3. 测试数据

测试时分别给出两个内容差别较小的英文文档和两个内容差别较大的英文文档,输出结果显示出对比文档中出现的所有原文中不存在的单词。显示时最好能明确提示出错词出现的位置及内容。

4. 实现提示

用二叉检索树实现。

10.2.1　任务分析

由设计要求可知,英文文本比较器可以拥有输入或导入部分、对比部分、显示部分。

(1) 输入或导入部分,即将文本文档导入系统中,同时将其中一份文本文档的所有单词构造成一棵二叉检索树,再将另一篇文章作为对比文章。

(2) 对比部分,在导入部分的基础上,将另一篇文章的所有单词与作为二叉检索树的文章的所有单词进行比对,比对时一一对应进行比较。不同于原篇即二叉检索树的单词将呈现于显示部分。

(3) 显示部分,由对比部分完成后将结果显示出来,显示出两篇文章中所有不同的单词,并明确提示错词出现的位置和内容,总计不同单词的个数,完成输出。

10.2.2 数据结构选择

1. 逻辑结构

二叉检索树(或二叉排序树,二叉有序树)的任意结点 a,其左子树中结点的值均小于或等于 a,右子树上结点值均大于 a(左小右大),如图 10-12 所示。

我们所做的这个英文文本比较器主要方向是两个文本文档之间的比较,我们利用二叉检索树生成一棵单词树,通过给定文件初始化搜索树,对获取到的字符串进行预处理,初始化时向搜索树内添加并寻找结点。递归方式创建搜索树,通过结点比对来进行查找。最后再输出不同的单词所在的行列,完成输出。

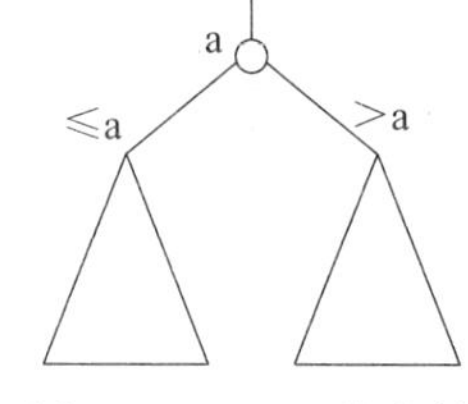

图 10-12　二叉检索树

2. 物理结构

本文本比较器使用的是双链表存储结构,它的每一个数据结点中都有两个指针,分别指向左右孩子,所以从其中的任意一个结点开始检索,都可以方便地访问它的左右指针(见表 10-3)。

表 10-3　结点各字段定义

Lson	text	rson

通过先序遍历创建完二叉树以后。通过指针由根结点起,沿着左右儿子的链域递归地搜索到树中每一个结点。从根结点起,将要找的结点 x 与当前结点 a 比较。

如果遇到空树,表明 x 不在树中(查找失败)。

若 x=a,找到 x(查找成功);

若 x<a,则递归地查找左子树;

若 x>a,则递归地查找右子树。

10.2.3 算法设计与实现

1. 算法设计

题目要求我们设计一个文本比较器,查找两篇文章中不同的单词,先将一篇文章作为原文,将其所有单词构造成一棵二叉检索树,再将另一篇文章作为目标文档,将其中的单词与其进行比对,查找出原文中没有的单词。

因为需要将两个文件进行详细的对比,因此就需构造一个二叉树来实行递归查找。但难点就在于如果构造该二叉树。文件读取主要利用 FileReader 和 BufferedReader 类实现,并按行进行读取,并拆分。

主函数主要功能具体如下所示，递归方法在本程序中多次运用。

(1) 输入文本：输入路径，打开并读取第一个文本文件，分割单词转换成字符串从头结点开始插入，递归往下比较，小于根则往左子树递归，大于根则递归右子树，遇到空结点则插入，处理完所有单词生成二叉排序树。

(2) 查找不同单词并输出：输入路径，打开并读取第二个文本文件，分割单词转换成字符串，从第一个单词开始查找，在二叉排序树中按先序遍历的方式进行比较，如果不相等一直递归往下比较，小于根则往左子树递归，大于根则递归右子数，查到空结点则查找失败，输出不同单词。单词与结点的文本相等，则继续查找下一个单词。

2. 算法实现

算法实现部分以 Java 描述核心部分算法，以供广大读者分析、思考和学习，算法参考如下。

(1) Node 排序树结点类。

```
public class Node {
    private String text;          //结点权值
    private node lson;            //左孩子结点
    private node rson;            //右孩子结点
    //构造器
    public Node(String name){...}
    ...
}
```

(2) Bitree 二叉排序树类。

```
public class Bitree {
    public node head;            //排序树的根结点数组
    public Bitree(String first) {
        //通过给定文件路径字符串，读取文件初始化搜索树
        ...
    }
    //初始化时向搜索树内添加结点，利用递归实现
    public void add_text(node root,String data) {...}
    //递归，在搜索树中寻找结点，判断是否有该字符串
    public int find_text(node root, String data) {...}
}
```

(3) 测试类 Testmain：main()函数首先对第一个文件输入路径进行初始化，然后将第二个文件输入路径，读取出来再进行判断。

10.2.4 算法运行界面示例

以下运行界面仅供参考，不要求作为最后实现要求。

(1) 输入第一个文件路径 D:\001.txt，输入成功。

(2) 输入第二个文件路径 D:\002.txt，输入成功。

(3) 输出结果，不同单词所在行列，显示对比结果。下面显示两种不同的比较结果。

① 对比相同文件,如图 10-13 所示。

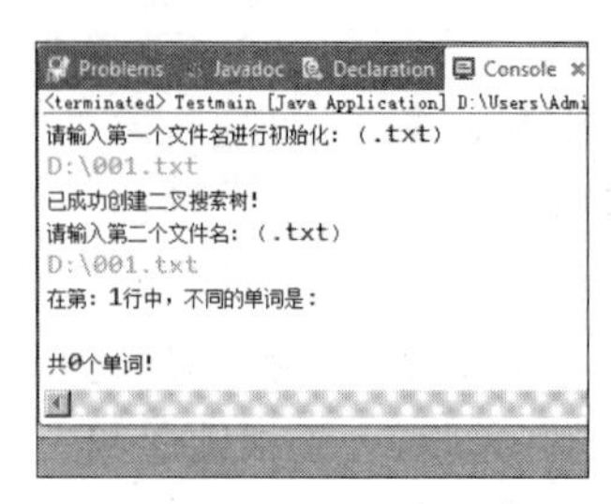

图 10-13　文本无差别文档运行结果

② 通过两个不同的文档来证实其对单词的比较能力,如图 10-14 所示。

图 10-14　不同文档对比运行结果

第11章

图的应用

11.1 校园地图设计及其应用

1. 问题描述

设计一个校园地图,为来访的客人提供各种信息查询服务。

2. 基本要求

(1) 地图所含地点不少于15个。以图中顶点表示校内各地点,存放地点名称、代号、简介等信息;以边表示路径,存放路径长度等相关信息。

(2) 设计地图的逻辑结构和物理结构,并分别用图形和C/C++或Java语言来表示这两种结构。

(3) 请用C++或Java语言编写程序,为来访客人提供图中任意地点相关信息的查询,以及为来访客人提供图中任意地点的问路查询,即查询任意两个地点之间的一条最短的简单路径。

(4) 给出相应算法的设计、实现及时间效率分析。

3. 测试数据

(1) 输入学院各地点名及有关该地点的基本信息。

(2) 输入相邻两地点以及它们之间的路径长度。

(3) 查询学院的任意地点的基本信息。

(4) 查询学院任两个地点间的最短路径及路径长度。

4. 实现提示

一般情况下,校园的道路是双向通行的,可设校园平面图是一个无向网。顶点和边均含有相关信息。

11.1.1 任务分析

该校园地图为来访的客人提供各种信息查询服务。主要功能如下。

(1) 遍历所有景点。

(2) 输出任意景点信息。

(3) 输出任意两景点的最短路径。

(4) 输入错误可重新输入功能。

(5) 能返回上一界面功能。

(6) 输出学校简介、制作人页面。

(7) 可以正常结束程序。

11.1.2 数据结构选择

1. 逻辑结构

将校园设计为平面图,将学校各代表景点构成一个抽象的无向带权图,顶点为景点,边的权值代表了景点间路径的长度。设计出能够帮助人们快速找到从一个景点到达另一景点的最短路径及路线;以及能够显示任意景点信息的程序。

图中顶点包括以下几个。

- 正门:外有公交站。
- 体育馆:室内有羽毛球场、乒乓球场;室外有跑道、足球场、篮球场。
- 科技广场:晚上饭后散步、情侣约会场所。
- 行政楼:学院领导工作场所。
- 图书馆:师生安静学习工作的场所。
- 艺术楼:创想的地方。
- 桃李苑:西区饭堂,二楼自选餐厅,有百货商店。
- 西区学生宿舍:学生宿舍楼。
- 西区教学楼:教学楼。
- 西区教师宿舍:教师宿舍楼。
- 学校侧门:比较靠近祈福海岸、公交站。
- 翔中堂—礼堂:学校重要活动举办场所。
- 西区运动场:有篮球网球足球场,还有游泳池。
- 华秀楼:学生宿舍。
- 东区教学楼:教学楼。
- 春晖苑:东区饭堂,二楼春晖酒楼,有百货商店。
- 振华楼:教学楼。
- 东区球场:有篮球、羽毛球、排球场地。
- 东区学生宿舍:学生宿舍楼。

2. 物理结构

本例中使用邻接矩阵存储。

11.1.3 算法设计与实现

1. 算法设计

迪杰斯特拉算法是指提出一个按路径递增的顺序产生最短路径的算法。首先引入一个辅助向量 D,它的分量 $D(i)$ 表示当前所有路径找到的从始点 V 到每个终点 V_i 的最短路径的长度。其初态为:若从 V 到 V_i 有弧,则 $D(i)$ 为弧上权,否则为无穷大;显然,长度为 $D(j)=\min\{D(i)|V_i * V\}$ 的路径是从 V 出发的最短一条路径,此路径为 (V,V_j)。

迪杰斯特拉算法步骤如下。

(1) 指定一个结点,例如要计算 'A'到其他结点的最短路径。

(2) U 集合包含未求出最短路径的点。

(3) 初始化两个集合,S 集合初始时 只有当前要计算的结点,A－＞A＝0,U 集合初始时为 A－＞B＝4,A－＞C＝∞,A－＞D＝2,A－＞E＝∞。

(4) 从 U 集合中找出路径最短的点,加入 S 集合,例如 A－＞D＝2。

(5) 更新 U 集合路径,if ('D 到 B,C,E 的距离'＋'AD 距离'＜'A 到 B,C,E 的距离')则更新 U。

循环执行(4)、(5)两步骤,直至遍历结束,得到 A 到其他结点的最短路径。

利用迪杰斯特拉求单源最短路算法,设计出广东理工学院(高要校区)的校园导航,求出学校一个景点到另一个景点的最短距离及路线。

算法设计如下。

(1) 进入导航系统,遍历所有景点及查询两景点间的最短路径都是通过迪杰斯特拉求单源最短路径算法来实现,将各景点间的权值存入二维数组 map[]中,通过迪杰斯特拉算法进行查找更新,放入栈中输出即为到终点所走路径。

(2) 查询所有景点信息是先将景点信息存储然后输出。可以根据编号查找个输出对应下标存储的景点名称和详细信息,也可以根据名称查询那个输出对应的景点信息。

主要算法设计代码如下:

```
void cuntu()                               //初始化存图函数
void zhujiemian()                          //输出欢迎界面函数
void daohanglan()                          //主界面函数
void kaishidaohang()                       //开始导航函数
void liebiao()                             //景点列表函数
int chaxunfangshi(int x)                   //查询方式函数
int bianhao(char s[])                      //查询景点下标函数
void Dijkstra(int v0, int s)               //迪杰斯特拉求最短路径函数
```

2. 算法实现

算法实现部分以 Java 描述核心部分算法,以供广大读者分析、思考和学习,算法主要设计了三个类,具体功能如下。

(1) Jingdiannode 顶点类。

```
public class jingdiannode {
    private String name;                  //景点名字
    private String jieshao;               //景点介绍
    ...
}
```

(2) Ditu 地图类:包括最短路径求解的主要过程。

```
public class Ditu {
    private int map[][];                  //各景点之间的权值存入二维数组 map[]
    private int book[];                   //是否已找到标记
    private int dis[];;                   //存放最短路径距离
    private jingdiannode q[];             //存放顶点
    ...
```

```
    public Ditu() {                              //构造函数
        ...
        for(int i=0;i<didianshu;i++)  {
            q[i]=new jingdiannode(null, null);
        }
    }
    public void cuntu()   {                      //初始化存图函数
        //建立 q[]数组存放地点及 map 数组存放距离
        q[1].setname("正门");
        q[1].setjieshao("外有公交站");
        ...
    }
    //景点列表 ,输出所有顶点信息
    public void liebiao() {...}
    //根据输入字符串获取对应地点标号
    public int bianhao(String s) {...}
    //迪杰斯特拉求最短路径,并输出路线
    public void Dijkstra(int v0, int s) {...}
    //查询方式 1、按编号 2、按名称
    public int chaxunfangshi(int x) {...}
    //进入开始导航
    public void kaishidaohang() {...}
    //导航栏主界面
    public void daohanglan() {...}
}
```

11.1.4 算法运行界面示例

以下运行界面仅供参考,不要求作为最后实现要求。

(1) 进入主界面,提示用户可以通过输入 1～3 进行操作,如图 11-1 所示。

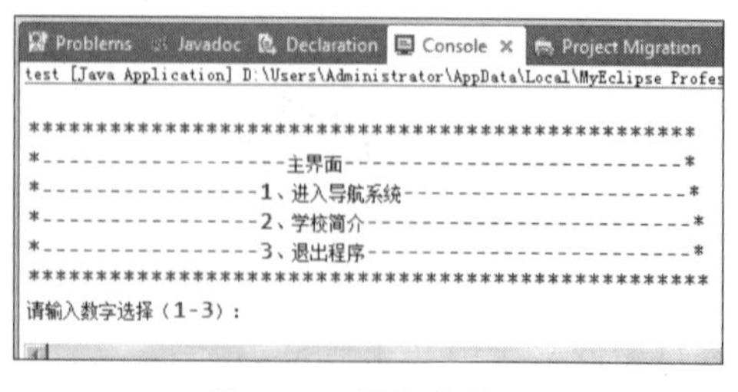

图 11-1 操作主界面

(2) 输入 1：进入导航系统;输入 2：查看学校简介,如图 11-2 所示。

在图 11-3 中,已经进入导航系统,共有如下四个选项可以操作。

(1) 输入 1：查询所有顶点到其余顶点的最短路径。

首先界面提示,输入 1：按顶点编号查询;输入 2：按顶点名称查询。

```
Problems  Javadoc  Declaration  Console  Project
test [Java Application] D:\Users\Administrator\AppData\Local\MyEc
****************************************************
*------------------主界面-------------------
*----------------1. 进入导航系统----------------
*----------------2. 学校简介----------------
*----------------3. 退出程序----------------
****************************************************
请输入数字选择（1-3）：
2
    ****************************************
    *        广东理工学院是经教育部批准设立的全日制普通本 *
    *  科高等学校。学院起步于1995年创办的肇庆科技培训学 *
    *  校，历经肇庆科技学校、肇庆科技职业技术学院、广东 *
    *  理工学院几个发展阶段。经过20多年的努力，办学规模 *
    *  不断扩大，办学实力不断增强。          *
    ****************************************
```

图 11-2　进入学校简介

图 11-3　进入导航系统

输入 1 后，列出所有地点编号及名称，接下来输入编号 3，查询 3 号顶点到其余顶点的最短路径信息，如图 11-4 所示。

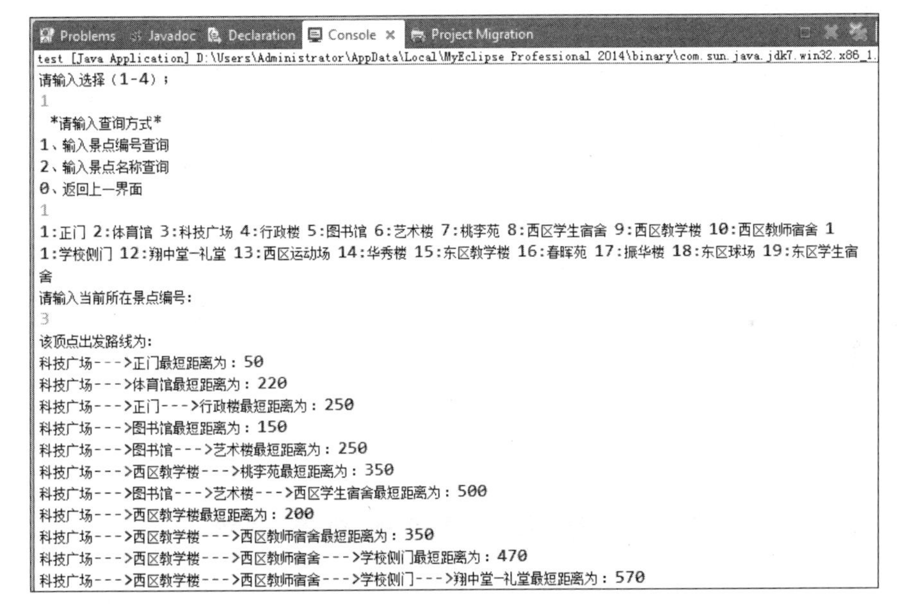

图 11-4　查询 3 的出发的所有最短路径

（2）输入 2：查询校园任意景点信息。

首先界面提示，输入 1：按顶点编号查询；输入 2：按顶点名称查询。

输入 1 后，列出所有地点编号及名称，接下来输入编号 3，查询 3 号顶点的基本信息，如图 11-5 所示。

（3）输入 3：查询校园任意两点之间的最短距离。

例如，查询 3 号顶点到 19 号顶点之间的最短路径。

首先界面提示，输入 1：按顶点编号查询；输入 2：按顶点名称查询。

输入 1 后，列出所有地点编号及名称，接下来输入起点编号 1，输入终点编号 19，查询 1 号地点到 19 号地点之间的最短路径及距离，如图 11-6 所示。

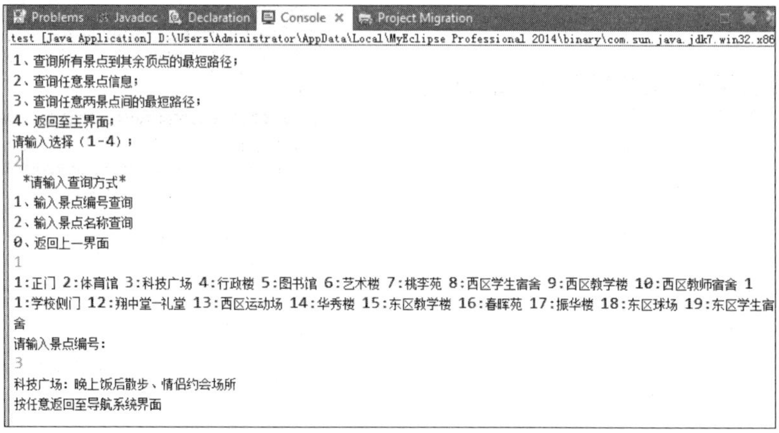

```
Problems  Javadoc  Declaration  Console ×  Project Migration
test [Java Application] D:\Users\Administrator\AppData\Local\MyEclipse Professional 2014\binary\com.sun.java.jdk7.win32.x86
1、查询所有景点到其余顶点的最短路径；
2、查询任意景点信息；
3、查询任意两景点间的最短路径；
4、返回至主界面；
请输入选择（1-4）；
2
 *请输入查询方式*
1、输入景点编号查询
2、输入景点名称查询
0、返回上一界面
1
1:正门 2:体育馆 3:科技广场 4:行政楼 5:图书馆 6:艺术楼 7:桃李苑 8:西区学生宿舍 9:西区教学楼 10:西区教师宿舍 1
1:学校侧门 12:翔中堂—礼堂 13:西区运动场 14:华秀楼 15:东区教学楼 16:春晖苑 17:振华楼 18:东区球场 19:东区学生宿
舍
请输入景点编号：
3
科技广场：晚上饭后散步、情侣约会场所
按任意返回至导航系统界面
```

图 11-5　查询校园 3 号景点信息

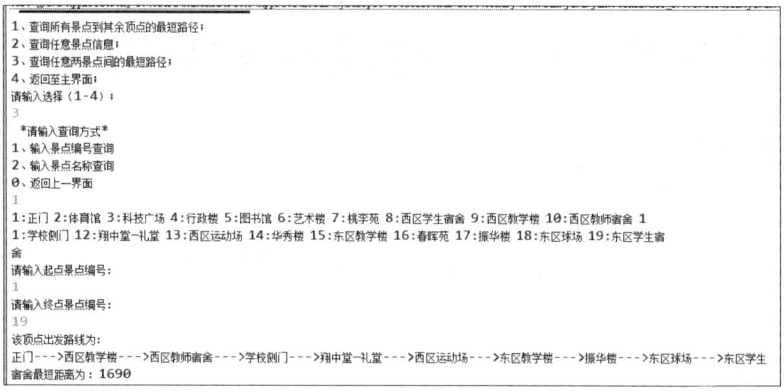

```
1、查询所有景点到其余顶点的最短路径；
2、查询任意景点信息；
3、查询任意两景点间的最短路径；
4、返回至主界面；
请输入选择（1-4）；
3
 *请输入查询方式*
1、输入景点编号查询
2、输入景点名称查询
0、返回上一界面
1
1:正门 2:体育馆 3:科技广场 4:行政楼 5:图书馆 6:艺术楼 7:桃李苑 8:西区学生宿舍 9:西区教学楼 10:西区教师宿舍 1
1:学校侧门 12:翔中堂—礼堂 13:西区运动场 14:华秀楼 15:东区教学楼 16:春晖苑 17:振华楼 18:东区球场 19:东区学生宿
舍
请输入起点景点编号：
1
请输入终点景点编号：
19
该顶点出发路线为：
正门--->西区教学楼--->西区教师宿舍--->学校侧门--->翔中堂—礼堂--->西区运动场--->东区教学楼--->振华楼--->东区球场--->东区学生
宿舍最短距离为：1690
```

图 11-6　从 1 到 19 的最短路径

11.2　校园超市选址方案设计

1. 问题描述

现需在广东理工学院设立超市。在校园内，各幢楼到超市的距离不同，同时位于各幢楼的人员去超市的频率也不同。请为超市选址，要求实现总体最优。

2. 基本要求

请用 C/C++ 或 Java 语言编写程序，实现各幢楼到超市距离、频率最优，确定超市位置，实现总体最优。学校内建筑物数量、两个建筑之间的距离及频率由学生根据广东理工学院实际情况自己设计，存储结构和实现算法由学生自己选定并实现。

具体要求如下。

（1）画出逻辑结构图。

（2）画出物理结构图。

（3）给出算法设计、实现及时间效率分析。

3. 测试数据

输入建筑物个数、名称，建筑之间的距离、频率，建立至少 6 幢建筑物间的数据，以较为直观的方式输出各建筑物之间最短路径、距离，并确定超市选址地点。

4. 实现提示

可采用 Floyd 算法或 Dijkstra 算法实现。

11.2.1 任务分析

为学校超市选址找出最优位置，需要考虑到对选址位置有影响的因素。首先要考虑周围楼层的数量和其之间的距离，学生宿舍楼和教学楼是重点，选址位置距离这两种楼层要近，这样会方便学生，从而容易增加顾客流量。其次，要考虑到各楼层的人员去超市的频率，频率高的人优先考虑。通过考虑各种因素，从而选出最优选址地点。

(1) 设计程序核心问题是求出各单位到超市的最小权值之和，用字母来代称建筑名称，建立至少 6 个建筑间的数据来用于运算。

(2) 程序要将建筑个数，建筑名称，建筑之间的距离和各建筑人员去超市的频率的数据进行存储，然后利用 Dijkstra 算法算出各单位到超市的最小权值之和，最后分析得出的数据确定超市选址的最优位置。

11.2.2 数据结构选择

1. 逻辑结构

图是用于描述事物之间最一般关系的数据结构。事物作为顶点，事物之间关系作为边，于是非空有穷顶点集合 V 以及 V 以上的顶点对所构成的边集 E 构成一个图，记作 G=(V,E)。如果顶点 V 和 W 之间有一条不带方向的边(即无向边)，记作(V,W)，称该边是关联于顶点 V 和 W 的，并且 V 和 W 互为邻接点，在边上附带一个实数称为权，这样的边称为加权边。

画图时，用圆圈表示顶点，用连接两个顶点间的线段表示一条边。无向图中，边不带箭头；加权边的权标注在边的旁边；顶点的名称写在圆圈内，或标注在圆圈旁边。

广东理工校园地图简略图如图 11-7 所示。

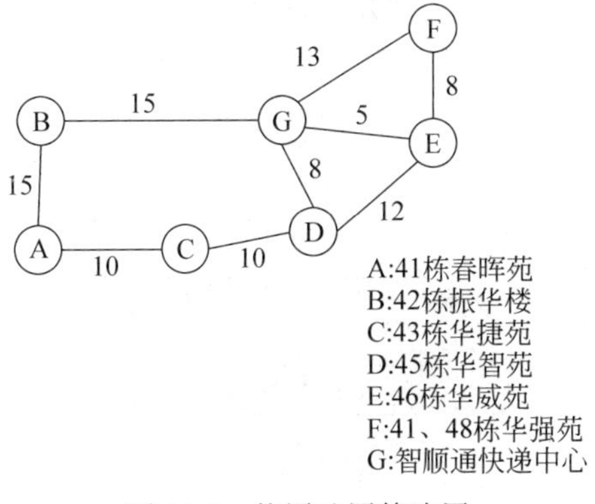

图 11-7 校园地图简略图

2. 物理结构

图的存储既要考虑边集的存储方式,也要考虑顶点集的存储方式。在设计图运算算法时,应针对不同的图和对图的不同运算,选择不同的存储结构,以降低时间复杂性和空间复杂性。本例中使用邻接矩阵存储。邻接矩阵最直观的储存方式是用二维数组储存,则该组数组为图的邻接数组。本质上是以数组作为数组元素,即"数组的数组",同时,二维数组被称为矩阵。

在图 11-7 校园地图简单图中,设 A 为顶点 0,B 为顶点 1,C 为顶点 2,D 为顶点 3,E 为顶点 4,F 为顶点 5,G 为顶点 6。将图 11-7 建立邻接矩阵如图 11-8 所示。

$$\left\{\begin{matrix} 0 & 15 & 10 & 8 & 8 & 8 & 8 \\ 15 & 0 & 8 & 8 & 8 & 8 & 15 \\ 10 & 8 & 0 & 10 & 8 & 8 & 8 \\ 8 & 8 & 10 & 0 & 12 & 8 & 5 \\ 8 & 8 & 8 & 12 & 0 & 8 & 5 \\ 8 & 8 & 8 & 8 & 8 & 0 & 13 \\ 8 & 15 & 8 & 8 & 5 & 13 & 0 \end{matrix}\right\}$$

图 11-8 校园地图邻接矩阵

11.2.3 算法设计与实现

1. 算法设计

(1) 建立图的邻接矩阵,输入基本的数据以后,以每个单位建筑作为图的顶点,建筑之间的距离作为权值,建立邻接矩阵。

(2) 用 Dijkstra 算法。在单位建筑 i 与 j 之间,插入中间点 k,如果 i、k 与 k、j 之间的距离之和比 i、j 之间的距离要小,则修改矩阵。

(3) 反复执行,完成后将得到 i 和 j 的最小距离。最后确定最优地点。根据某一个单位到达每一个单位建筑之间的最短距离之和最短,则该单位建筑确定为校园超市的最优地址,如图 11-9 所示。

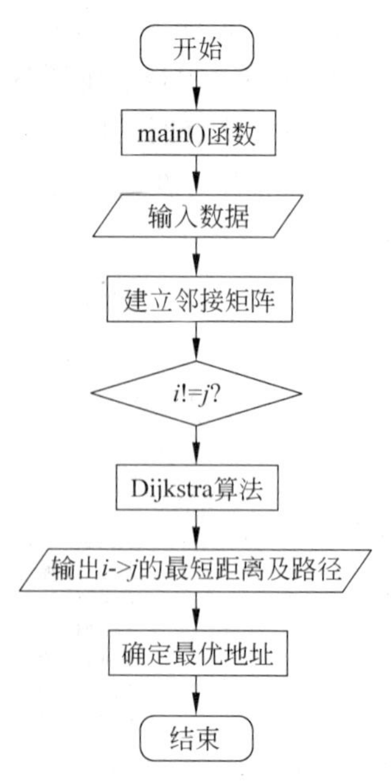

图 11-9 校园超市选址设计算法流程

2. 算法实现

(1) 顶点类 VertexType。

```
public class VertexType {
        private int no;             //结点编号
    private int info;               //结点权值
    public VertexType(int no,int info){
        this.no=no;
        this.info=info;
    }
    ...
}
```

(2) 超市地图类 MGraph。

- create():创建顶点数组,二维边数组,邻接矩阵 MGraph 结构。
- void Dijkstra(MGraph g,int v):Dijkstra 算法,求出最短路径。
- void Dispath(int dist[],int path[],int s[],int n,int v):输出最短路径。

```
public class MGraph {
    private static final int MAXV=50;
    private static final int INF=32767;
    private int edges[][];
    private int n, e;
    private VertexType vexs[];
    private int sum[];
    public MGraph() {...}
    ...
    public void getsum(){
            ...
            System.out.println(i+"号顶点到各点的距离和为: "+sum[i]);
            ...
        for (int i=0; i<n; i++) {
            if(min==sum[i])
                  System.out.println(i+"号顶点:"+vexs[i].getinfo()+"到各点最短
                  的距离和最短,为: "+min+"超市应建立在该地。");
            }
    }
    public void create() {...}
    //输出从 v 号 i 号顶点到顶点,路径上的所有顶点序号
    public void Ppath(int path[], int i, int v){...}
    public void Dijkstra(int v){...}
    public void Dispath(int dist[],int path[],int s[],int n,int v){
        Ppath(path, i, v);          //调用 Ppath 函数输出路径数组
        ...
    }
}
```

(3) 测试类 Test。

main()函数:输入顶点和邻接矩阵,运用 Dijkstra 算法计算出每个点至各个顶点之间

的最短距离，并相加求和，选出和最短的作为最佳位置。

```
public static void main(String[] args) throws Exception{
    int i;
    MGraph g=new MGraph();
    g.create();
    System.out.println("采用迪克斯特拉算法得到的最短路径为: ");
    for (i=0; i<g.getn(); i++)
        g.Dijkstra(i);
    g.getsum();
}
```

11.2.4 算法运行界面示例

以下运行界面仅供参考，不要求作为最后实现要求。

(1) 对校园地图，输入图的顶点个数以及顶点信息，将每两个顶点之间的权值以邻接矩阵的方式储存，用 32767 代表路径无穷大。输入图的顶点及权值，调用 create()函数创建图，如图 11-10 和图 11-11 所示。

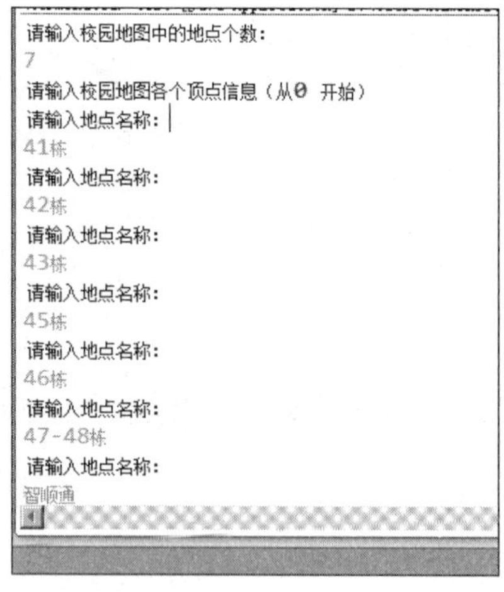

图 11-10　输入校园超市地图顶点信息

```
Problems  Javadoc  Declaration  Console
<terminated> test [Java Application] D:\Users\Administ
请输入校园地图中的地点个数:
7
请以邻接矩阵输入各地点间的权值:
(如果两点间无路径则输入32767,对角线输入0):
0 15 10 32767 32767 32767 32767
15 0 0 32767 32767 32767 15
10 32767 0 10 32767 32767 32767
32767 32767 10 0 12 8 5
32767 32767 32767 12 0 8 5
32767 32767 32767 32767 8 0 13
32767 15 32767 8 5 13 0
```

图 11-11　输入地图的边权值

（2）调用 Dijkstra(i)算法，计算各顶点到其余顶点之间的最短路径，运行结果如图 11-12 所示。

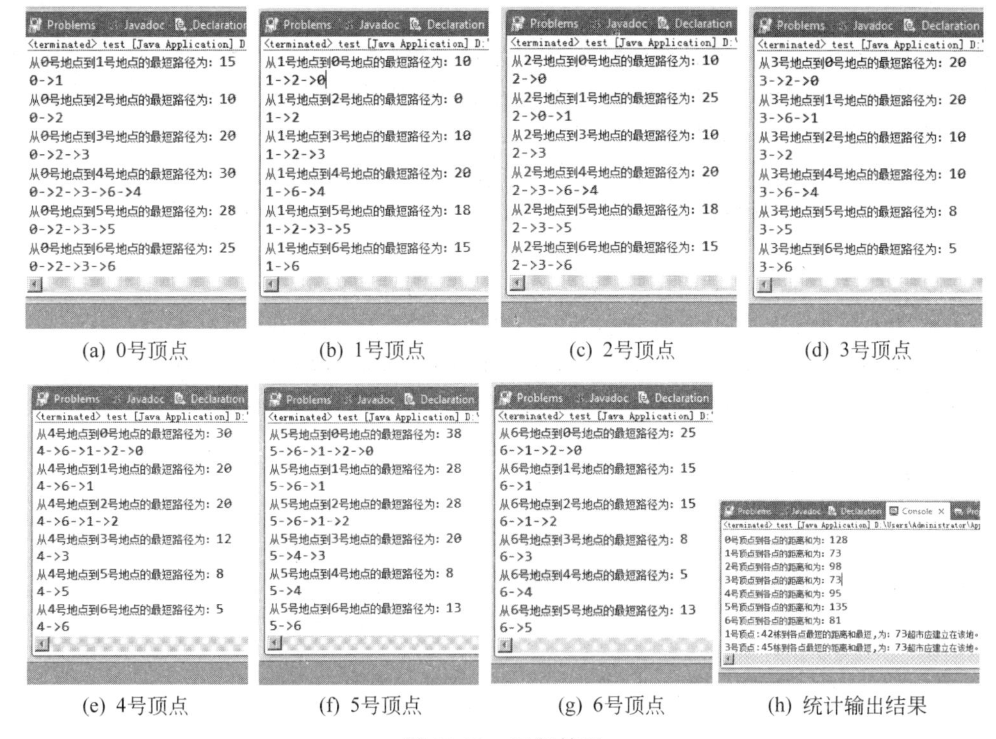

(a) 0号顶点　(b) 1号顶点　(c) 2号顶点　(d) 3号顶点

(e) 4号顶点　(f) 5号顶点　(g) 6号顶点　(h) 统计输出结果

图 11-12　运行结果

（3）调用 getsum()算法进行统计比较得出最佳地点，从图 11-12 可以得知，从 1 号顶点和 3 号顶点到其余各个顶点的所有路径之和最短，因此，校园超市设置在 1 点（42 栋振华楼）或 3 点（45 栋华智苑）比较合适。

参考文献

[1] 刘小晶.数据结构——Java 语言描述[M]. 2 版. 北京：清华大学出版社，2015.

[2] 刘小晶.数据结构实例解析与实验指导——Java 语言描述[M]. 2 版. 北京：清华大学出版社，2015.

[3] 邓俊辉. 数据结构(C++ 语言版)[M]. 3 版. 北京：清华大学出版社，2013.

[4] 李春葆.数据结构教程[M]. 5 版. 北京：清华大学出版社，2018.

[5] Mark Allen Weiss. 数据结构与算法分析：C 语言描述(中文版)[M]. 3 版. 北京：人民邮电出版社，2010.

[6] 严蔚敏，吴伟民. 数据结构(C 语言版)[M]. 北京：清华大学出版社，2018.

[7] 高一凡. 数据结构算法实现及解析[M]. 西安：西安电子科技大学出版社，2017.

[8] 唐懿芳. 数据结构与算法——C 语言和 Java 语言描述[M]. 北京：清华大学出版社，2017.

[9] 朱战立. 数据结构——Java 语言描述[M]. 2 版. 北京：清华大学出版社，2016.

[10] 雷军环. 数据结构(Java 语言描述)[M]. 北京：清华大学出版社，2015.

[11] 程杰. 大话数据结构 [M]. 北京：清华大学出版社，2016.